NEW WCOP
新文京開發出版股份有限公司
新世紀．新視野．新文京－精選教科書．考試用書．專業參考書

New Wun Ching Developmental Publishing Co., Ltd.
New Age · New Choice · The Best Selected Educational Publications — NEW WCDP

餅乾
伴手禮!
烘焙乙級技能檢定
學/術科試題精析
餅乾職類/伴手禮職類
編著 吳青華
協製團隊：高佳誼、羅偉哲、黃郁欣、周妏珊、余晏竹、王芝雯
BAKING FOOD～COOKIES、SOUVENIR

在政府推廣政策及烘焙從事人員的自我要求提升下，烘焙食品技術士已經是烘焙從業人員的必備專業證照。《烘焙乙級技能檢定－學／術科試題精析》是依據勞動部勞動力發展署技能檢定公開資料修訂日期為113年01月01日公布版本提供之最新烘焙食品以及技能檢定資料，再結合作者豐富的教學經歷編寫而成。

本書涵蓋了烘焙乙級的餅乾、伴手禮類組，使讀者在備考時更加方便使用。由基礎的原料及器材，再帶入各項產品製作技巧與重點，並以詳細的圖文解說，讓讀者更加瞭解產品的製作技巧。另外一併將考前報名須知、考場規則、評審評分製作衛生要求、參考配方表表格與計分項目等相關資料列入本書中。書末同時有收錄學科考題，無論實務操作或學科筆試，皆能充分練習，得心應手。

本書雖經嚴謹校編，恐有疏漏之處，尚祈教學先進不吝指教。

編著者 謹識

吳青華

現職

南開科技大學餐飲管理系－專任助理教授

專業證照

- 烘焙食品－西點蛋糕、麵包－乙級－077001939－勞動部
- 烘焙食品－西點蛋糕、餅乾－乙級－077002080－勞動部
- 烘焙食品－麵包、西點蛋糕－乙級－077002112－勞動部
- 烘焙食品－麵包－丙級－077020116－勞動部
- 烘焙食品－西點蛋糕－丙級－077023731－勞動部
- 烘焙食品－餅乾－丙級－077029168－勞動部

目錄 CONTENTS

應檢術科考前須知 1

烘焙基礎實務 31

各類實作基本常識 41

餅乾職類 49

烘焙伴手禮職類 99

學科試題題庫精析 181

Baking Food

應檢術科考前須知

1-1 一般性應檢須知

1-2 專業性應檢須知

1-3 應檢人用試題名稱及説明

1-4 術科指定參考配方表

1-5 餅乾類參考配方表範例

1-6 烘焙伴手禮類參考配方表範例

1-7 術科測試製作報告表

1-8 技術士技能檢定烘焙食品乙級評審表

1-9 術科測試時間配當表

1-1 一般性應檢須知

（一）應檢人員不得攜帶規定項目以外之任何資料、工具、器材進入試場，違者以零分計。

（二）應檢人應按時進場，逾規定檢定時間 15 分鐘，即不准進場，其成績以「缺考」計。

（三）進場時，應出示學科准考證、術科測試通知單、身分證明文件及術科指定參考配方表，並接受監評人員檢查。

（四）檢定使用之原料、設備、機具請於開始測試後 10 分鐘內核對並檢查，如有疑問，應當場提出請監評人員處理。

（五）應檢人依據檢定位置號碼就檢定位置，並應將術科測試通知單及身分證明文件置於指定位置，以備核對。

（六）應檢人應聽從並遵守監評人員講解規定事項。

（七）檢定時間之開始與停止，悉聽監評人員之哨音或口頭通知，不得自行提前開始或延後結束。

（八）應檢人員應正確操作機具，如有損壞，應負賠償責任。

（九）應檢人員對於機具操作應注意安全，如發生意外傷害，自負一切責任。

（十）檢定進行中如遇有停電、空襲警報或其他事故，悉聽監評人員指示辦理。

（十一）檢定進行中，應檢人員因本身疏忽或過失導致機具故障，須自行排除，不另加給時間。

（十二）檢定時間內，應檢人員需將製作報告表與所有產品放置墊牛皮紙（60 磅（含）以上）之產品框內，並**親自**送繳評審室，結束時監評人員針對逾時應檢人，需在其未完成產品之製作報告表上註明**「未完成」**，並由應檢人簽名確認。

（十三）應檢人離場前應完成工作區域之清潔（清潔時間不包括在檢定時間內），並由場地服務人員點收機具及蓋確認章。

（十四）試場內外如發現有擾亂測試秩序、冒名頂替或影響測試信譽等情事，其情節重大者，得移送法辦。

（十五）應檢人員有下列情形之一者，予以扣考，不得繼續應檢，其已檢定之術科成績以不及格論：

1. 冒名頂替者，協助他人或託他人代為操作者或作弊。
2. 互換半成品、成品或製作報告表。
3. 攜出工具、器材、半成品、成品或試題及製作報告表。
4. 故意損壞機具、設備。
5. 不接受監評人員指導擾亂試場內外秩序。

（十六）應檢人員有下列情形之一者，以零分計：

1. 檢定時間依試題而定，超過時限未完成者。
2. 每種產品製作以一次為原則，未經監評人員同意而重作者。
3. 成品形狀或數量或其他與題意（含特別規定）不符者（如試題另有規定者，依試題規定評審）。
4. 成品重量、尺寸（須個別測量並記錄）與題意不符者（如試題另有規定者，依試題規定評審）。
5. 剩餘麵糰或麵糊或餡料超過規定 10%（ > 10% ）者（如試題另有規定者，依試題規定評審）。
6. 成品烤焙不熟、烤焙焦黑或不成型等不具商品價值者。
7. 成品不良率超過 20%(>20%) 者（如試題另有規定者，依試題規定評審）。
8. 使用別人機具或設備者。
9. 經三位監評人員鑑定為嚴重過失，譬如工作完畢未清潔歸位者。
10. 每種產品評審項目分：工作態度與衛生習慣、配方制定、操作技術、產品外觀品質及產品內部品質等五大項目，其中任何一大項目成績被評定為零分者。

（十七）每種產品得分均需在 60 分（含）以上始得及格。

（十八）試題中所稱「以上、以下、以內者」皆包含本數。

（十九）未盡事項，依「技術士技能檢定及發證辦法」、「技術士技能檢定作業及試場規則」等相關規定辦理。

1-2 專業性應檢須知

（一） 應檢人可自行選擇下列 4 類項中之 2 類項應檢，每類項有 7 至 14 種產品，測試當日由單雙數各術科測試編號最小號應檢人代表抽出一支組合籤（單號組先抽，抽出後回復籤筒，再換雙號組抽），再由監評長抽 1 種數量籤以供測試。抽測之產品需在規定時限內製作完成。

1. 麵包類項。
2. 西點蛋糕類項。
3. 餅乾類項。
4. 烘焙伴手禮類項。

（二） 基於食品衛生安全及專業形象考量，應檢人應依規定穿著服裝，未依規定穿著者，不得進場應試，術科成績以**不及格**論。（應檢人服裝圖示及說明如圖 1-1）

1. 帽子：帽子需將頭髮及髮根完全包住，須附網
2. 顏色：白色

二、上衣

1. 領型：小立領、國民領、襯衫領皆可
2. 顏色：白色
3. 袖口不得有鈕釦

三、圍裙（可著圍裙）

1. 型式不拘：全身圍裙、下半身圍裙皆可
2. 顏色：白色
3. 長度：及膝

四、長褲（不得穿牛仔褲、運動褲、緊身褲或休閒褲）

1. 型式：直筒褲、長度至踝關節
2. 顏色：素面白色、黑色或黑白千鳥格
3. 口袋：限斜邊剪接式口袋（非外縫式口袋），且須可被圍裙所覆蓋

五、鞋

1. 鞋型：包鞋、皮鞋、球鞋皆可（前腳後跟不能外露）
2. 顏色：不拘
3. 內須著襪（襪子長度須超過腳踝）
4. 具防滑效果

※備註：帽、衣、褲、圍裙等材質須為棉或混紡。

圖 1-1 應檢人服裝圖示及說明

（三） 製作說明

1. 應檢人進場僅可攜帶本職類試題＼貳、技術士技能檢定烘焙食品乙級術科指定參考配方表（**本表可至技檢中心網站下載使用，可電腦打字，但不得使用其他格式之配方表**）。
2. **製作報告表請使用藍（黑）色原子筆書寫**，依規定產品數量詳細填寫原料名稱、百分比（烘焙百分比或實際百分比皆可）、重量，經監評人員審查無誤後，始得進入術科測試場地製作。
3. 配方材料計算時，除依試題規定外，試題規定為麵糰（糊）重時，損耗不得超過 10%，試題規定為成品重時，損耗不得超過 20%，製作時應以試題規定之重量製作之。（試題為「使用」者可計算損耗，試題為「限用」者不得計算損耗）
4. 應檢人依製作報告表所列配方量秤料，並將製作程序加以記錄之。

（四） 評分標準

1. 工作態度與衛生習慣：包括工作態度、衣著與個人衛生、工作檯面與工具清理情形。（如表 1-1）

表1-1 烘焙食品術科測試工作態度與衛生習慣

項目	說明
工作態度與衛生習慣	※凡有下列各情形之任一小項者扣**6**分，二小項者扣**12**分，依此類推，扣滿**20**分以上，本項以零分計。
	1. 工作態度： (1) 不愛惜原料、用具及機械。 (2) 不服從監評人員糾正。 2. 衛生習慣： (1) 指甲過長、塗指甲油。 (2) 戴手錶或飾物。 (3) 工作前未洗手。 (4) 用手擦汗或鼻涕。 (5) 未刮鬍子或頭髮過長未梳理整齊。 (6) 工作場所內抽煙、吃零食、嚼檳榔、隨地吐痰。 (7) 隨地丟廢棄物。 (8) 工作前未檢視用具及清洗用具之習慣。 (9) 工作後對使用之器具、桌面、機械等清潔不力。 (10) 將盛裝原料或產品之容器放在地上。

2. 配方制定：包括配方、計算、原料秤量及製作報告單填寫，需使用公制單位。（參考製作報告表審查要項）
3. 操作技術：包括秤料、攪拌、成型、烤焙與裝飾等流程之操作熟練程度。
4. 產品外觀品質：包括造型式樣、體積、表皮質地、顏色、烤焙均勻程度及裝飾等。
5. 產品內部品質：包括內部組織、質地、風味及口感等。

（五） 其他規定，現場說明。

（六） 一般性自備工具參考：計算機（不限機型）、計時器及文具，其他不得攜入試場。

（七） 製作報告審查要項：
1. 材料重量計算需計算損耗。
2. 容許誤差需在規定範圍內。
3. 每個配方的材料百分比與重量之比例需一致。
4. 三種產品之配方制定未於一小時內經監評人員審查無誤（可重複制定），其配方制定項為零分。
5. 配方制定未經審查合格前，不得離開試場，離開試場以棄權論。

1-3 應檢人用試題名稱及說明

表1-2 應檢人用試題名稱及說明

麵包類項	（測試三種產品，時間6小時） A： 不帶蓋雙峰紅豆土司 B： 沙菠蘿麵包 ★ 沙菠蘿即顆粒狀糖麵 內餡為奶酥餡 C： 墨西哥麵包 ★ 內餡為奶酥餡 D： 半月型牛角麵包 ★ 本品為裹油類麵包 E： 菠蘿甜麵包 F： 起酥甜麵包 G： 帶蓋含全麥粉土司 H： 帶蓋白土司 I： 辮子麵包 J： 三辮丹麥土司

表1-2　應檢人用試題名稱及說明（續）

西點蛋糕類項	（測試三種產品，時間6小時） A：玫瑰花戚風裝飾蛋糕 B：巧克力海綿屋頂蛋糕 ★ 屋頂蛋糕即三角形蛋糕 成品淋嘉納錫(GANACHE)巧克力（應檢人自製） 蛋糕體以全蛋打法製作 C：水浴蒸烤乳酪蛋糕 ★ 襯底蛋糕由術科測試辦理單位提供 D：棋格雙色蛋糕 ★ 蛋糕本體為麵糊類 E：水果蛋糕 F：虎皮戚風蛋糕捲 G：裝飾海綿蛋糕 H：巧克力慕斯 ★ 本慕斯底層採用巧克力海綿蛋糕體（應檢人自製） 巧克力圍邊 I：蘋果塔 ★ 成品冷卻後淋洋菜凍，凝固劑為洋菜粉 蘋果切成薄片排列於產品表面再進爐烤焙 J：雙皮核桃塔 ★ 上表皮與圍邊全部採用塔皮製作 內餡以核桃為主，製作牛奶糖（焦糖）當結著劑 K：三層式乳酪慕斯 ★ 底層為餅屑皮，中層為乳酪慕斯夾心水果醬，上層為釋迦頭形海綿蛋糕 L：奶酥皮水果塔 ★ 塔皮塗抹巧克力並包含布丁餡、鮮奶油及水果之裝飾 M：裝飾鬆餅 ★ 充填或裝飾原料有布丁餡、果醬 N：小藍莓慕斯 ★ 底部及圍邊採用連續式指形蛋糕餅
餅乾類項	（測試三種產品，時間6小時） A：巧克力披覆甜餅乾 B：長條狀鬆餅 C：果醬夾心蛋糕餅 D：裝飾薑餅 ★ 製作模型薑餅，用蛋白糖或巧克力裝飾（蛋白糖由應檢人自製） E：雙色冰箱小西餅 F：全麥蘇打夾心餅乾 G：裝飾奶油小西餅

表1-2　應檢人用試題名稱及說明（續）

烘焙伴手禮類項	（測試三種產品，時間6小時） A：花蓮薯 B：地瓜茶餅 C：芋頭酥 D：奶油酥餅 E：冬瓜酥 F：Q餅 G：香蕉酥 H：蜂蜜口味牛舌餅 I：竹塹餅 J：肚臍餅 K：芒果口味桃山餅 L：金桔口味水果餅

（一）　抽籤規定

1. 術科測試辦理單位依下述製作每類項產品組合籤，由單雙數各術科測試編號最小號應檢人代表抽取一支組合籤。
2. 數量籤由每場監評抽出決定，並於應檢人進入試場時公布。

（二）　測試完畢收回成品時，同時需收回試題及製作報告表。

（三）　測試產品組合

※ 烘焙乙檢測試組合選用書籍分類表

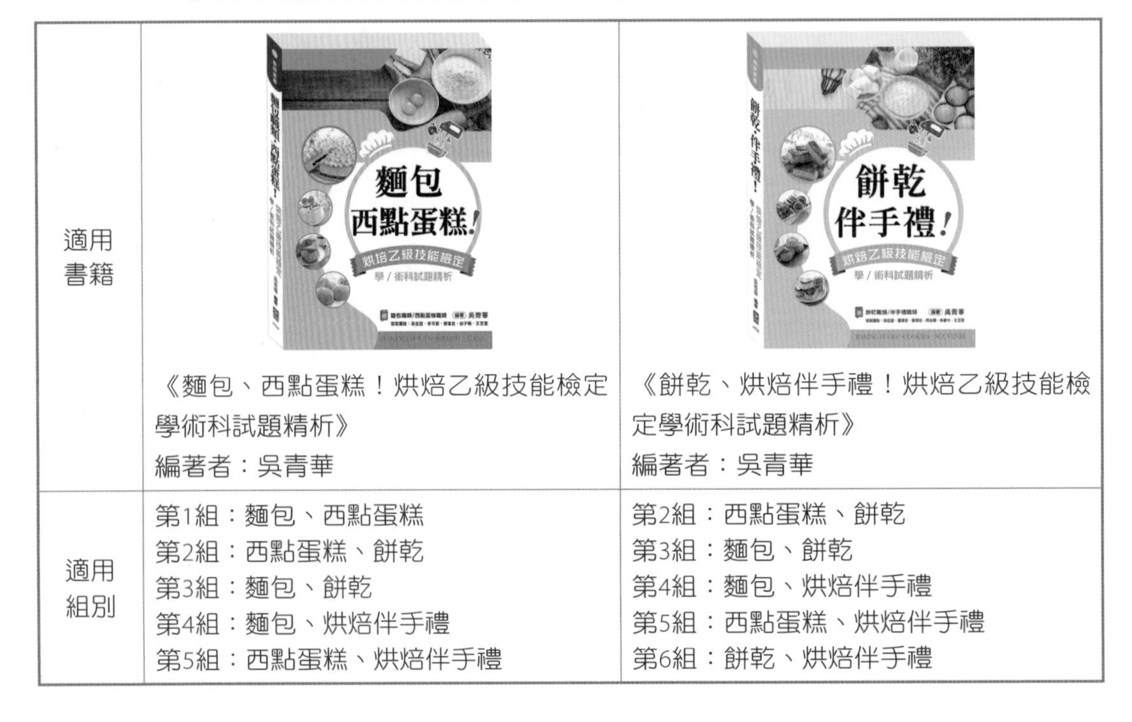

適用書籍	《麵包、西點蛋糕！烘焙乙級技能檢定學術科試題精析》 編著者：吳青華	《餅乾、烘焙伴手禮！烘焙乙級技能檢定學術科試題精析》 編著者：吳青華
適用組別	第1組：麵包、西點蛋糕 第2組：西點蛋糕、餅乾 第3組：麵包、餅乾 第4組：麵包、烘焙伴手禮 第5組：西點蛋糕、烘焙伴手禮	第2組：西點蛋糕、餅乾 第3組：麵包、餅乾 第4組：麵包、烘焙伴手禮 第5組：西點蛋糕、烘焙伴手禮 第6組：餅乾、烘焙伴手禮

1. 麵包、西點蛋糕類測試產品組合一（麵包）（西點蛋糕）

(1)	(1A)不帶蓋雙峰紅豆土司 	(2A)玫瑰花戚風裝飾蛋糕 	(2M)裝飾鬆餅 
(2)	(1B)沙菠蘿麵包 	(2B)巧克力海綿屋頂蛋糕 	(2K)三層式乳酪慕斯 
(3)	(1C)墨西哥麵包 	(2G)裝飾海綿蛋糕 	(2I)蘋果塔 
(4)	(1D)半月型牛角麵包 	(2E)水果蛋糕 	(2N)小藍莓慕斯 
(5)	(1E)菠蘿甜麵包 	(2C)水浴蒸烤乳酪蛋糕 	(2J)雙皮核桃塔 

(6)	(1F)起酥甜麵包	(2D)棋格雙色蛋糕	(2L)奶酥皮水果塔
(7)	(1G)帶蓋含全麥粉土司	(2A)玫瑰花戚風裝飾蛋糕	(2M)裝飾鬆餅
(8)	(1H)帶蓋白土司	(2C)水浴蒸烤乳酪蛋糕	(2H)巧克力慕斯
(9)	(1I)辮子麵包	(2F)虎皮戚風蛋糕捲	(2N)小藍莓慕斯
(10)	(1J)三辮丹麥土司	(2F)虎皮戚風蛋糕捲	(2J)雙皮核桃塔

2. 西點蛋糕、餅乾類測試產品組合－（西點蛋糕）（餅乾）

(1)	(2A)玫瑰花戚風裝飾蛋糕 	(3E)雙色冰箱小西餅 	(3F)全麥蘇打夾心餅乾 
(2)	(2B)巧克力海綿屋頂蛋糕 	(3D)裝飾薑餅 	(3F)全麥蘇打夾心餅乾 
(3)	(2F)虎皮戚風蛋糕捲 	(3B)長條狀鬆餅 	(3E)雙色冰箱小西餅 
(4)	(2H)巧克力慕斯 	(3A)巧克力披覆甜餅乾 	(3C)果醬夾心蛋糕餅 
(5)	(2K)三層式乳酪慕斯 	(3B)長條狀鬆餅 	(3G)裝飾奶油小西餅 

(6)	(2A)玫瑰花戚風裝飾蛋糕	(2L)奶酥皮水果塔	(3G)裝飾奶油小西餅
(7)	(2C)水浴蒸烤乳酪蛋糕	(2G)裝飾海綿蛋糕	(3A)巧克力披覆甜餅乾
(8)	(2D)棋格雙色蛋糕	(2N)小藍莓慕斯	(3D)裝飾薑餅
(9)	(2H)巧克力慕斯	(2F)虎皮戚風蛋糕捲	(3A)巧克力披覆甜餅乾
(10)	(2M)裝飾鬆餅	(2I)蘋果塔	(3C)果醬夾心蛋糕餅

3. 麵包、餅乾類測試產品組合一（麵包）（餅乾）

(1)	(1A)不帶蓋雙峰紅豆土司 	(3D)裝飾薑餅 	(3F)全麥蘇打夾心餅乾 
(2)	(1D)半月型牛角麵包 	(3A)巧克力披覆甜餅乾 	(3E)雙色冰箱小西餅 
(3)	(1E)菠蘿甜麵包 	(3B)長條狀鬆餅 	(3G)裝飾奶油小西餅 
(4)	(1F)起酥甜麵包 	(3A)巧克力披覆甜餅乾 	(3E)雙色冰箱小西餅 
(5)	(1H)帶蓋白土司 	(3C)果醬夾心蛋糕餅 	(3F)全麥蘇打夾心餅乾 

(6)	(1A)不帶蓋雙峰紅豆土司	(1B)沙菠蘿麵包	(3B)長條狀鬆餅
(7)	(1C)墨西哥麵包	(1J)三辮丹麥土司	(3G)裝飾奶油小西餅
(8)	(1D)半月型牛角麵包	(1G)帶蓋含全麥粉土司	(3C)果醬夾心蛋糕餅
(9)	(1E)菠蘿甜麵包	(1H)帶蓋白土司	(3F)全麥蘇打夾心餅乾
(10)	(1F)起酥甜麵包	(1I)辮子麵包	(3D)裝飾薑餅

4. 麵包、烘焙伴手禮類測試產品組合一(麵包)(烘焙伴手禮)

(1)	(1A)不帶蓋雙峰紅豆土司 	(4A)花蓮薯 	(4I)竹塹餅 
(2)	(1C)墨西哥麵包 	(4C)芋頭酥 	(4J)肚臍餅 
(3)	(1D)半月型牛角麵包 	(4B)地瓜茶餅 	(4D)奶油酥餅 
(4)	(1F)起酥甜麵包 	(4D)奶油酥餅 	(4G)香蕉酥 
(5)	(1H)帶蓋白土司 	(4E)冬瓜酥 	(4L)金桔口味水果餅 

Chapter 01

(6)	(1I)辮子麵包	(4F)Q餅	(4K)芒果口味桃山餅
(7)	(1J)三辮丹麥土司	(4J)肚臍餅	(4H)蜂蜜口味牛舌餅

5. 西點蛋糕、烘焙伴手禮類測試產品組合－（西點蛋糕）（烘焙伴手禮）

(1)	(2A)玫瑰花戚風裝飾蛋糕	(4A)花蓮薯	(4I)竹塹餅
(2)	(2B)巧克力海綿屋頂蛋糕	(4B)地瓜茶餅	(4D)奶油酥餅
(3)	(2C)水浴蒸烤乳酪蛋糕	(4C)芋頭酥	(4J)肚臍餅

(4)	(2F)虎皮戚風蛋糕捲	(4D)奶油酥餅	(4G)香蕉酥
(5)	(2H)巧克力慕斯	(4E)冬瓜酥	(4L)金桔口味水果餅
(6)	(2M)裝飾鬆餅	(4J)肚臍餅	(4H)蜂蜜口味牛舌餅
(7)	(2N)小藍莓慕斯	(4F)Q餅	(4K)芒果口味桃山餅

6. 餅乾、烘焙伴手禮類測試產品組合一（餅乾）（烘焙伴手禮）

(1)	(3A)巧克力披覆甜餅乾	(4A)花蓮薯	(4I)竹塹餅

(2)	(3B)長條狀鬆餅	(4B)地瓜茶餅	(4D)奶油酥餅
(3)	(3C)果醬夾心蛋糕餅	(4C)芋頭酥	(4J)肚臍餅
(4)	(3D)裝飾薑餅	(4D)奶油酥餅	(4G)香蕉酥
(5)	(3E)雙色冰箱小西餅	(4E)冬瓜酥	(4L)金桔口味水果餅
(6)	(3F)全麥蘇打夾心餅乾	(4J)肚臍餅	(4H)蜂蜜口味牛舌餅
(7)	(3G)裝飾奶油小西餅	(4F)Q餅	(4K)芒果口味桃山餅

1-4 術科指定參考配方表

技術士技能檢定烘焙食品乙級術科指定參考配方表

※務必使用中部辦公室網頁下載之表格。

應檢人姓名：＿＿＿＿＿＿＿＿　術科測試編號：＿＿＿＿＿＿＿＿

產品名稱		產品名稱		產品名稱	
原料名稱	百分比	原料名稱	百分比	原料名稱	百分比

註：1. 本表由應檢人測試前填寫，可攜入試場參考，只准填原料名稱及配方百分比，如夾帶其他資料則配方制定該大項以零分計。（不夠填寫，自行影印或至技檢中心網站下載使用，可電腦打字，但不得使用其他格式之配方表）

2. 試題規定為麵糰（糊）重之損耗不得超過10%，試題規定為成品之損耗不得超過20%。

1-5 餅乾類參考配方表範例

技術士技能檢定烘焙食品乙級術科指定參考配方表

應檢人姓名：王小胖　　術科測驗號碼：

產品名稱		產品名稱		產品名稱	
巧克力披覆甜餅乾		長條狀鬆餅		果醬夾心蛋糕餅	
原料名稱	百分比	原料名稱	百分比	原料名稱	百分比
低筋麵粉	100	中筋麵粉	100	蛋黃	54
烤酥油（白油）	15	烤酥油（白油）	15	細砂糖(1)	40
細砂糖	28	細砂糖	3	蛋白	81
鹽	0.5	冰水	60	鹽	0.5
奶粉	1			細砂糖(2)	60
膨脹劑（小蘇打）	0.5	合計	178	低筋麵粉	100
水	32			玉米粉	18
		裹入油脂	71		
合計	177			合計	353.5
		合計	249		

註：1. 本表由應檢人試前填寫，可攜入考場參考，只准填原料名稱及配方百分比，如夾帶其他資料則配方制定該大項以零分計。（不夠填寫，自行影印或至本中心網站首頁－便民服務－表單下載－07700烘焙食品配方表區下載使用，可電腦打字，但不得使用其他格式之配方表）

2. 題目為麵糰（糊）重之損耗不得超過10%，題目為成品之損耗不得超過20%。

3. 「合計分隔線」為方便閱讀，帶入考場參考配方表不建議劃線。

技術士技能檢定烘焙食品乙級術科指定參考配方表

應檢人姓名：王小胖　　術科測驗號碼：

產品名稱		產品名稱		產品名稱	
裝飾薑餅		雙色冰箱小西餅		全麥蘇打夾心餅乾	
原料名稱	百分比	原料名稱	百分比	原料名稱	百分比
奶油	21	白麵糰：		麵糰：	
糖粉	51	奶油	45	全麥麵粉	100/95/90
蛋	12	糖粉	50	中筋麵粉	0/5/10
水	16	鹽	0.5	烤酥油（白油）	18
薑粉	2	蛋	20	鹽	1
低筋麵粉	100	奶粉	8	即發酵母粉	1
肉桂粉	0.5	低筋麵粉	100	膨脹劑（小蘇打）	0.5
可可粉	4			冰水	40
		合計	223.5		
合計	206.5			合計	160.5
		可可麵糰：			
蛋白霜：		奶油	45	奶油霜：	
蛋白	10	糖粉	50	烤酥油（白油）	40
糖粉	80	鹽	0.5	糖粉	60
		蛋	20		
合計	90	奶粉	8	合計	100
		低筋麵粉	100		
		可可粉	3		
		水	2		
		合計	228.5		

註：1. 本表由應檢人試前填寫，可攜入考場參考，只准填原料名稱及配方百分比，如夾帶其他資料則配方制定該大項以零分計。（不夠填寫，自行影印或至本中心網站首頁－便民服務一表單下載－07700烘焙食品配方表區下載使用，可電腦打字，但不得使用其他格式之配方表）

2. 題目為麵糰（糊）重之損耗不得超過10%，題目為成品之損耗不得超過20%。

3. 「合計分隔線」為方便閱讀，帶入考場參考配方表不建議劃線。

技術士技能檢定烘焙食品乙級術科指定參考配方表

應檢人姓名： 王小胖　　**術科測驗號碼：**

產品名稱		產品名稱		產品名稱	
裝飾奶油小西餅					
原料名稱	百分比	原料名稱	百分比	原料名稱	百分比
奶油	70				
糖粉	35				
蛋	24				
香草香料	1				
低筋麵粉	100				
合計	230				
蛋白霜：					
蛋白	20				
糖粉	100				
合計	120				

註：1. 本表由應檢人試前填寫，可攜入考場參考，只准填原料名稱及配方百分比，如夾帶其他資料則配方制定該大項以零分計。（不夠填寫，自行影印或至本中心網站首頁－便民服務－表單下載－07700烘焙食品配方表區下載使用，可電腦打字，但不得使用其他格式之配方表）

2. 題目為麵糰（糊）重之損耗不得超過10%，題目為成品之損耗不得超過20%。

3. 「合計分隔線」為方便閱讀，帶入考場參考配方表不建議劃線。

1-6 烘焙伴手禮類參考配方表範例

技術士技能檢定烘焙食品乙級術科指定參考配方表

應檢人姓名：王小胖　　術科測試編號：

產品名稱		產品名稱		產品名稱	
花蓮薯		地瓜茶餅		芋頭酥	
原料名稱	百分比	原料名稱	百分比	原料名稱	百分比
雞蛋	35	烤酥油	50	烤酥油	40
轉化糖漿	40	糖粉	45	糖粉	10
烤酥油	15	奶粉	3	中筋麵粉	100
奶粉	5	精鹽	1	水	45
小蘇打粉	1	雞蛋	42		
低筋麵粉	100	低筋麵粉	100	合計	195
		米穀粉	21		
合計	196	綠茶粉	3		
				低筋麵粉	100
		合計	265	烤酥油	50
白豆沙	100				
熟黃心地瓜	100			合計	150
		白豆沙	48		
合計	200	熟紫心地瓜	52		
				低筋麵粉	100
		合計	100	烤酥油	70
				合計	170

註：1. 本表由應檢人測試前填寫，可攜入試場參考，只准填原料名稱及配方百分比，如夾帶其他資料則配方制定該大項以零分計。（不夠填寫，自行影印或至技檢中心網站下載使用，可電腦打字，但不得使用其他格式之配方表）

2. 試題規定為麵糰（糊）重之損耗不得超過10%，試題規定為成品之損耗不得超過20%。

3. 「合計分隔線」為方便閱讀，帶入考場參考配方表不建議劃線。

技術士技能檢定烘焙食品乙級術科指定參考配方表

應檢人姓名： 王小胖　　**術科測試編號：**

產品名稱		產品名稱		產品名稱	
奶油酥餅		冬瓜酥		Q餅	
原料名稱	百分比	原料名稱	百分比	原料名稱	百分比
中筋麵粉	100	烤酥油	40	烤酥油	40
沸水	10	糖粉	10	糖粉	10
冷水	40	中筋麵粉	100	中筋麵粉	100
糖粉	5	水	45	水	45
奶油	30	合計	195	合計	195
合計	185				
		低筋麵粉	100	低筋麵粉	100
低筋麵粉	100	烤酥油	50	烤酥油	50
奶油	50	合計	150	合計	150
合計	150				
		帶皮生冬瓜	100	肉脯	1
糖粉	100	砂糖	15	麻糬	4
低筋麵粉	30	麥芽糖	15	烏豆沙	10
麥芽糖	30	合計	170	合計	15
奶油	30				
水	10				
合計	200				

註：1. 本表由應檢人測試前填寫，可攜入試場參考，只准填原料名稱及配方百分比，如夾帶其他資料則配方制定該大項以零分計。（不夠填寫，自行影印或至技檢中心網站下載使用，可電腦打字，但不得使用其他格式之配方表）

2. 試題規定為麵糰（糊）重之損耗不得超過10%，試題規定為成品之損耗不得超過20%。

3. 「合計分隔線」為方便閱讀，帶入考場參考配方表不建議劃線。

技術士技能檢定烘焙食品乙級術科指定參考配方表

應檢人姓名：王小胖　　術科測試編號：

產品名稱		產品名稱		產品名稱	
香蕉酥		蜂蜜口味牛舌餅		竹塹餅	
原料名稱	百分比	原料名稱	百分比	原料名稱	百分比
低筋麵粉	100	烤酥油	40	低筋麵粉	100
烤酥油	65	糖粉	10	酥油	31
糖粉	40	中筋麵粉	100	蜂蜜	31
奶粉	10	水	45	麥芽糖	23
精鹽	1			雞蛋	5
雞蛋	22	合計	195		
發粉	1			合計	190
合計	239	低筋麵粉	100		
		烤酥油	50	肥豬肉	100
				冬瓜條	75
香蕉泥	52	合計	150	油蔥酥	50
白豆沙	48			白芝麻	35
				麥芽糖	40
合計	100	酥油	25	熟麵粉	55
		蜂蜜	60	水	20
		精鹽	1		
		糖粉	100	合計	375
		水	30		
		糕仔粉	16		
		樹薯粉	8		
		低筋麵粉	100		
		合計	340		

註：1. 本表由應檢人測試前填寫，可攜入試場參考，只准填原料名稱及配方百分比，如夾帶其他資料則配方制定該大項以零分計。（不夠填寫，自行影印或至技檢中心網站下載使用，可電腦打字，但不得使用其他格式之配方表）

2. 試題規定為麵糰（糊）重之損耗不得超過10%，試題規定為成品之損耗不得超過20%。

3. 「合計分隔線」為方便閱讀，帶入考場參考配方表不建議劃線。

技術士技能檢定烘焙食品乙級術科指定參考配方表

應檢人姓名：王小胖　　術科測試編號：

產品名稱		產品名稱		產品名稱	
肚臍餅		芒果口味桃山餅		金桔口味水果餅	
原料名稱	百分比	原料名稱	百分比	原料名稱	百分比
中筋麵粉	100	低筋麵粉	15	低筋麵粉	100
酥油	40	白豆沙	100	酥油	12.5
糖粉	5	酥油	6	砂糖	12.5
水	40	水	6	水	41
合計	185	合計	127	合計	166
綠豆沙	100	白豆沙	100	熟黃地瓜	100
熟黃地瓜	100	芒果果泥	31	金桔果醬	30
合計	200	合計	131	砂糖	155
				糕仔粉	40
				低筋麵粉	140
				麥芽糖	30
				合計	495

註：1. 本表由應檢人測試前填寫，可攜入試場參考，只准填原料名稱及配方百分比，如夾帶其他資料則配方制定該大項以零分計。（不夠填寫，自行影印或至技檢中心網站下載使用，可電腦打字，但不得使用其他格式之配方表）

2. 試題規定為麵糰（糊）重之損耗不得超過10%，試題規定為成品之損耗不得超過20%。

3. 「合計分隔線」為方便閱讀，帶入考場參考配方表不建議劃線。

1-7 術科測試製作報告表

※依考場提供為主

技術士技能檢定烘焙食品乙級術科測試製作報告表

應檢人姓名：＿＿＿＿＿＿＿＿＿＿　術科測試編號：＿＿＿＿＿＿＿＿＿＿

一、試題名稱：＿＿＿＿＿＿＿＿＿＿

二、製作報告表

原料名稱	百分比	重量（公克）	製作程序及條件

1-8 技術士技能檢定烘焙食品乙級評審表

術科准考證號碼：__________ 桌號：____ 測試日期：____年____月____日

術科測試編號：__________________ 應檢人姓名：__________________

產品名稱	等級 評審項目	0	1	2	3	4	5	6	7	8	9	10	總分		特殊事項摘要記載
	工作態度與衛生習慣(20%)	0	2	4	6	8	10	12	14	16	18	20	分	以零分計情形	
	配方制定(10%)	0	1	2	3	4	5	6	7	8	9	10		1 2 3 4 5 6 7 8 9 10	
	操作技術(20%)	0	2	4	6	8	10	12	14	16	18	20	□合格 □不合格		
	產品外觀品質(30%)	0	3	6	9	12	15	18	21	24	27	30			
	產品內部品質(20%)	0	2	4	6	8	10	12	14	16	18	20			
	工作態度與衛生習慣(20%)	0	2	4	6	8	10	12	14	16	18	20	分	以零分計情形	
	配方制定(10%)	0	1	2	3	4	5	6	7	8	9	10		1 2 3 4 5 6 7 8 9 10	
	操作技術(20%)	0	2	4	6	8	10	12	14	16	18	20	□合格 □不合格		
	產品外觀品質(30%)	0	3	6	9	12	15	18	21	24	27	30			
	產品內部品質(20%)	0	2	4	6	8	10	12	14	16	18	20			
	工作態度與衛生習慣(20%)	0	2	4	6	8	10	12	14	16	18	20	分	以零分計情形	
	配方制定(10%)	0	1	2	3	4	5	6	7	8	9	10		1 2 3 4 5 6 7 8 9 10	
	操作技術(20%)	0	2	4	6	8	10	12	14	16	18	20	□合格 □不合格		
	產品外觀品質(30%)	0	3	6	9	12	15	18	21	24	27	30			
	產品內部品質(20%)	0	2	4	6	8	10	12	14	16	18	20			

◎備註：請參閱以零分計情形種類表勾選以零分計項目。應檢人繳交之產品，若有以零分計之情形，各細項分數亦應確實勾選。

監評人員簽名：________________________ （請勿於測試結束前簽名）

項目	以零分計情形
1	檢定時間依考題而定超過時限未完成者。
2	每種產品製作以一次為原則，未經監評人員同意而重作者。
3	成品形狀或數量或其他與題意（含特別規定）不符者（如試題另有規定者，依試題規定評審）。
4	成品重量、尺寸（須個別測量並記錄）與題意不符者（如試題另有規定者，依試題規定評審）。
5	剩餘麵糰或麵糊或餡料超過規定10%（＞10%）者（如試題另有規定者，依試題規定評審）。
6	成品烤焙不熟、烤焙焦黑或不成型等不具商品價值者。
7	成品不良率超過20%（＞20%）（如試題另有規定者，依試題規定評審）。
8	使用別人機具或設備者。
9	經三位監評鑑定為嚴重過失者，譬如工作完畢未清潔歸位者。
10	每種產品評分項目分：工作態度及衛生習慣、配方制定、操作技術、產品外觀品質及產品內部品質等五大項目，其中任何一大項目成績被評定為零分者。

◎備註：有關上述第2項未經監評人員同意而重作者，如試場準備材料錯誤或機具故障、損壞時，需事先提出，並經監評人員確認同意重作，如在事後提出者，則不予以採納。

1-9 術科測試時間配當表

一、每日排定測試場次為乙場；程序表如下：

時間	內容	備註
08：30前	應檢人更衣、完成報到	
08：30－09：00	1. 監評前協調會議（含監評檢查機具設備及材料）。 2. 場地設備及材料等作業說明（08：30－08：40完成）。 3. 單雙數各術科測試編號最小號應檢人抽組合籤(08:45)及測試應注意事項說明。	
09：00－15：00	應檢人測試（測試時間6小時，含填寫製作報告表、清點工具及材料、成品製作及繳交至評審室）	
15：00－15：30	監評人員進行成品評審	
15：30－16：00	檢討會（監評人員及術科測試辦理單位視需要召開）	

◎備註：依時間配當表準時辦理抽籤，並依抽籤結果進行測試，遲到者或缺席者不得有異議。

MEMO

烘焙基礎實務

Baking Food

2-1 常用烘焙原料

一、乾性材料

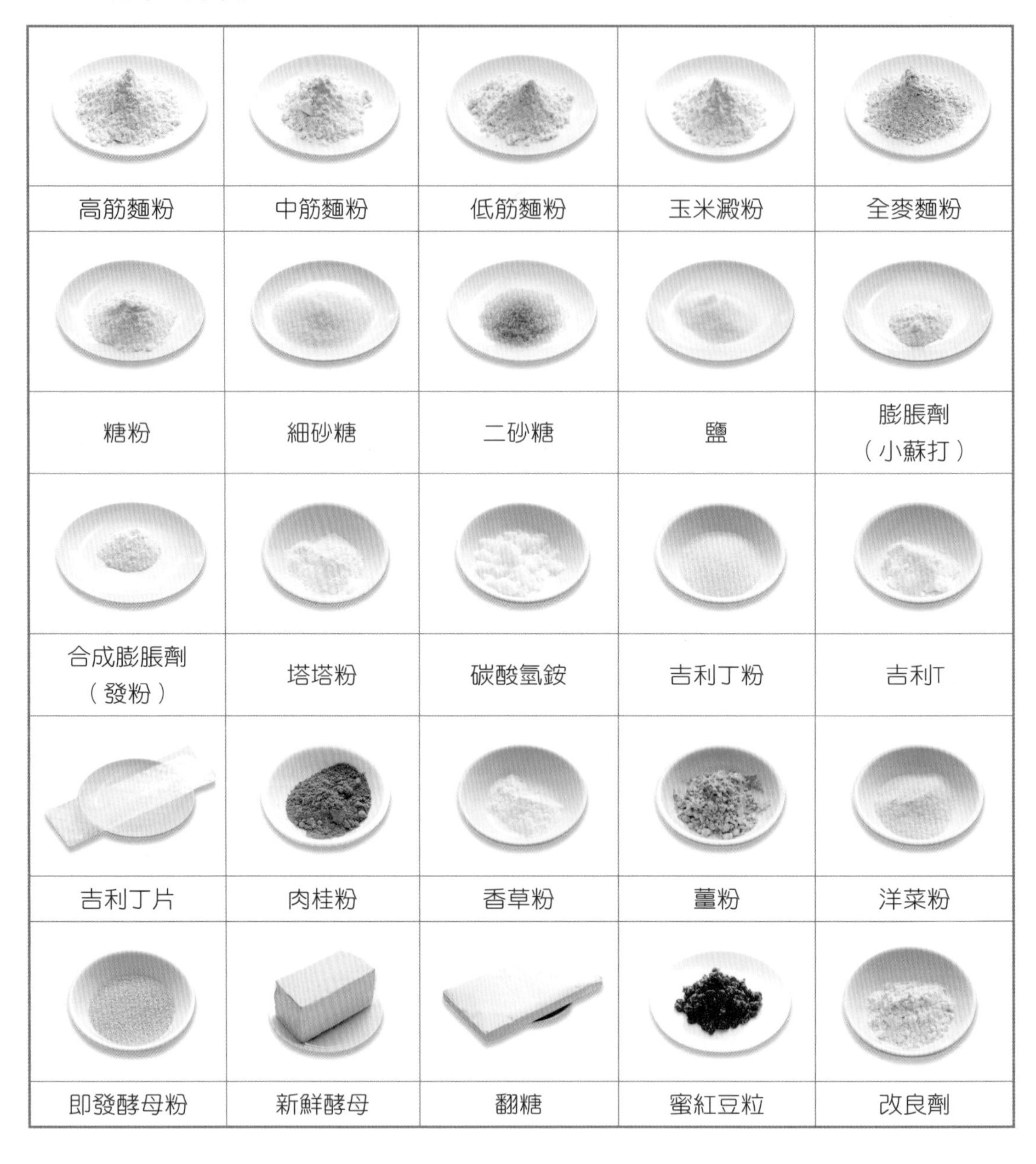

高筋麵粉	中筋麵粉	低筋麵粉	玉米澱粉	全麥麵粉
糖粉	細砂糖	二砂糖	鹽	膨脹劑（小蘇打）
合成膨脹劑（發粉）	塔塔粉	碳酸氫銨	吉利丁粉	吉利T
吉利丁片	肉桂粉	香草粉	薑粉	洋菜粉
即發酵母粉	新鮮酵母	翻糖	蜜紅豆粒	改良劑

二、液體材料

蘭姆酒	白醋	轉化糖漿	蜂蜜	色素
全蛋	蛋白液	蛋黃液	檸檬汁	葡萄糖漿
果糖	香草香料			

三、油脂類

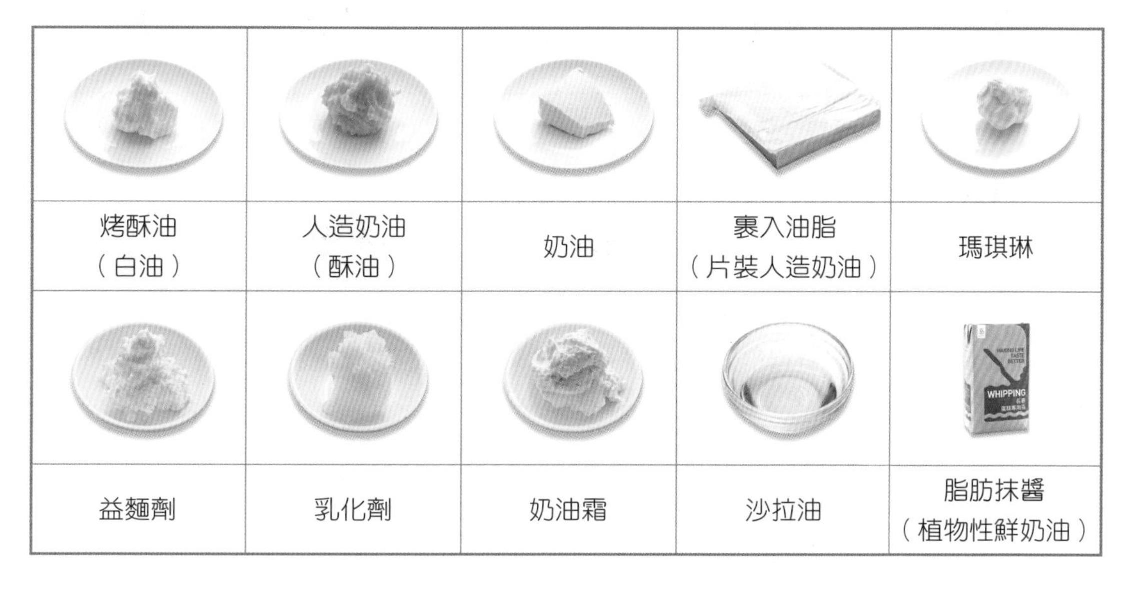

烤酥油 （白油）	人造奶油 （酥油）	奶油	裹入油脂 （片裝人造奶油）	瑪琪琳
益麵劑	乳化劑	奶油霜	沙拉油	脂肪抹醬 （植物性鮮奶油）

四、乳製品材料

奶粉	奶油乳酪	鮮奶油		

五、巧克力材料

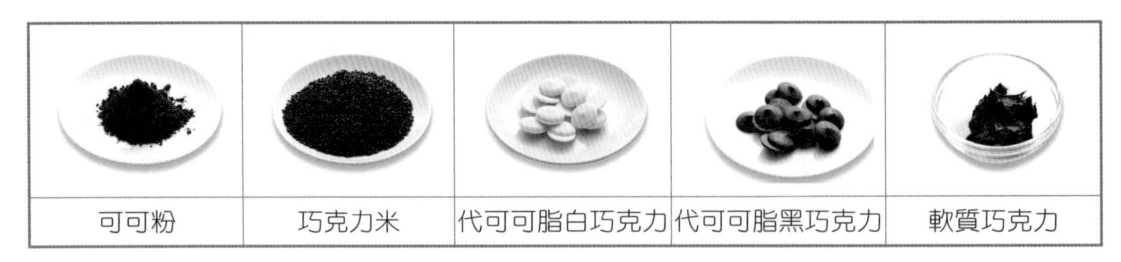

可可粉	巧克力米	代可可脂白巧克力	代可可脂黑巧克力	軟質巧克力

六、水果、果乾、果醬、果餡材料

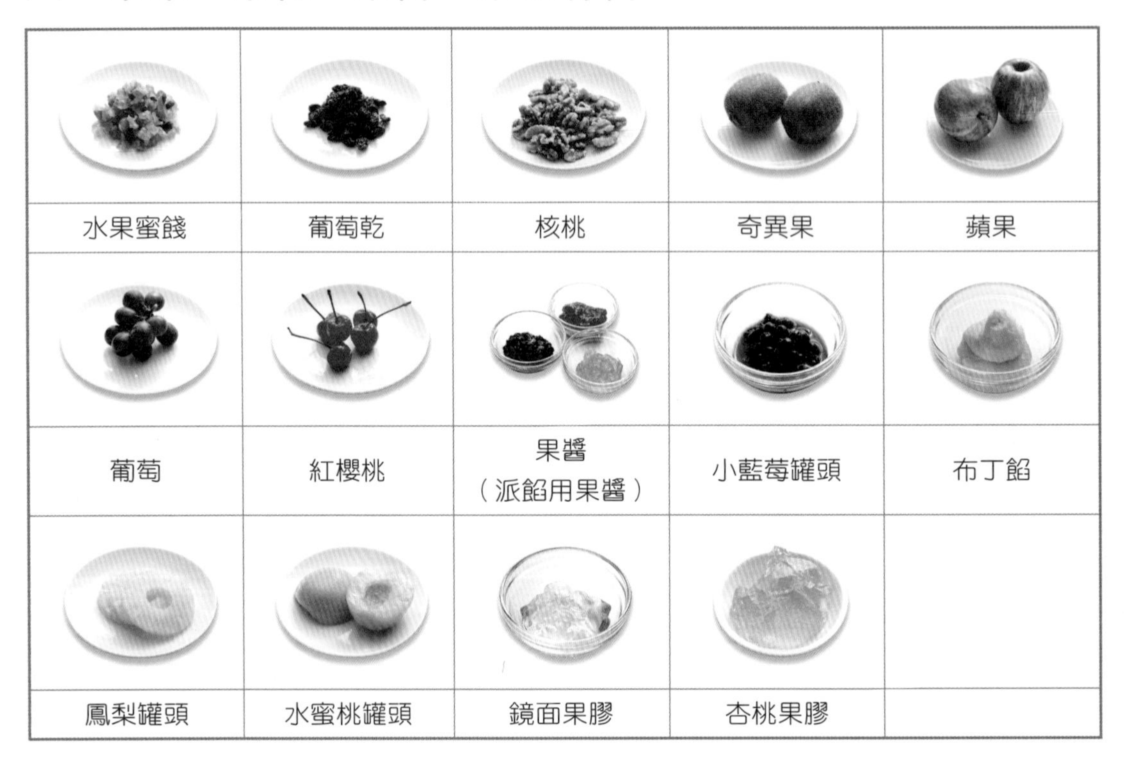

水果蜜餞	葡萄乾	核桃	奇異果	蘋果
葡萄	紅櫻桃	果醬（派餡用果醬）	小藍莓罐頭	布丁餡
鳳梨罐頭	水蜜桃罐頭	鏡面果膠	杏桃果膠	

六、水果、果乾、果醬、果餡材料

 蒸熟芋頭塊	 蒸熟紫地瓜塊	 蒸熟黃地瓜塊	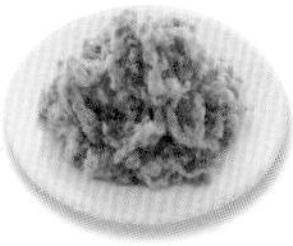 肉脯	 帶皮香蕉

帶皮生冬瓜	油蔥酥	肥豬肉（板油）	芒果果泥	麻糬

2-2 常用烘焙器具

12兩吐司模
24兩吐司模
吐司模&蛋糕模
粗篩網
細篩網
擠花嘴、袋
塑膠軟刮板
塑膠切麵刀
不銹鋼切麵刀
量匙
溫度計
西點刀
西餐刀（牛刀）
包餡匙
抹刀
白抹布
橡皮刮刀
擀麵棍
車輪刀
剪刀
打蛋器
固定蛋糕模
長尺
蛋刷
麵包刀
水果刀
彈簧磅秤
電子磅秤
量杯
鋼盆

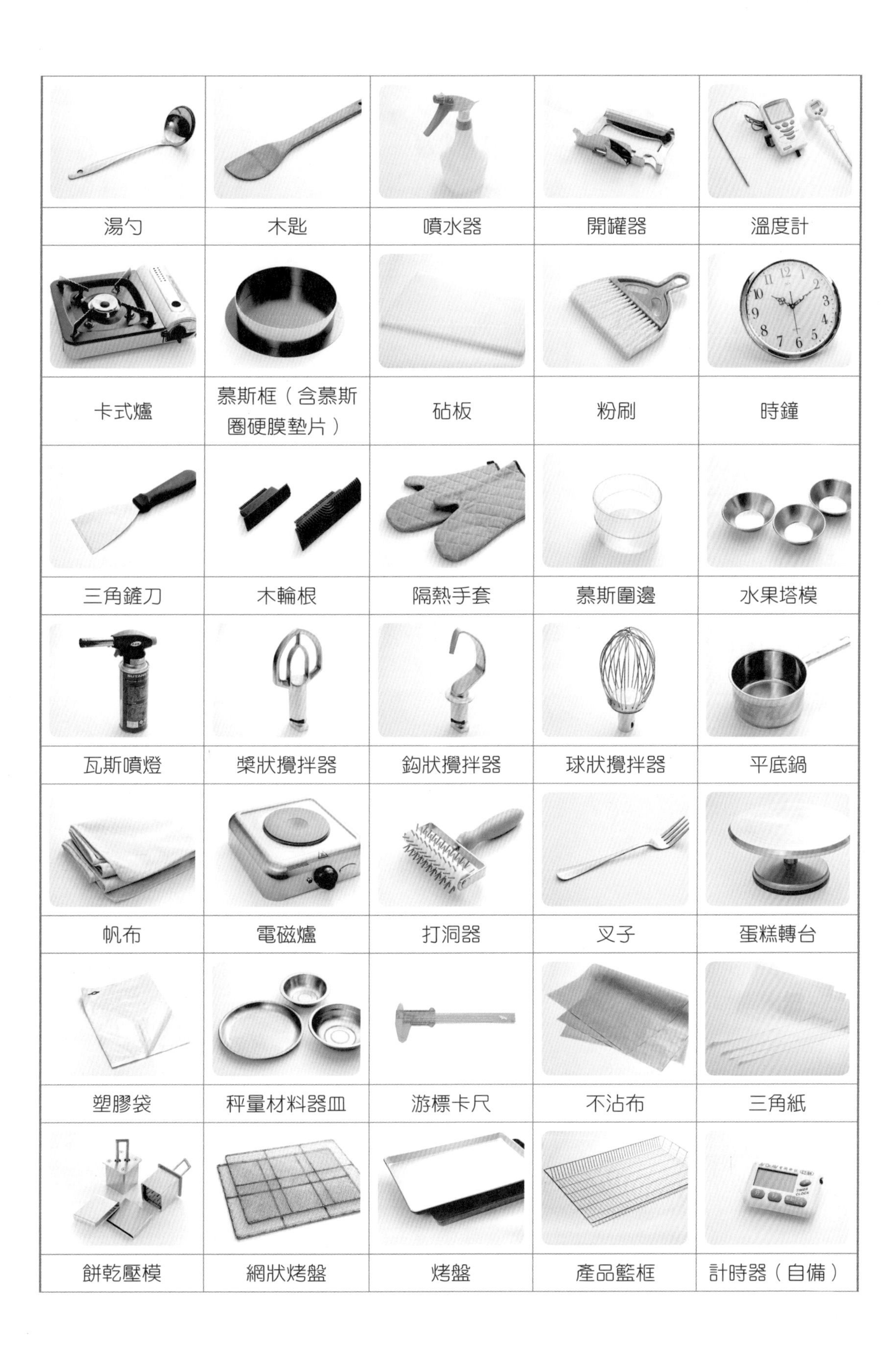

湯勺	木匙	噴水器	開罐器	溫度計
卡式爐	慕斯框（含慕斯圈硬膜墊片）	砧板	粉刷	時鐘
三角鏟刀	木輪根	隔熱手套	慕斯圍邊	水果塔模
瓦斯噴燈	槳狀攪拌器	鉤狀攪拌器	球狀攪拌器	平底鍋
帆布	電磁爐	打洞器	叉子	蛋糕轉台
塑膠袋	秤量材料器皿	游標卡尺	不沾布	三角紙
餅乾壓模	網狀烤盤	烤盤	產品籃框	計時器（自備）

薑餅屋西卡紙（自備）	平底鍋	月餅壓模	水果餅模型	奶油酥餅模型
香蕉酥模型	花蓮薯模型			

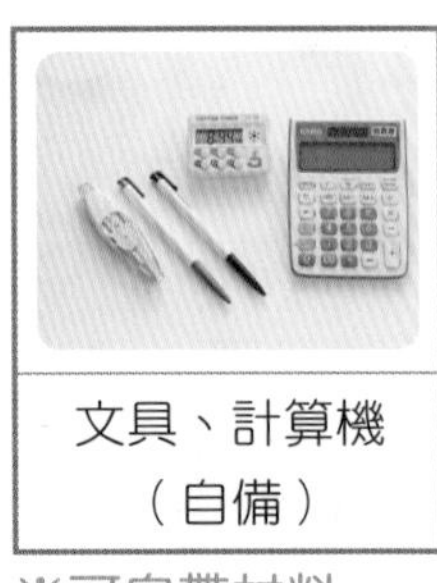

文具、計算機（自備）

※可自帶材料。

2-3 烘焙計算

一、意義

烘焙計算乃應用數學基本原理與其運算方法，將配方中各成分材料的比例及用量，加以簡單化、制度化，以求換算容易、精確實用，維持產品品質。

二、優點

1. 簡單明瞭、方便記憶。
2. 可精確計算產品數量。
3. 可預測產品之品質、性質。

三、使用範圍

1. 成本計算。
2. 適用水溫與冰量計算。
3. 烘焙百分比與實際百分比的換算。
4. 計算耗損量。
5. 原材料與替代材料的換算。

四、常用單位換算

重　量	容　量	溫　度
1公斤(kg)=1,000公克(g) 1公克(g)=1,000毫克(mg) 1台斤=600公克(g) 1貫=100台兩 1台兩=37.50公克(g) 1磅=16盎司(oz) 1盎司(oz)=28.35公克(g)	1公升(L)=1,000 毫升(mL) 1加侖(gal)=4 夸特(qt) =8 品脫(pt) =4.545 公升(L) 1杯=240cc=16大匙(T) 1大匙(T)=3小匙(t)=15g	攝氏溫度(℃) $=\frac{5}{9}\times$(℉-32) 華氏溫度(℉) =(℃x$\frac{9}{5}$)+32

五、烘焙百分比與實際百分比

1. 烘焙百分比：

以麵粉重來換算其他材料的比率，一般烘焙百分比中，將麵粉比率設定為100%，故所有材料總和會超過100%。

$$烘焙百分比 = \frac{材料總重}{麵粉重量} \times 100\%$$

2. 實際百分比：

又稱真實百分比，所有材料比率加起來必為100%，藉此可瞭解配方中之材料所佔的比率。

$$實際百分比 = \frac{各項材料重量}{配方材料總重量} \times 100\%$$

六、麵糊比重計算

每種蛋糕麵糊攪拌時，皆有一定的比重，比重越輕，則表示麵糊中拌入空氣較多，組織較為鬆散；反之，如比重較重，則拌入空氣不多，則蛋糕不易膨大，藉由此比重可知蛋糕的攪拌程度，並可使產品品質均一。

測量時，麵糊與杯口需齊平，且中間不得有大氣泡，以免數值不準確。

$$麵糊比重 = \frac{（量杯與滿杯麵糊重－空量杯重）}{（量杯與滿杯水重－空量杯重）}$$

各蛋糕之理想比重：

蛋糕種類	比重值
麵糊類蛋糕	0.8~0.9
天使蛋糕	0.38
海綿蛋糕	0.46
戚風蛋糕	0.43

各類實作基本常識

Baking Food

3-1 餅乾實作基本常識

一、攪拌方法

（一）直接法

即是將所有材料一起攪拌完成。通常在攪拌缸裡面會用槳狀或是勾狀低速攪拌，並不定時的將黏在攪拌缸旁邊的麵糊刮下，一直到攪拌均勻為止，攪拌時間的長短，會影響餅乾產品的質地，一般直接法的用途大多都用在水分較少、富有嚼勁的餅乾，例如：甜餅乾、全麥蘇打餅乾……等。

（二）糖油拌合法

糖油拌合法大多使用在麵糊類的小西餅，先將配方中的細砂糖與油脂拌合，打發至絨毛狀，再分次加入蛋或是牛奶，最後加入粉類拌勻即可。麵糊攪拌的時間會跟成品的擴展程度及酥鬆感有關係，攪拌時間越久，麵糊越鬆發，小西餅則會越酥鬆，相對的，攪拌時間越短，麵糊越不鬆發，小西餅則越酥脆。添加的材料亦會影響成品的酥鬆、酥脆程度，例如：蛋黃及蛋白，高筋麵粉、中筋麵粉及低筋麵粉。這些皆會造成影響。使用此方法的產品，例如：奶油裝飾小西餅、雙色冰箱小西餅……等。

（三）海綿法

作法像海綿蛋糕，細砂糖、蛋經打發後再加入其他材料拌勻即可，不能攪拌過度，避免消泡，例如：蛋糕餅…等。

二、整形方法

（一）壓延法

麵糰較有延展性，經過壓延後再利用模型壓出或是用刀切割成型。

（二）擠出法

麵糊較軟，經過擠花袋和擠花嘴擠出造型，屬於擠花小西餅。

（三）冷藏法

麵糊先整形成長條圓柱或是其他長條狀，經過冷藏冰硬，再用刀切片烘烤。

（四）條狀法

將麵糰整呈長條狀或是橢圓形，經過烤焙後，切成片狀、條狀再去烘烤，例如：義大利脆餅。

（五）片狀法

將麵糊倒在平烤盤內鋪平後，直接入烤箱烤焙，烤前鋪平或是一大片狀，烤後切片皆是。例如：杏仁瓦片。

三、烤焙方法

一般餅乾皆用中火烤焙，溫度約170~200℃，烤焙時通常烤約八分熟，再利用餘溫燜烤至全熟。烤箱須先預熱，好讓麵糊一進烤箱就能在同一個溫度下烘烤，不會因為加熱時間及前置低溫而影響烘烤品質。烤焙時也需隨時注意產品變化，以利調整溫度及時間，使產品以最好的色澤及熟度呈現。

四、餅乾製作方法

(一) 糖油拌合法

1. 糖粉與油脂倒入攪拌缸拌勻

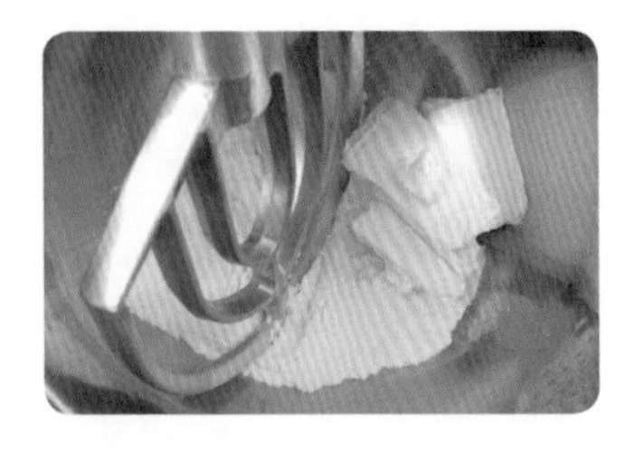

2. 濕性材料分次加入

3. 粉類加入拌勻即為麵糰

(二) 直接法

1. 將所有乾性及濕性材料倒入攪拌缸

2. 攪拌至成糰至擴展階段，壓平成四方形進冷藏鬆弛

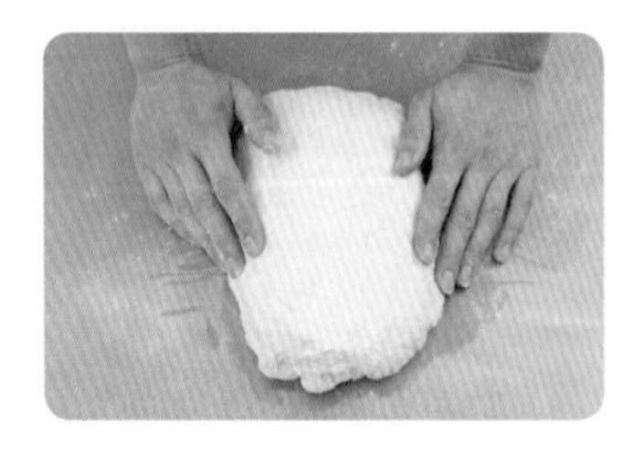

3. 取出用壓麵機壓延至光滑即可切割

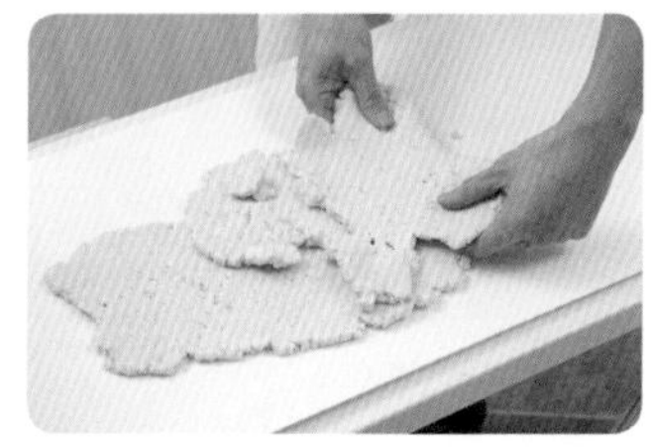

(三)乳沫類打法

1. 粉類過篩備用

2. 蛋與細砂糖隔水加熱拌勻

3. 將糖蛋液倒入攪拌缸裡,以鋼絲打蛋器快速打發至有紋路,再中速回一下

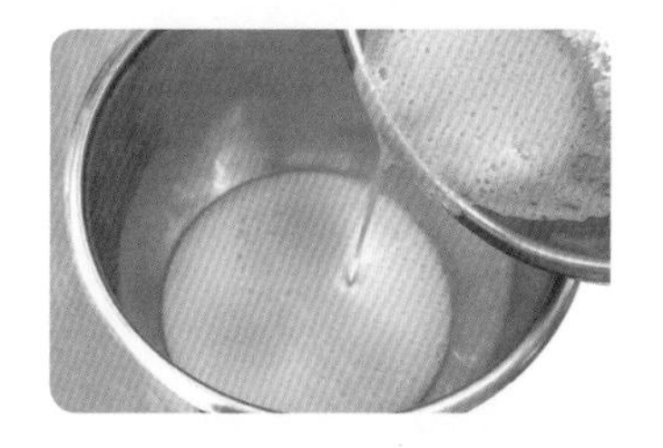

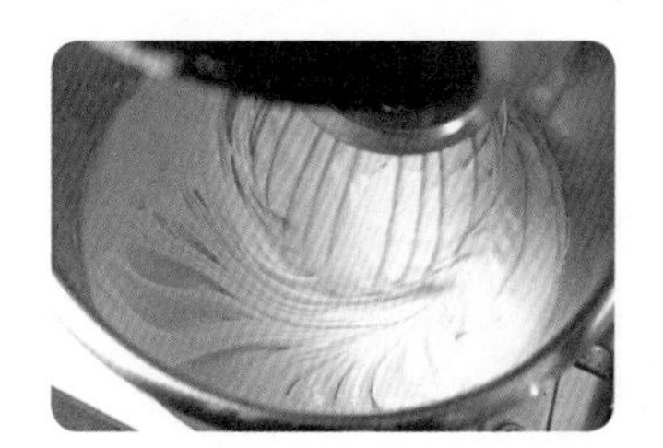

◎轉中速目的,讓大泡泡變小泡泡,使組織更細緻。

4. 加入過篩粉類拌勻,即可充填

3-2 烘焙伴手禮實作基本常識

一、酥油皮類

（一）大包酥類

將油皮材料攪拌好經過鬆弛後，包入油酥，經過壓延摺疊再分割，包餡整形製作成型，示範產品：芋頭酥、冬瓜酥……等產品。

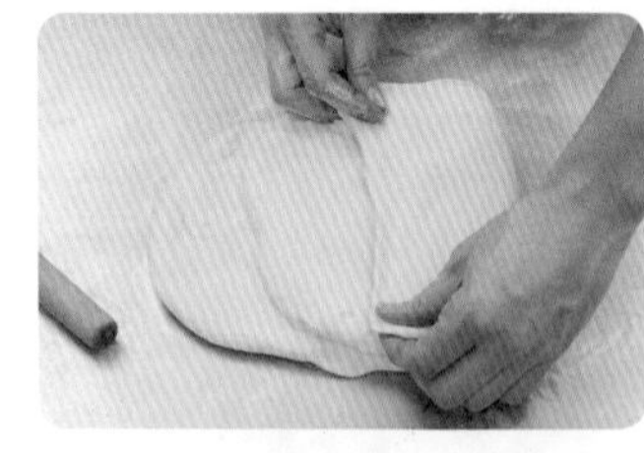
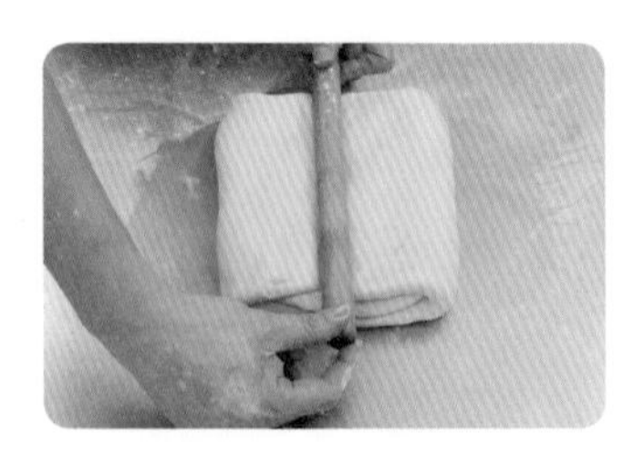
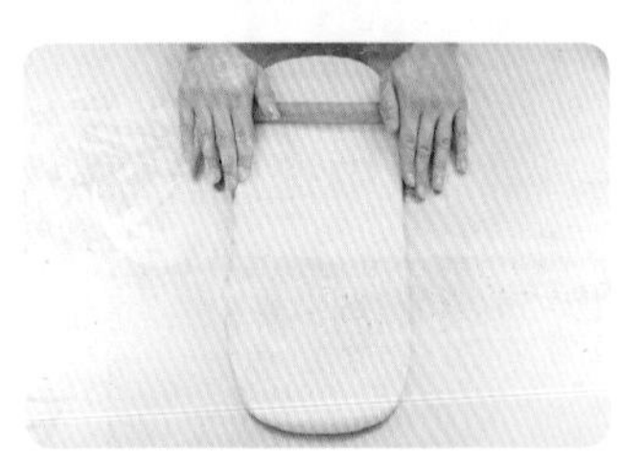
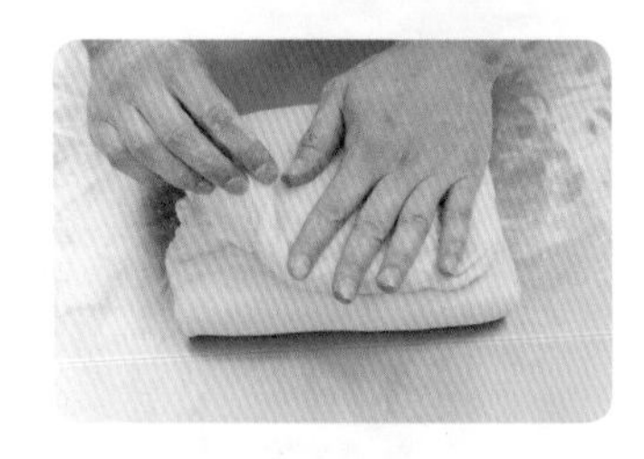
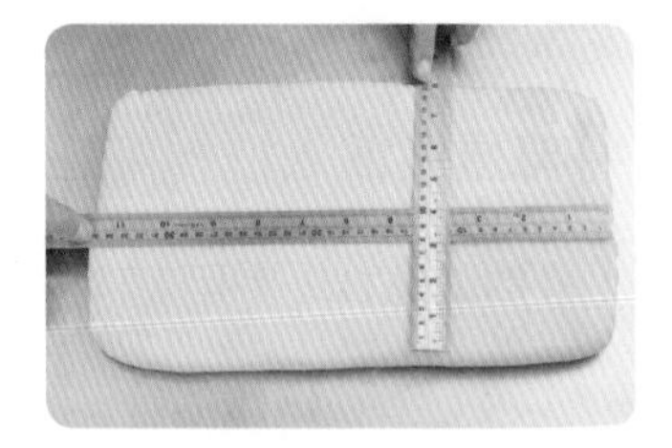

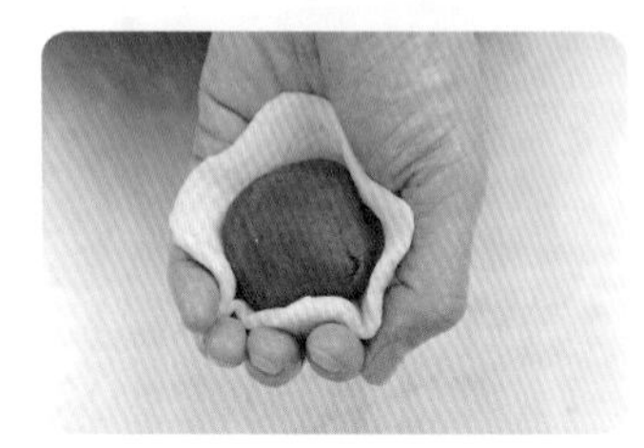

（二）小包酥類

將油皮材料攪拌好經過鬆弛分割後，包入油酥，經過壓延擀捲整形製作，示範產品：牛舌餅、奶油酥餅……等產品。

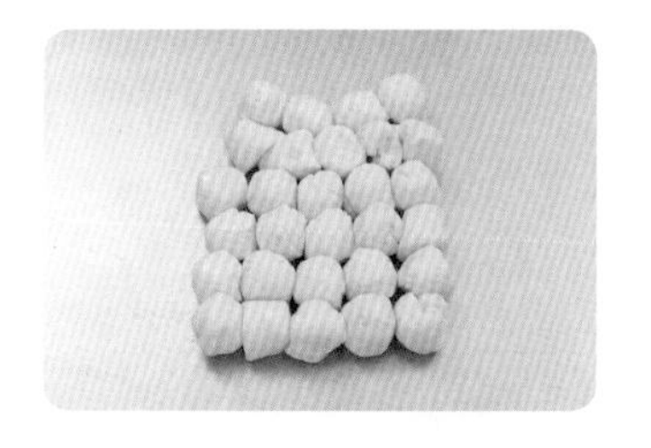
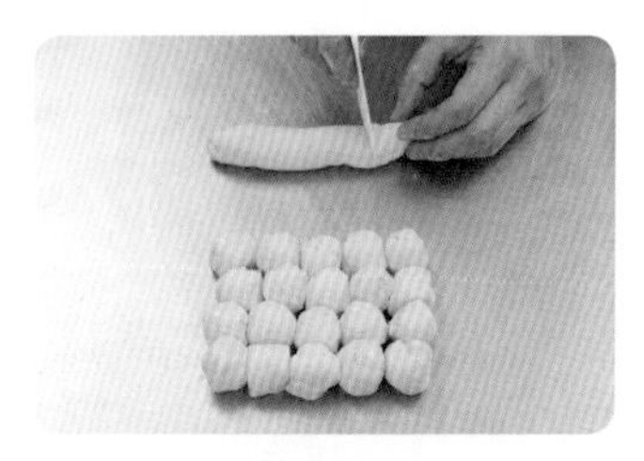
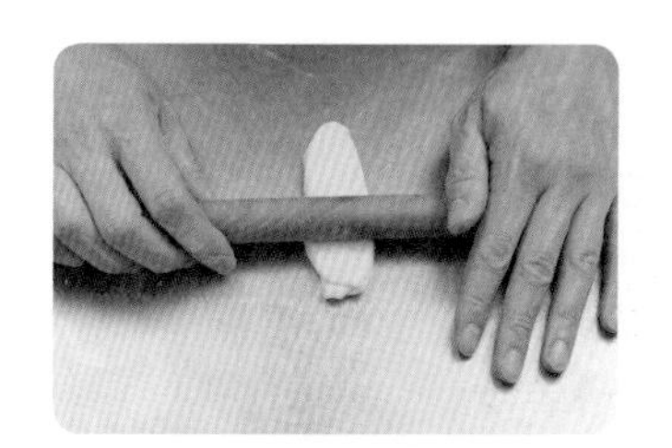
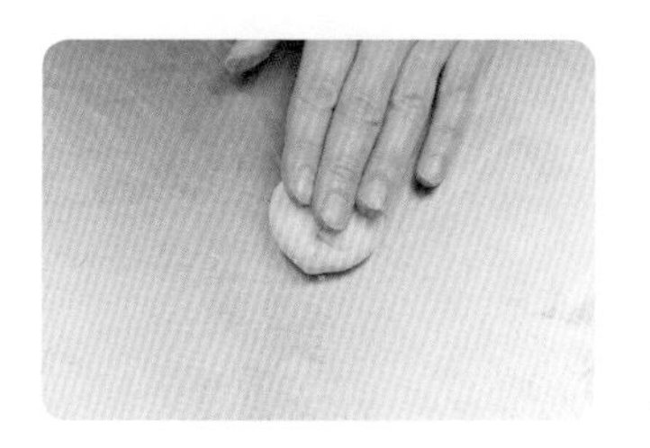
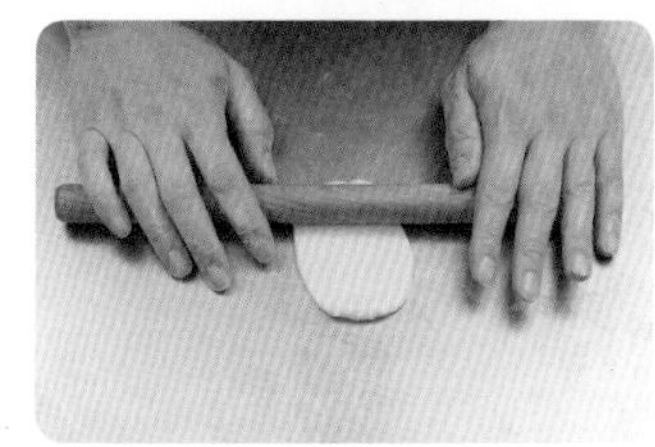
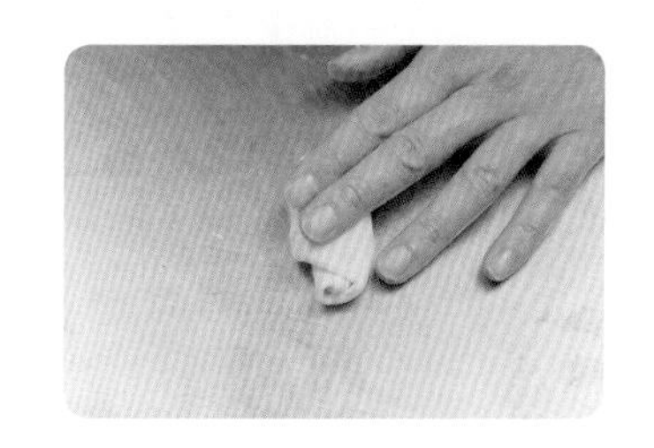

二、糕漿皮類

將餅皮材料使用糖油拌合法或是直接攪拌法，攪拌均勻後，經過鬆弛再分割包餡整形製作，示範產品：花蓮薯、香蕉酥、芒果口味桃山酥……等。

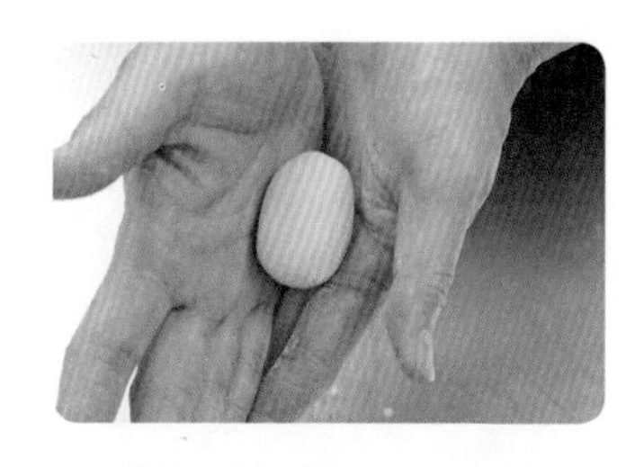
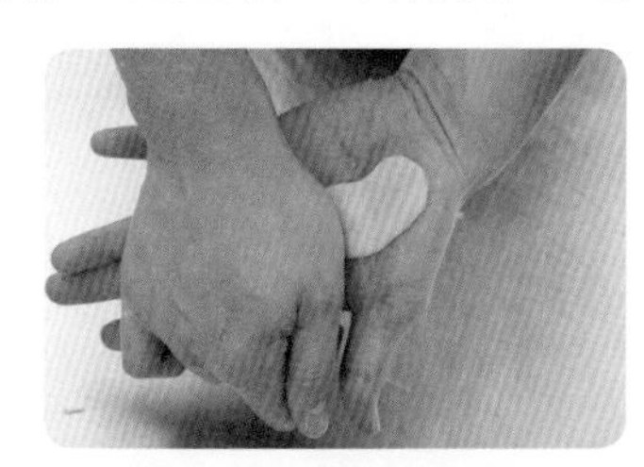
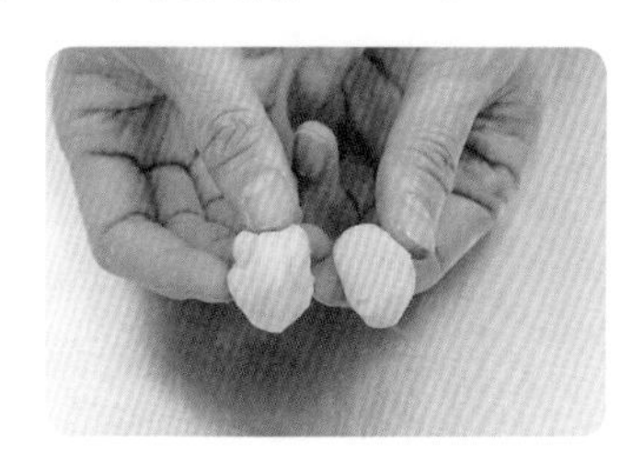
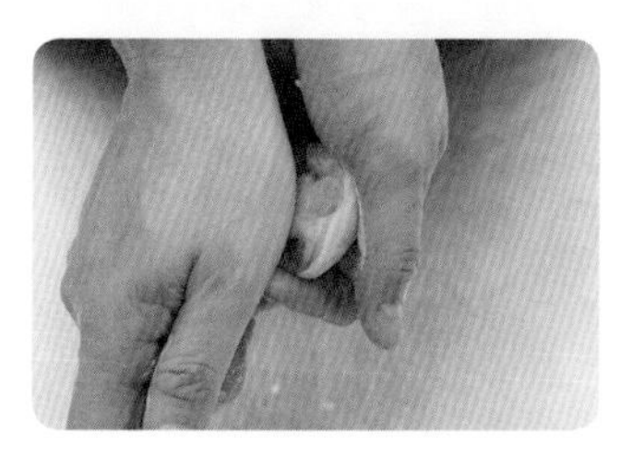
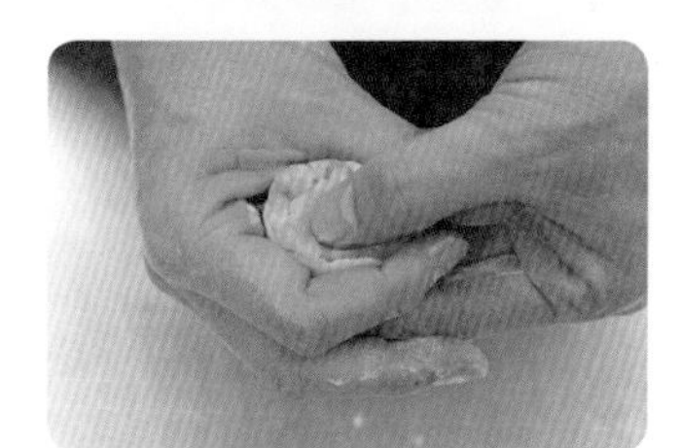

三、餡料製作

依照考題製作內餡，將內餡熬煮至考題規定的糖度範圍內即可冷卻、分割、整形。

餅乾職類

4-1 巧克力披覆甜餅乾(077-1090203A)

4-2 長條狀鬆餅(077-1090203B)

4-3 果醬夾心蛋糕餅(077-1090203C)

4-4 裝飾薑餅(077-1090203D)

4-5 雙色冰箱小西餅(077-1090203E)

4-6 全麥蘇打夾心餅乾(077-1090203F)

4-7 裝飾奶油小西餅(077-1090203G)

Baking Food

4-1 巧克力披覆甜餅乾

077-900203A

1. 限用1.4公斤麵糰（不得另加損耗），製作烤焙後成品：長6.5±1公分、寬1±0.2公分、厚0.5±0.1公分之長條形甜餅乾100支，其中取30支表面全部披覆巧克力。
2. 限用1.5公斤麵糰（不得另加損耗），製作烤焙後成品：長6.5±1公分、寬1±0.2公分、厚0.5±0.1公分之長條形甜餅乾100支，其中取40支表面全部披覆巧克力。
3. 限用1.6公斤麵糰（不得另加損耗），製作烤焙後成品：長6.5±1公分、寬1±0.2公分、厚0.5±0.1公分之長條形甜餅乾100支，其中取50支表面全部披覆巧克力。

特別規定

1. 餅乾成形前之麵糰需經往復式壓麵機壓延製作。
2. 成型前監評人員需先稱重並蓋確認章。
3. 剩餘麵糰需與成品同時繳交評審。
4. 成品有下列情形之一者，以不良品計：巧克力披覆面積小於90%者，或成品披覆巧克力未凝固、脫落，或巧克力外觀結塊、明顯砂粒狀。

使用材料表

項目	材料名稱	規格
1	麵粉	中筋、低筋
2	糖	細砂糖、糖粉
3	油脂	烤酥油、人造奶油或奶油
4	代可可脂黑巧克力	非調溫型、苦甜
5	奶粉	全脂或脫脂
6	鹽	精鹽
7	膨脹劑	碳酸氫銨、小蘇打

原料重量計算與步驟操作流程

原料		百分比%	數量&重量g		
			1.4kg	1.5kg	1.6kg
麵糰	低筋麵粉	100	791	849	903
麵糰	烤酥油（白油）	15	119	127	136
麵糰	細砂糖	28	221	237	253
麵糰	鹽	0.5	4	4	5
麵糰	奶粉	1	8	8	9
麵糰	膨脹劑（小蘇打）	0.5	4	4	5
麵糰	水	32	253	271	289
麵糰	合計	177	1,400	1,500	1,600
	巧克力		400	400	400

計算

1.4公斤製作100支取30支，表面全面披覆巧克力：
麵糰1,400÷177=7.91

1.5公斤製作100支取40支，表面全面披覆巧克力：
麵糰1,500÷177=8.47

1.6公斤製作100支取50支，表面全面披覆巧克力：
麵糰1,600÷177=9.04

※配合題目要求，計算加總有四捨五入，可微調數值。

操作流程

1. 材料秤重。
2. 將低筋麵粉、烤酥油（白油）、細砂糖、鹽、奶粉、膨脹劑（小蘇打）、水倒入攪拌缸，攪拌至成糰。
3. 鬆弛20~30分鐘後，取1/3麵糰經往復式壓延機壓延至光滑，厚度為4mm。
4. 桌面上撒手粉，將壓延好的麵糰放在桌上鬆弛，修邊。
5. 利用輪刀或是牛刀切割長6.5公分寬1公分×100片，擺在網狀烤盤上。
6. 進烤箱，上火210℃／下火180℃，烤約10~15分鐘。
7. 出爐後移到涼架上。
8. 溶解巧克力，取考題數量沾巧克力，用叉子撈起來在白報紙上冷卻。
9. 移置產品架，排盤。

製作流程圖

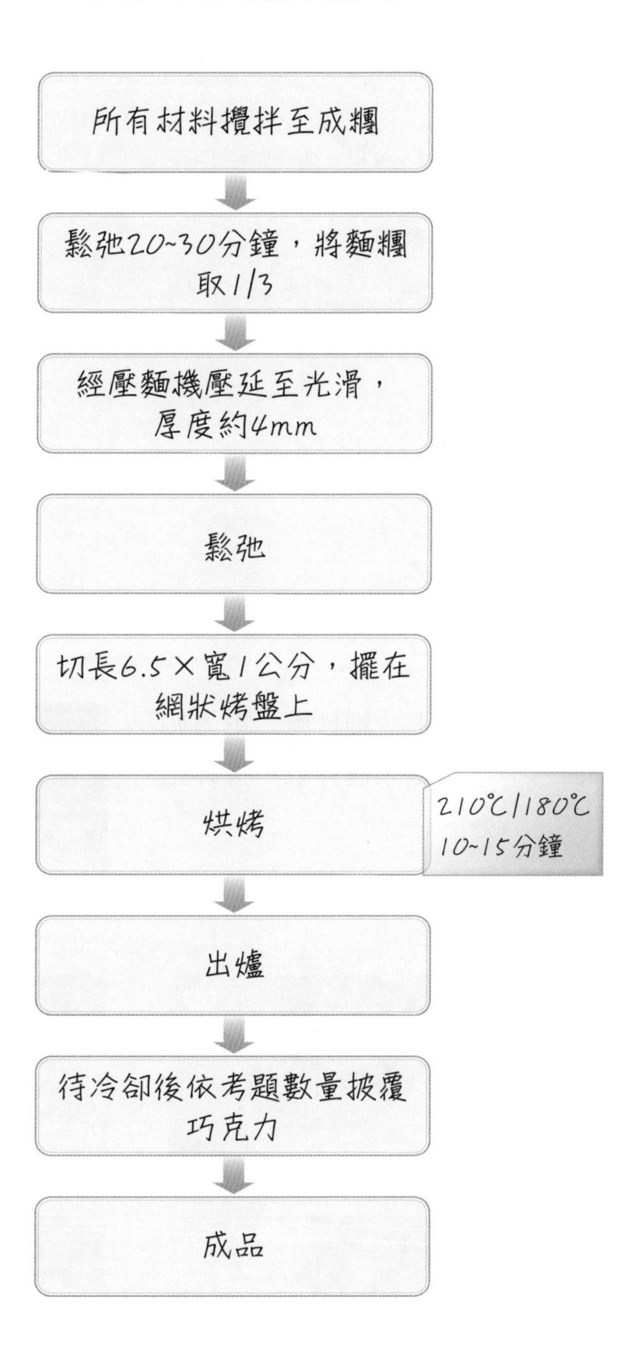
巧克力披覆甜餅乾
所有材料攪拌至成糰
鬆弛20~30分鐘，將麵糰取1/3
經壓麵機壓延至光滑，厚度約4mm
鬆弛
切長6.5×寬1公分，擺在網狀烤盤上
烘烤
210℃/180℃ 10~15分鐘
出爐
待冷卻後依考題數量披覆巧克力
成品

小技巧與注意事項

1. 秤油脂的時候，可以用塑膠袋包裹派盤秤取。
2. 使用往復式壓麵機時可以灑點手粉，避免沾黏住滾輪。
3. 製作時取適量麵糰去壓延，可以縮短壓延時間。
4. 製作時需適時的鬆弛，避免切割時麵糰回縮。
5. 沾巧克力時，用叉子撈，保持表面光滑。

製作條件

- 製作方式：直接法。
- 使用模具：牛刀或輪刀、尺、網架烤盤。
- 烤焙溫度：上火210℃／下火180℃。
- 烘烤時間：10~15分鐘。

製作流程

1. 材料秤重。

2. 將低筋麵粉、烤酥油（白油）、細砂糖、鹽、奶粉、膨脹劑（小蘇打）、水倒入攪拌缸，攪拌至成糰。

3. 鬆弛20~30分鐘後，取1/3麵糰經往復式壓延機壓延至光滑，厚度為4mm。

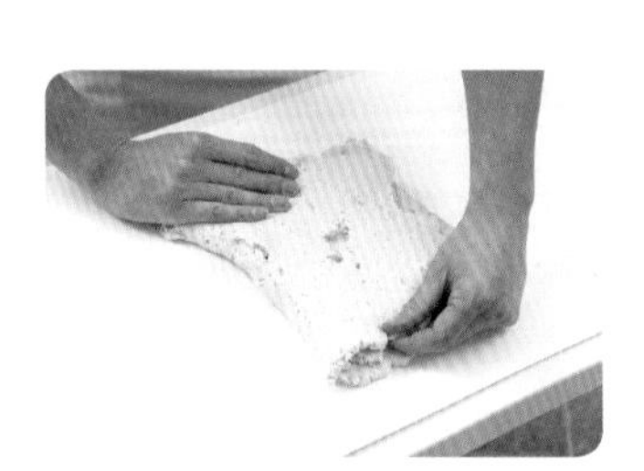

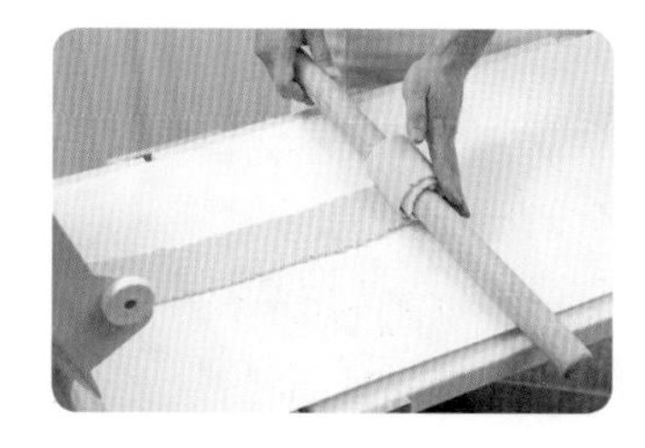
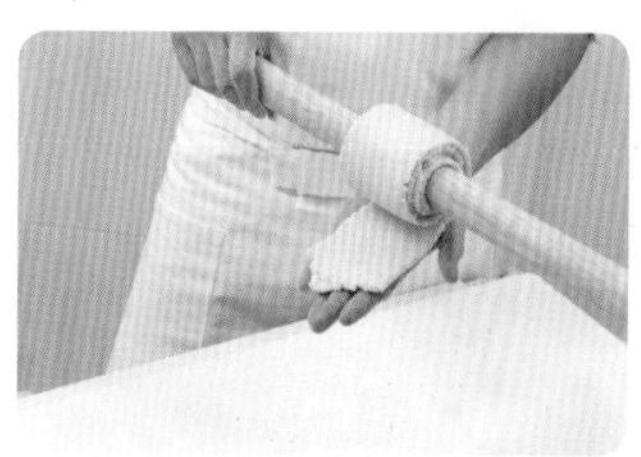

4. 桌面上撒手粉，將壓延好的麵糰放在桌上鬆弛，修邊。

5. 利用輪刀或是牛刀切割長6.5公分寬1公分×100片，擺在網狀烤盤上。

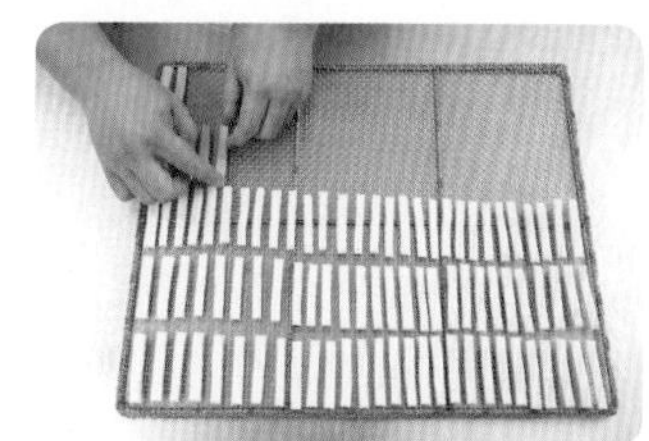

◎ 考場若有模型亦可用模型壓出。

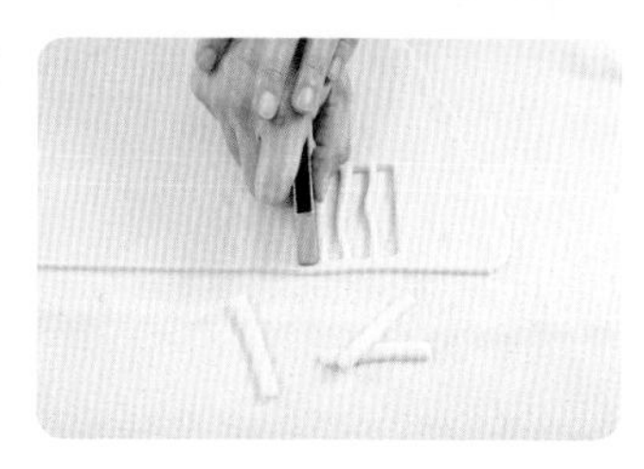
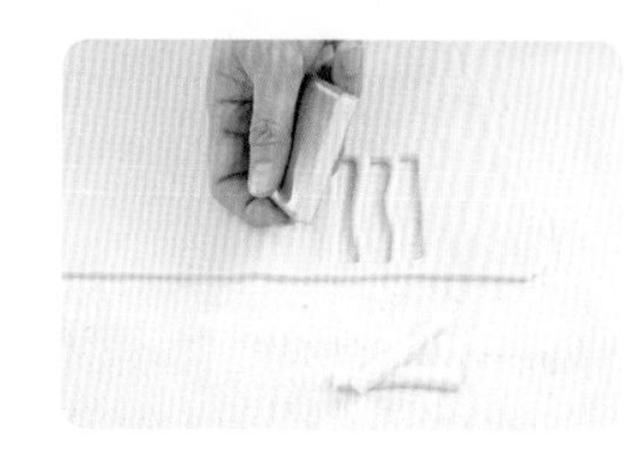

6. 進烤箱，上火210℃／下火180℃，烤約10~15分鐘。

7. 出爐後移到涼架上。

8. 溶解巧克力，取考題數量沾巧克力，用叉子撈起來在白報紙上冷卻。

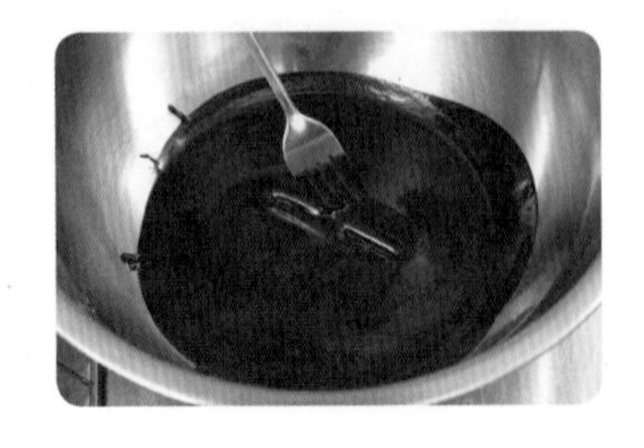

9. 移置產品架，排盤。

MEMO

長條狀鬆餅 4-2

077-900203B

1. 限用1.6公斤麵糰（含裹入油）（不得另加損耗），製作生餅片長7±0.1公分、寬3.5±0.1公分、厚0.4±0.1公分之長條狀鬆餅120片，取其中100片繳交評審。
2. 限用1.5公斤麵糰（含裹入油）（不得另加損耗），製作生餅片長7±0.1公分、寬3.5±0.1公分、厚0.4±0.1公分之長條狀鬆餅110片，取其中90片繳交評審。
3. 限用1.4 公斤麵糰（含裹入油）（不得另加損耗），製作生餅片長7±0.1公分、寬3.5±0.1公分、厚0.4±0.1公分之長條狀鬆餅100片，取其中80片繳交評審。

特別規定

1. 未裹油麵糰：裹入油＝100：40。
2. 應檢人裹油前麵糰及裹入油重量須經監評人員評核並蓋確認章。
3. 成形前麵皮厚度為0.4±0.1公分，需經監評人員蓋確認章。
4. 表面須扎洞或割線，烤焙前表面撒細砂糖（覆蓋面積80%以上）並烤至熔化。
5. 剩餘麵糰需與成品同時繳交評審。
6. 成品有下列情形之一者，以不良品計：表面未撒細砂糖，或細砂糖未熔化超過三分之一以上者，或成品長度小於5公分，或寬度小於3公分，或高度小於1公分者。
7. 成品層次不分明或分層分開散裂或頂部傾斜，數量超過15%，以零分計。

使用材料表

項目	材料名稱	規格
1	裹入油脂	片狀人造奶油
2	麵粉	中筋、低筋
3	糖	細砂糖
4	油脂	烤酥油、人造奶油或奶油
5	奶粉	全脂或脫脂
6	鹽	精鹽

原料重量計算與步驟操作流程

<table>
<tr><th colspan="2" rowspan="2">原料</th><th rowspan="2">百分比%</th><th colspan="3">數量&重量g</th><th rowspan="10">計算

未裹油麵糰：裹入油=100：40
178÷100×40=71

1.6公斤製作120片：
麵糰1,600÷249=6.43

1.5公斤製作110片：
麵糰1,500÷249=6.02

1.4公斤製作100片：
麵糰1,400÷249=5.62</th></tr>
<tr><th>1.6kg</th><th>1.5kg</th><th>1.4kg</th></tr>
<tr><td rowspan="7">麵糰</td><td>中筋麵粉</td><td>100</td><td>642</td><td>604</td><td>563</td></tr>
<tr><td>烤酥油（白油）</td><td>15</td><td>96</td><td>90</td><td>84</td></tr>
<tr><td>細砂糖</td><td>3</td><td>19</td><td>18</td><td>17</td></tr>
<tr><td>冰水</td><td>60</td><td>386</td><td>361</td><td>337</td></tr>
<tr><td>合計</td><td>178</td><td>1,144</td><td>1,071</td><td>1,000</td></tr>
<tr><td>裹入油脂</td><td>71</td><td>457</td><td>427</td><td>399</td></tr>
<tr><td>總合計</td><td>249</td><td>1,600</td><td>1,500</td><td>1,400</td></tr>
</table>

※配合題目要求，計算加總有四捨五入，可微調數值。

操作流程

1. 材料秤重。攪拌缸放入麵粉、細砂糖、鹽、水、烤酥油（白油），將材料混合成糰。
2. 壓平成四方形進冷凍庫冰硬。
3. 將裹入油脂整理成麵糰的1/2大小，包入麵糰裡。
4. 先將包好裹入油脂的麵糰壓開，然後將麵糰做3摺×2次，進冰箱鬆弛、冰硬再取出反覆壓延3摺×2次總共3摺×4次，再進冰箱鬆弛。
5. 擀開成厚度3mm可用扎洞器打洞。
6. 分割、整形：將麵糰切成長7公分寬3. 5公分，表面劃刀後，噴水灑糖、排盤。
7. 進烤箱，上火220℃／下火180℃，經15~20分鐘後（表面著色），上、下火降溫，調盤，繼續烤20~25分鐘。（如果怕表面顏色過深可以蓋一張白報紙）
8. 烤焙出爐、趁熱移置產品架、冷卻排盤。

製作流程圖

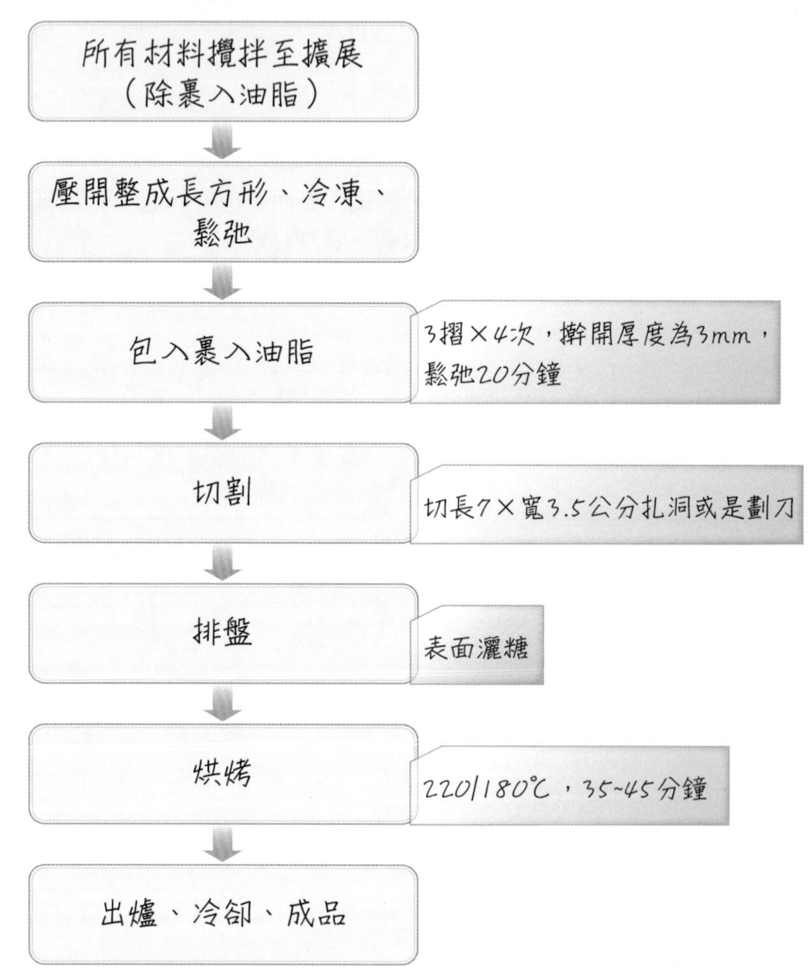

長條狀鬆餅
麵糰
所有材料攪拌至擴展
（除裹入油脂）
壓開整成長方形、冷凍、
鬆弛
包入裹入油脂
3摺×4次，擀開厚度為3mm，
鬆弛20分鐘
切割
切長7×寬3.5公分扎洞或是劃刀
排盤
表面灑糖
烘烤
220/180℃，35~45分鐘
出爐、冷卻、成品

小技巧與注意事項

1. 秤量油脂可先將派盤套塑膠袋或鋪保鮮膜後再秤重。
2. 麵糰包裹入油脂的軟硬度須一致。
3. 利用丹麥壓延機壓延時麵糰溫度不能過高，避免層次黏住。
4. 裹油麵糰進冰箱時需封好，避免結皮。
5. 壓延麵糰時，鬆弛時間要夠，避免收縮。

製作條件

- 製作方式：直接攪拌法，進冰箱冰硬，包入裹入油經3摺×4次方法壓延。
- 整形方式：分割成長7公分寬3.5公分，並扎洞或是劃刀，表面灑糖。
- 烘烤溫度：上火220℃／下火180℃。
- 烘烤時間：35~45分鐘。

Chapter 04

製作流程

1. 材料秤重。攪拌缸放入麵粉、細砂糖、鹽、水、烤酥油（白油），將材料混合成糰。

2. 壓平成四方形進冷凍庫冰硬。

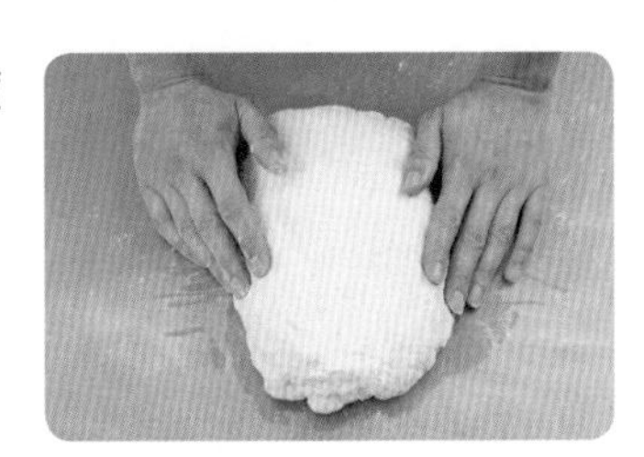

3. 將裹入油脂整理成麵糰的1/2大小，包入麵糰裡。

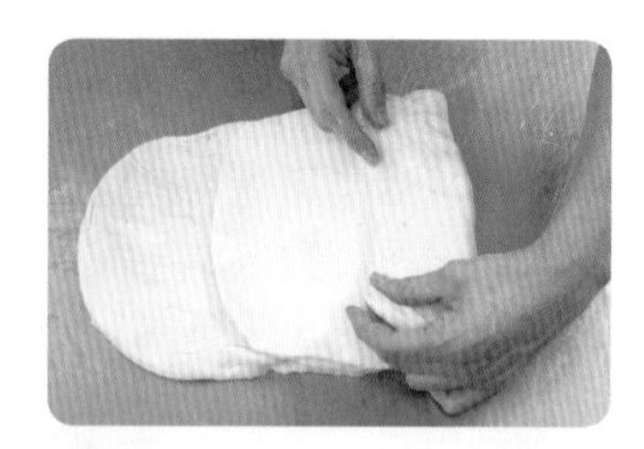

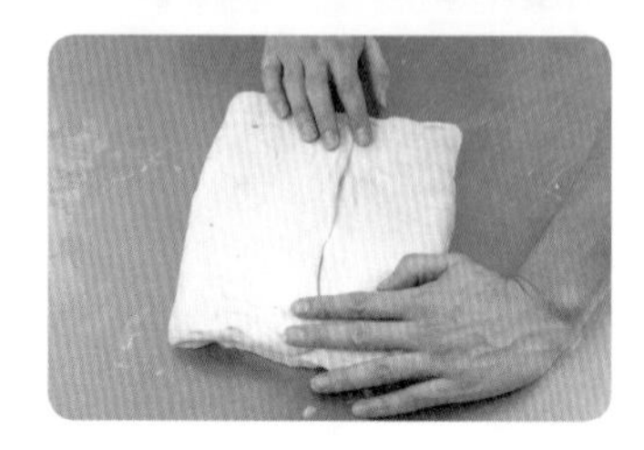
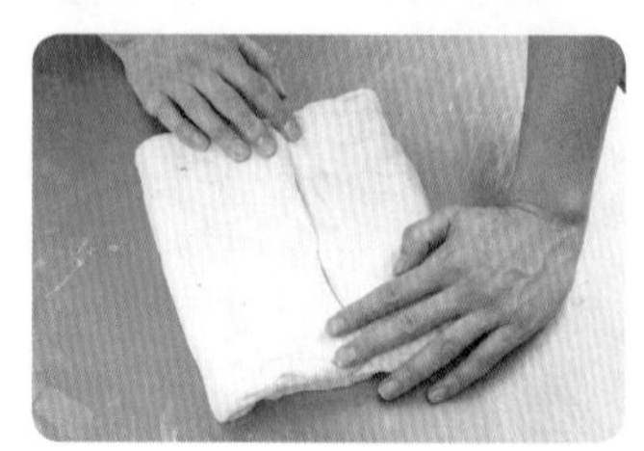

4. 先將包好裹入油脂的麵糰壓開，然後將麵糰做3摺×2次，進冰箱鬆弛、冰硬再取出反覆壓延3摺×2次總共3摺×4次，再進冰箱鬆弛。

5. 擀開成厚度3mm可用扎洞器打洞。

6. 分割、整形：將麵糰切成長7公分寬3.5公分，表面劃刀後，噴水灑糖、排盤。

7. 進烤箱，上火220℃／下火180℃，經15~20分鐘後（表面著色），上、下火降溫，調盤，繼續烤20~25分鐘。（如果怕表面顏色過深可以蓋一張白報紙）

8. 烤焙出爐、趁熱移置產品架、冷卻排盤。

4-3 果醬夾心蛋糕餅

1. 限用1.4公斤海綿蛋糕麵糊（不得另加損耗），製作成品直徑7±0.5公分圓形蛋糕餅100片。取其中60片，製作30套果醬夾心蛋糕餅，其中10套全面披覆巧克力，蛋糕餅重：果醬＝1：1.0。
2. 限用1.2公斤海綿蛋糕麵糊（不得另加損耗），製作成品直徑7±0.5公分圓形蛋糕餅90片。取其中50片，製作25套果醬夾心蛋糕餅，其中10套全面披覆巧克力，蛋糕餅重：果醬＝1：0.9。
3. 限用1.0公斤海綿蛋糕麵糊（不得另加損耗），製作成品直徑7±0.5公分圓形蛋糕餅80片。取其中40片，製作20套果醬夾心蛋糕餅，其中10套全面披覆巧克力，蛋糕餅重：果醬＝1：0.8。

特別規定

1. 果醬由承辦單位準備，監評人員需注意軟硬適中。
2. 蛋糕麵糊直接擠壓在以筆做記號的紙上（正反面），衛生品質項以零分計。
3. 蛋糕餅表面須撒糖粉烤焙。
4. 夾心前取依試題規定數量之蛋糕餅，需經監評人員稱重、確認果醬用量，紀錄並蓋確認章後做夾心。
5. 蛋糕餅成品高度未達1公分以上，以不良品計。
6. 成品有下列情形之一者，以不良品計：蛋糕餅表面未灑糖粉烤焙，或夾心後成品高度未達2公分以上，或成品直徑不在規範範圍內，或烘焙後成品經修剪，或巧克力披覆面積小於90%，或披覆巧克力未凝固、脫落，或巧克力外觀呈結塊、明顯砂粒狀。

使用材料表

項目	材料名稱	規格
1	雞蛋	洗選蛋、液體蛋
2	糖	細砂糖、糖粉
3	麵粉	高筋、低筋
4	代可可脂黑巧克力	非調溫型、苦甜
5	果醬	派餡用果醬(Pie filling)
6	油脂	沙拉油
7	乳化劑	海綿蛋糕用
8	香草香料	香草精、香草粉
9	鹽	精鹽

原料重量計算與步驟操作流程

原料		百分比%	數量&重量g		
			1.4kg	1.2kg	1.0kg
蛋糕餅麵糊	蛋黃	54	214	184	153
	細砂糖(1)	40	158	136	113
	蛋白	81	321	275	229
	鹽	0.5	2	2	1
	細砂糖(2)	60	238	203	170
	低筋麵粉	100	396	339	283
	玉米粉	18	71	61	51
	合計	353.5	1,400	1,200	1,000

計算

1.4公斤製作100片取60：
麵糰1,400÷353.5=3.96

1.2公斤製作90片取50片：
麵糰1,200÷353.5=3.39

1.0公斤製作80片取40片：
麵糰1,000÷353.5=2.83

※配合題目要求，計算加總有四捨五入，可微調數值。

操作流程

1. 材料秤重。低筋麵粉、玉米粉一起過篩備用。
2. 蛋黃加細砂糖(1)、蛋白、鹽稍微打至有氣泡後，加入細砂糖(2)打發，加入蛋黃糊拌勻後加入粉類拌勻。
3. 用平口花嘴擠出約6.5公分寬的扁圓形，上面灑些許糖粉。
4. 進烤箱，以上火190℃／下火140℃烘烤約12~15分鐘至表面上色。
5. 出爐後待微冷卻，撕紙。
6. 溶解巧克力備用。
7. 取兩片中間擠果醬，深沾巧克力，使整個蛋糕餅披覆巧克力，用叉子撈起來。
8. 待巧克力凝固，置於產品框中。

製作流程圖

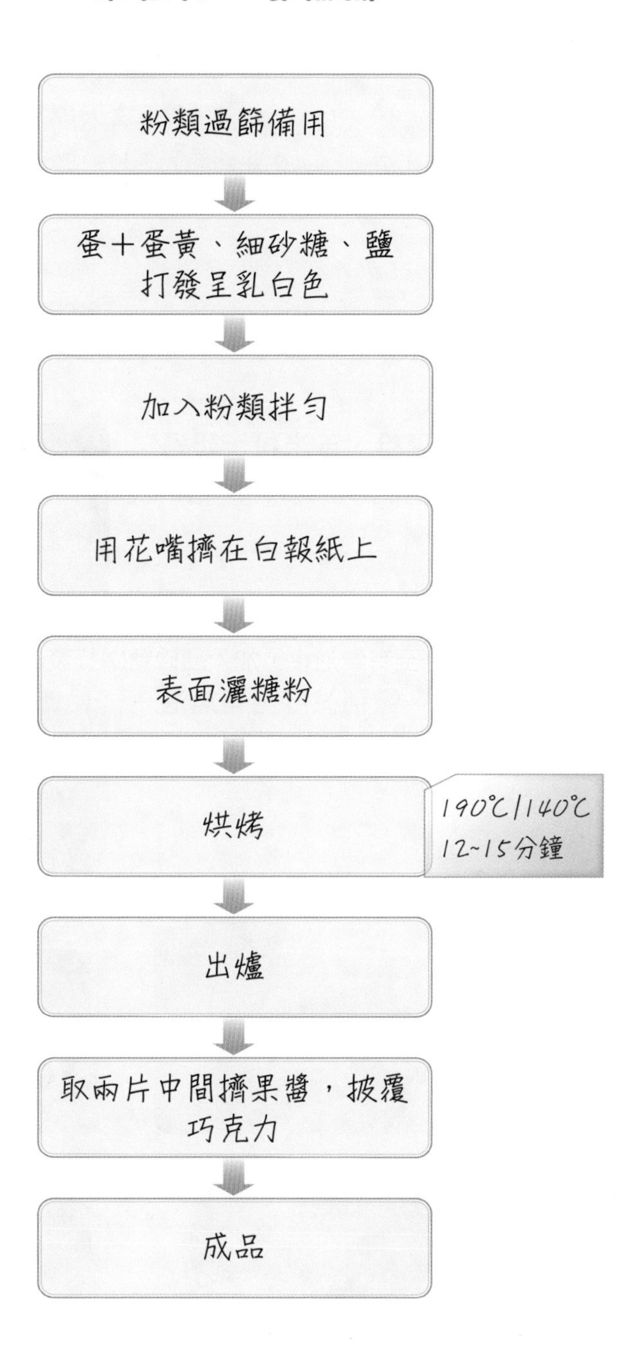

Chapter 04

小技巧與注意事項

1. 蛋糕餅麵糊打發程度要夠，避免擠到後面消泡。
2. 表面糖粉撒均勻。
3. 蛋糕餅出爐後微冷卻即可撕紙。
4. 沾巧克力時用叉子撈，保持表面光滑。

製作條件

- 製作方式：海綿蛋糕法。
- 整形方式：擠製法，利用平口花嘴擠出。
- 烘烤溫度：上火190℃／下火140℃。
- 烘烤時間：12~15分鐘。

製作流程

1. 材料秤重。折烤盤紙，低筋麵粉、玉米粉一起過篩備用。

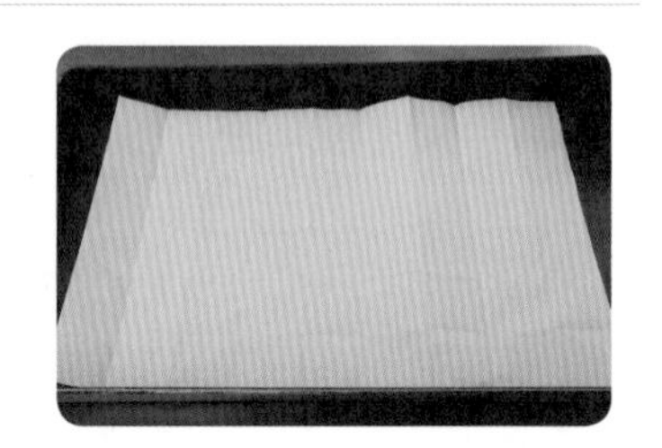

2. 蛋黃加細砂糖(1)打發、蛋白、鹽稍微打至有氣泡後，加入細砂糖(2)打發，加入蛋黃糊拌勻後加入粉類拌勻。

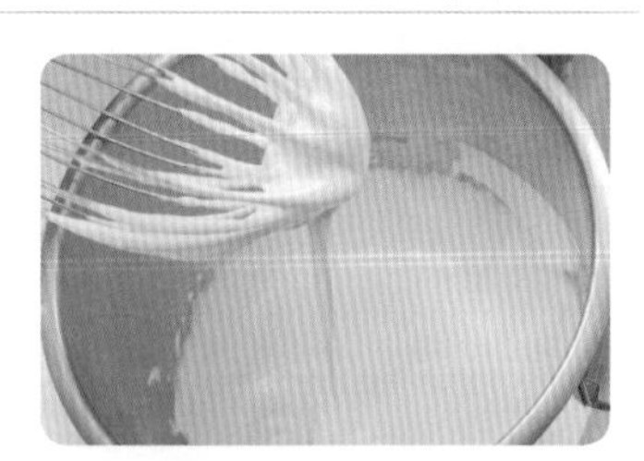

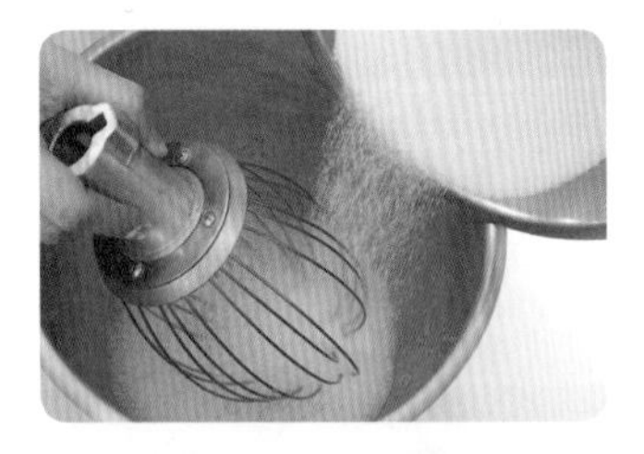

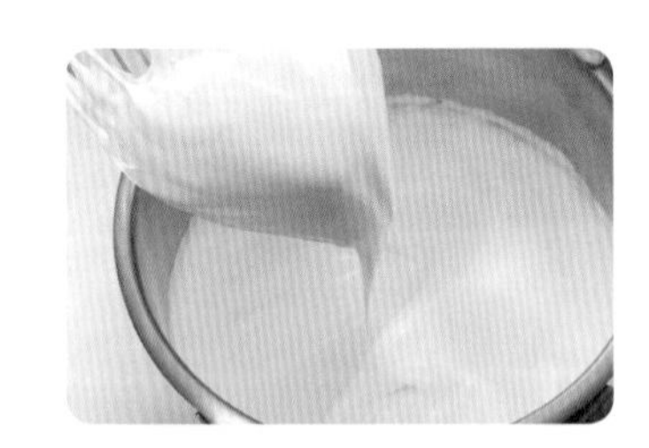

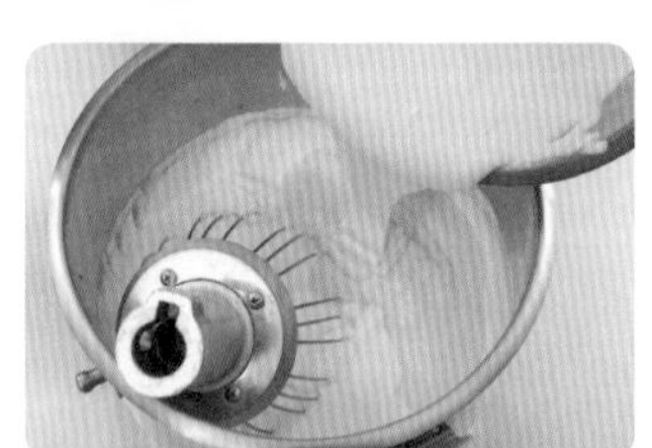

3. 用平口花嘴擠出約6.5公分寬的扁圓形，上面灑些許糖粉。

4. 進烤箱，以上火190℃／下火140℃，烤約12~15分鐘至表面上色。

出爐後待微冷卻，用切麵刀鏟起。

5. 溶解巧克力備用。

6. 取兩片中間擠果醬，深沾巧克力，使整個蛋糕餅披覆巧克力，用叉子撈起來。

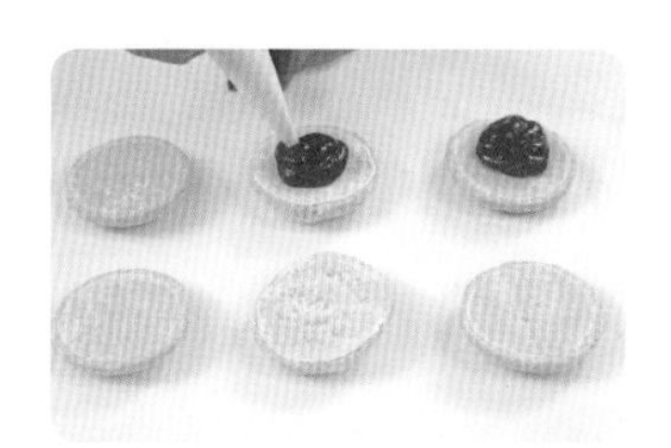
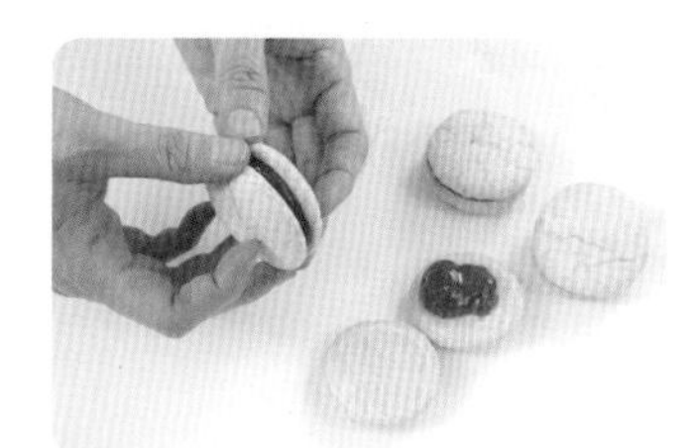

7. 待巧克力凝固，置於產品框中。

◎ 排盤數量100顆=50×2、90顆=45×2、80顆=40×2。

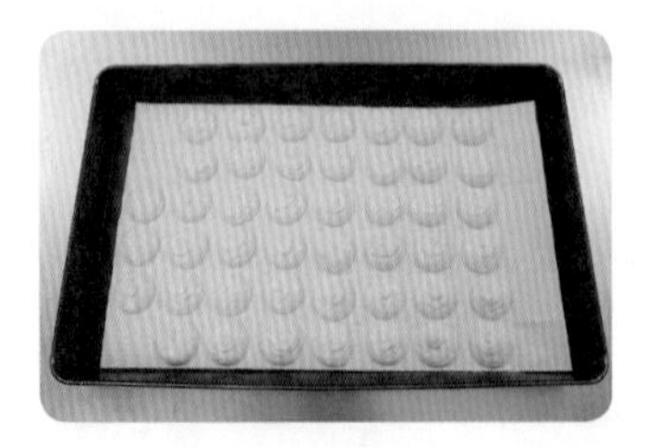
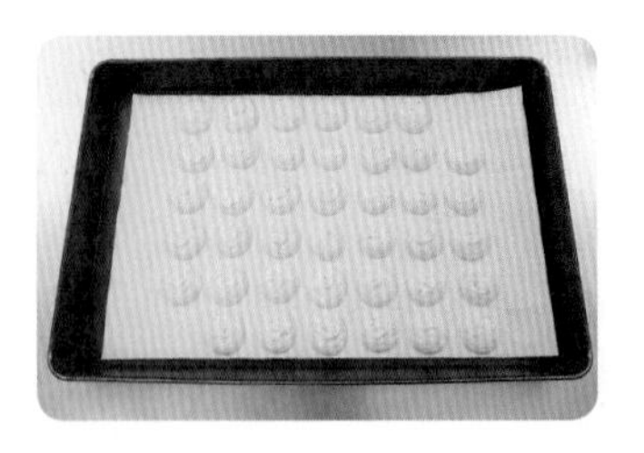

MEMO

裝飾薑餅 4-4

1. 限用1.5公斤麵糰（不得另加損耗），烤焙後薑餅厚度0.6±0.1公分，製作屋頂高度20±1公分薑餅屋乙座，房子基座長、寬16±1公分。
2. 限用1.5公斤麵糰（不得另加損耗），烘焙後薑餅厚度0.6±0.1公分，製作屋頂高度18±1公分薑餅屋乙座，房子基座長、寬14±1公分。
3. 限用1.5公斤麵糰（不得另加損耗），烘焙後薑餅厚度0.6±0.1公分，製作屋頂高度16±1公分薑餅屋乙座，房子基座長、寬12±1公分。

特別規定

1. 薑餅屋造型（四面牆、兩片屋頂、一扇門），西卡紙模由應檢人自備。
2. 組合及裝飾用之蛋白霜飾由應檢人自製。
3. 造型需裝飾在烤焙後之薑餅底座（長40±1×寬30±1公分）上，薑餅屋基座需距離底座邊緣5 公分以上。
4. 成型後的作品，須以蛋白霜及糖粉飾裝飾屋頂面積佔60%以上，底座面積佔30%以上（屋子基座除外）。
5. 成品有下列情形之一者，以零分計：未以薑餅為底座作為造型裝飾，或餅乾中央氣泡凸起大於直徑1 公分以上，或無薑味者，或裝飾用的蛋白霜飾不光滑、不凝固。

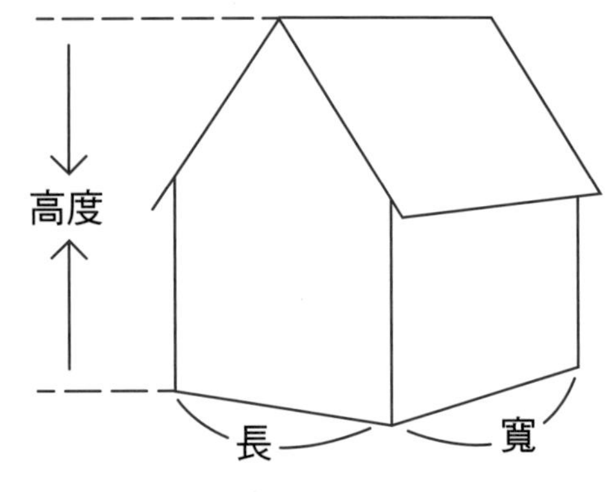

(長、寬、高皆不含裝飾物)

使用材料表

項目	材料名稱	規格
1	麵粉	中筋、低筋
2	糖	細糖粉
3	轉化糖漿	Brix° 75±5
4	糖	細砂糖、二砂
5	蜂蜜	
6	雞蛋	洗選蛋、液體蛋
7	蛋白	殺菌液體蛋白
8	油脂	烤酥油、人造奶油或奶油
9	可可粉	鹼化
10	合成膨脹劑	發粉
11	薑粉	
12	肉桂粉	
13	鹽	精鹽
14	膨脹劑	小蘇打
15	色素	紅色、黃色、藍色、綠色

原料重量計算與步驟操作流程

原料		百分比%	數量&重量g			計算
			1.5kg /16±1	1.5kg /14±1	1.5kg /12±1	**1.5公斤麵糰：** 麵糰1,500÷206.5=7.26
麵糰	奶油	21	152	152	152	
	糖粉	51	370	370	370	
	蛋	12	87	87	87	
	水	16	116	116	116	
	薑粉	2	15	15	15	
	低筋麵粉	100	726	726	726	
	肉桂粉	0.5	4	4	4	
	可可粉	4	29	29	29	
	合計	206.5	1,500	1,500	1,500	
蛋白霜	蛋白	10	30	30	30	
	糖粉	80	240	240	240	
	合計	90	270	270	270	

※配合題目要求，計算加總有四捨五入，可微調數值。

操作流程

1. 材料秤重。將薑粉、肉桂粉、可可粉一起過篩。低筋麵粉過篩備用。
2. 奶油、糖粉、可可粉、肉桂粉、薑粉拌勻加蛋拌勻後加入低筋麵粉拌勻，最後加入水拌勻。
3. 壓扁進冰箱鬆弛20~30分鐘，取一半麵糰出來壓延至光滑，厚度為0.5cm。
4. 將麵糰表面戳小洞，西卡紙放在壓延好的麵糰上分割出牆壁跟屋頂及底板及裝飾品。
5. 表面噴水，進烤箱，上火180℃／下火180℃，烤約20~25分鐘。
6. 出爐待冷卻，打發蛋白糖霜。
7. 組合，用蛋白糖霜裝飾。

製作流程圖

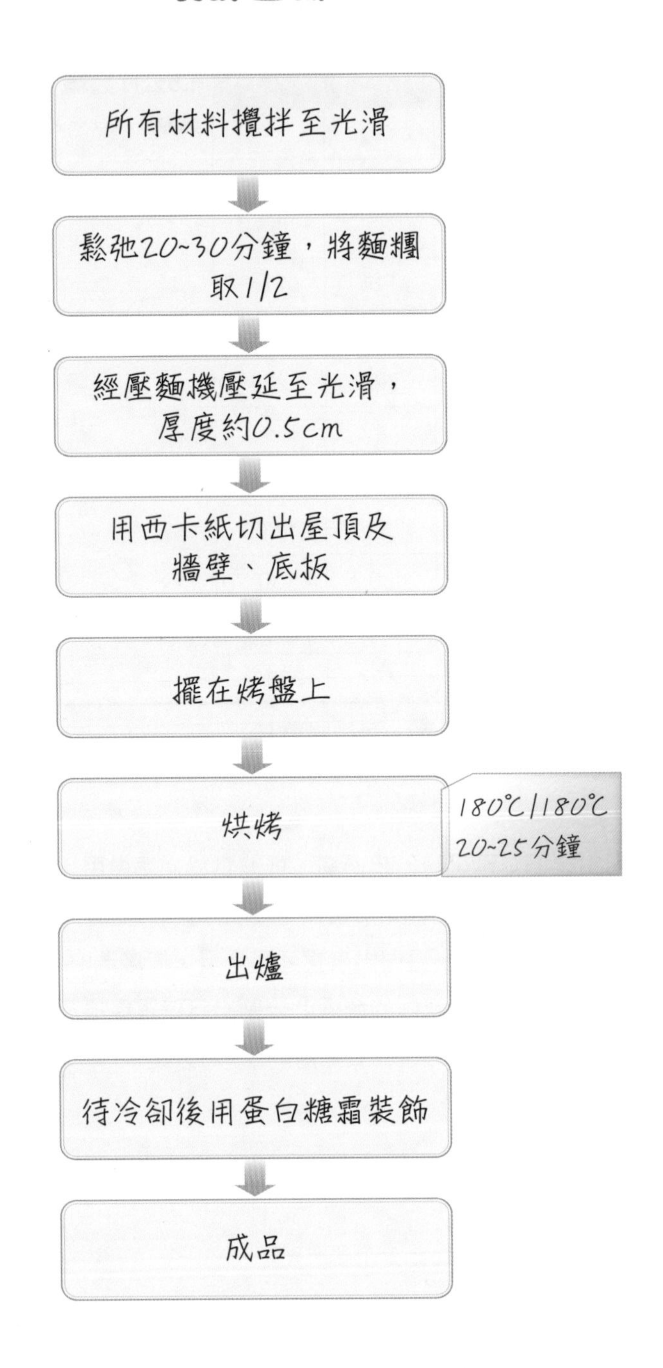

裝飾薑餅
所有材料攪拌至光滑
鬆弛20~30分鐘，將麵糰取1/2
經壓麵機壓延至光滑，厚度約0.5cm
用西卡紙切出屋頂及牆壁、底板
擺在烤盤上
烘烤
180°C/180°C
20~25分鐘
出爐
待冷卻後用蛋白糖霜裝飾
成品

小技巧與注意事項

1. 秤量油脂可先將派盤套塑膠袋或鋪保鮮膜後再秤重。
2. 使用往復式壓麵機時可以灑點手粉，避免沾黏住滾輪。
3. 製作時取適量麵糰去壓延，可以縮短壓延時間。
4. 製作時需適時的鬆弛，避免切割時麵糰回縮。

製作條件

- 製作方式：直接法。
- 使用模具：牛刀或輪刀、尺、網架烤盤。
- 烤焙溫度：上火180℃／下火180℃。
- 烘烤時間：20~25分鐘。

Chapter 04

製作流程

1. 材料秤重。將薑粉、肉桂粉、可可粉一起過篩。低筋麵粉過篩備用。

2. 奶油、糖粉、可可粉、肉桂粉、薑粉拌匀加蛋拌匀後加入低筋麵粉拌匀，最後加入水拌匀。

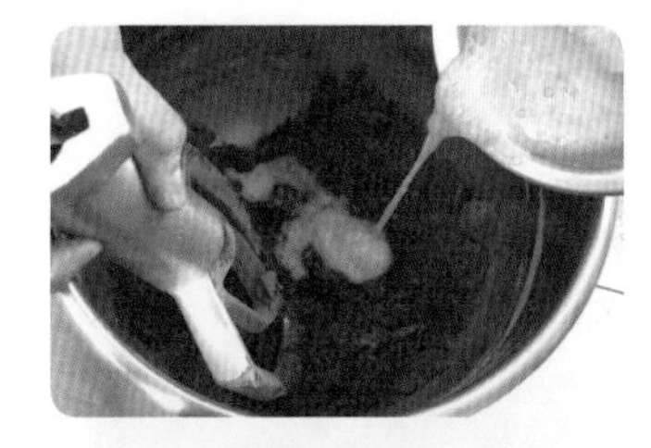
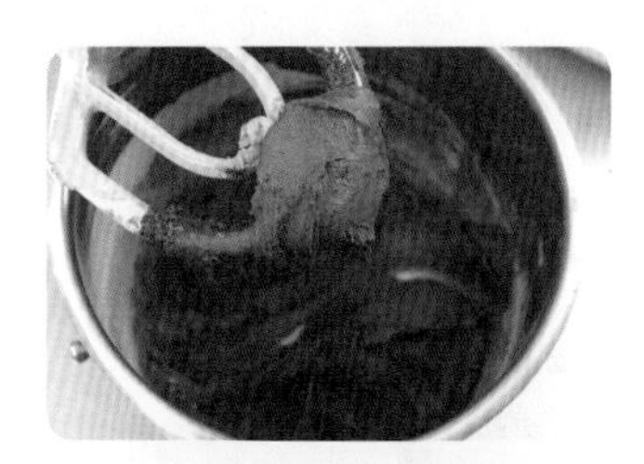

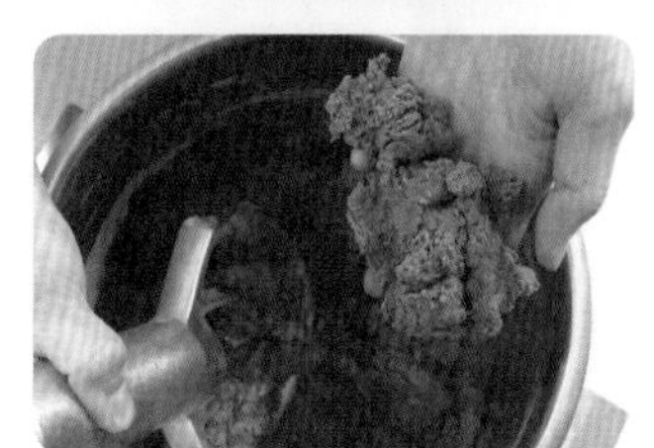

3. 壓扁進冰箱鬆弛20~30分鐘，取一半麵糰出來壓延至光滑，厚度為0.5cm。

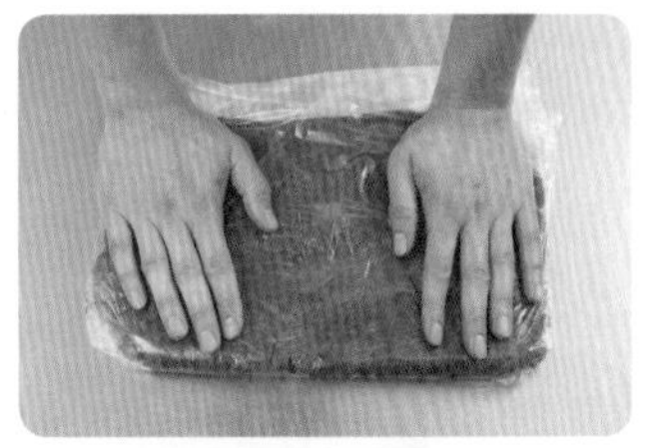
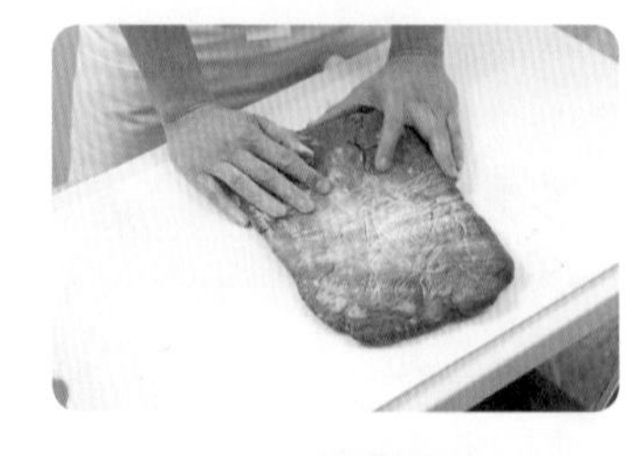

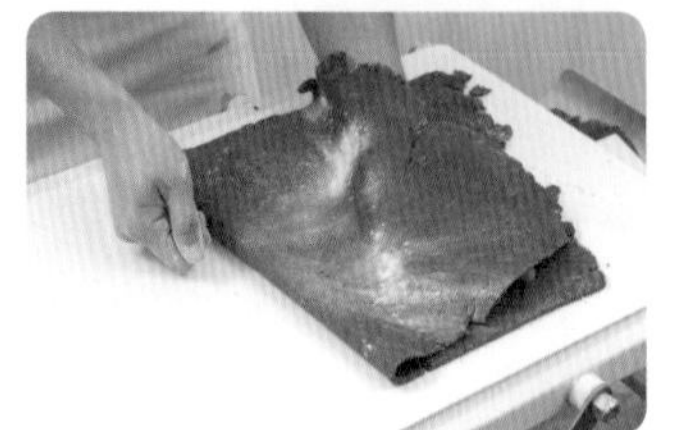

◎ 利用粉刷去除多餘的粉。

4. 將麵糰表面戳小洞，西卡紙放在壓延好的麵糰上分割出牆壁跟屋頂及底板及裝飾品。

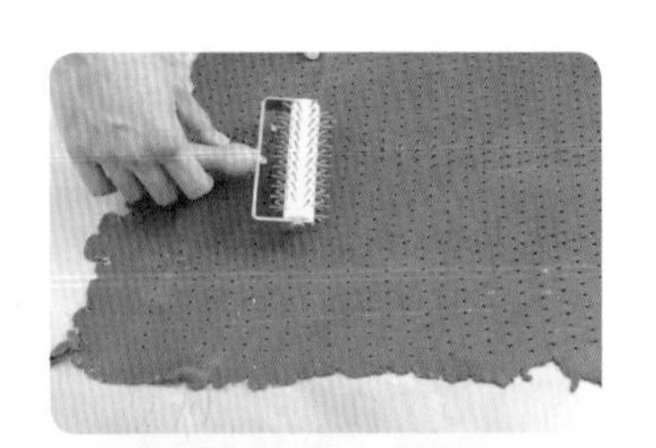

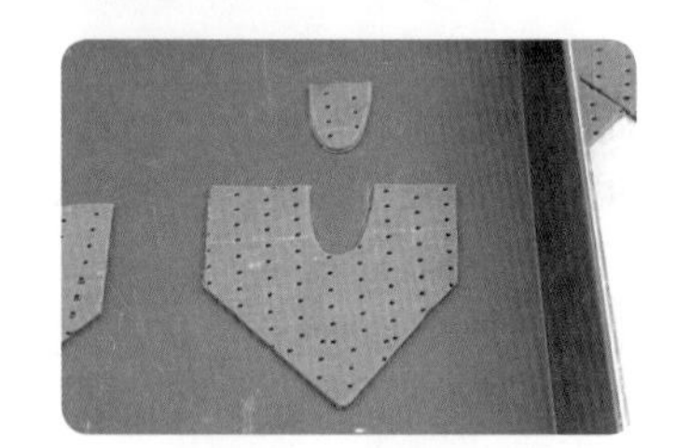

◎ 利用軟墊板彎曲壓做門。

5. 表面噴水，進烤箱，上火180℃／下火180℃，烤約20~25分鐘。

6. 出爐待冷卻，打發蛋白糖霜。

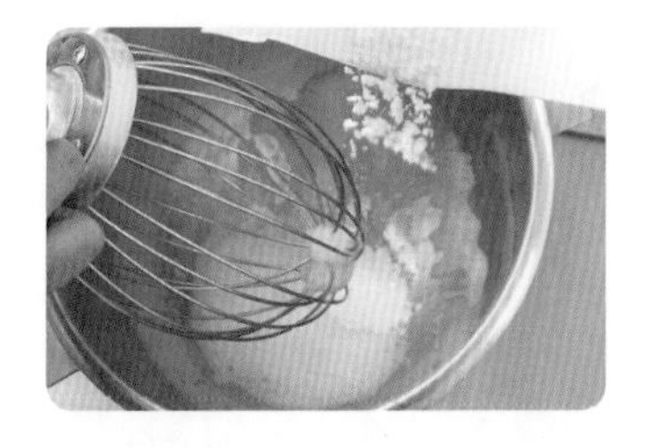

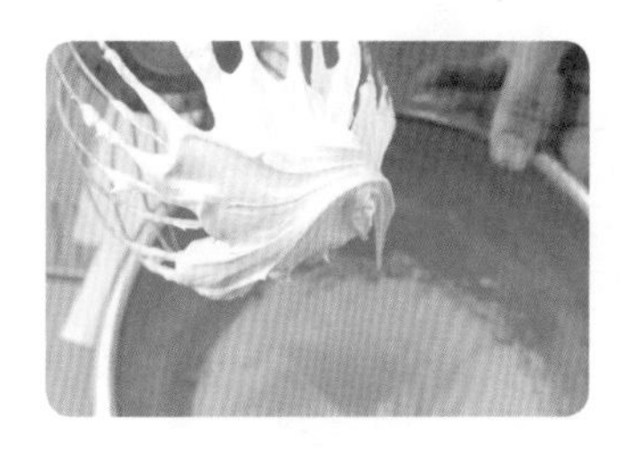

7. 組合，用蛋白糖霜裝飾。

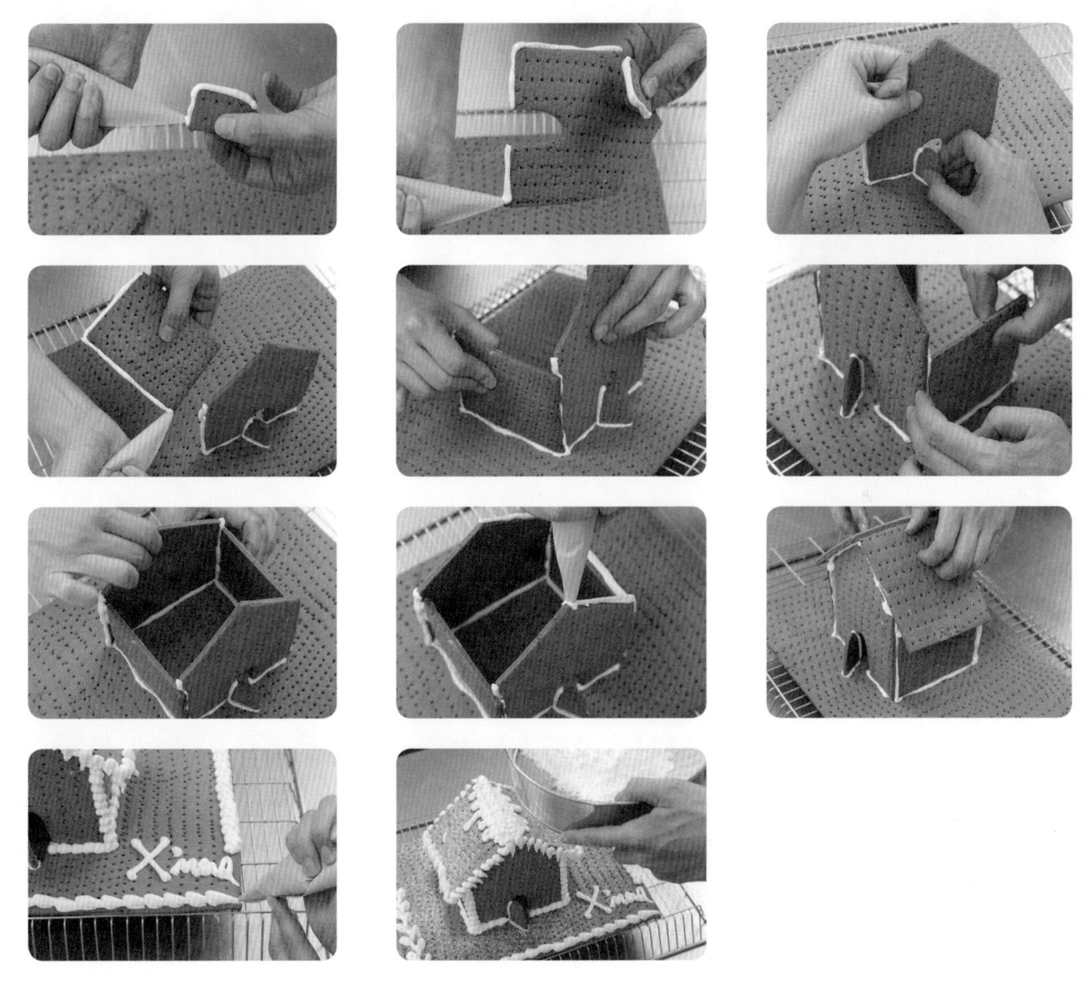

◎ 先黏門、底跟牆壁，再將屋頂黏上就不會倒，手就不用扶。

4-5 雙色冰箱小西餅

1. 限用1.5公斤麵糰（不得另加損耗）製作二種成品厚度0.8公分以內之雙色冰箱小西餅，圓形成品直徑4±0.5公分及正方形九格棋格成品邊長4±0.5公分。
2. 限用1.5公斤麵糰（不得另加損耗）製作二種成品厚度0.8公分以內之雙色冰箱小西餅，圓形成品直徑5±0.5公分及正方形九格棋格成品邊長5±0.5公分。
3. 限用1.5公斤麵糰（不得另加損耗）製作二種成品厚度0.8公分以內之雙色冰箱小西餅，圓形成品直徑6±0.5公分及正方形九格棋格成品邊長6±0.5公分。

特別規定

1. 冰箱小西餅之整形後麵糰，須經冷凍或冷藏再切割。
2. 麵糰先均分再取一半添加可可粉上色，整型前須經監評人員確認重量並蓋確認章。
3. 製作二種雙色冰箱小西餅，每種須相同樣式（包括顏色、形狀）。
4. 有下列情形之一者，以不良品計：成品雙色樣式黏合裂縫長度大於0.5公分，或成品樣式不清晰者，以不良品計。

使用材料表

項目	材料名稱	規格
1	麵粉	高筋、低筋
2	糖	細砂糖、糖粉
3	油脂	烤酥油、人造奶油或奶油
4	雞蛋	洗選蛋、液體蛋
5	奶粉	全脂或脫脂
6	可可粉	鹼化
7	鹽	精鹽
8	香草香料	香草精、香草粉
9	合成膨脹劑	發粉

原料重量計算與步驟操作流程

原料		百分比%	數量&重量g			計算
			1.5kg /4±0.5	1.5kg /5±0.5	1.5kg /6±0.5	1,500均分製作雙色小西餅 故1,500÷2=750
白麵糰	奶油	45	151	151	151	
	糖粉	50	168	168	168	**1.5公斤麵糰：**
	鹽	0.5	2	2	2	白麵糰750÷223.5=3.36
	蛋	20	67	67	67	可可麵糰750÷228.5=3.28
	奶粉	8	27	27	27	
	低筋麵粉	100	335	335	335	
	合計	223.5	750	750	750	
可可麵糰	奶油	45	148	148	148	
	糖粉	50	164	164	164	
	鹽	0.5	2	2	2	
	蛋	20	66	66	66	
	奶粉	8	26	26	26	
	低筋麵粉	100	327	327	327	
	可可粉	3	10	10	10	
	水	2	7	7	7	
	合計	228.5	750	750	750	

※配合題目要求，計算加總有四捨五入，可微調數值。

操作流程

1. 材料秤重。低筋麵粉、奶粉過篩備用。
2. 將奶油加糖粉加鹽拌勻打發至乳白色。
3. 蛋分數次加入拌勻（避免油水分離），可以用小盤子或是軟墊板輔助，可以不停機加入液體。
4. 加入粉類拌勻。
5. 製作可可麵糰：可可粉加水拌勻，再加入白麵糰拌勻。
6. 壓平進冰箱鬆弛20~30分鐘，取一半的白麵糰擀開，可可麵糰搓長，中間刷蛋白增加黏性，捲起整形成圓形，用塑膠袋捲起進冷藏冰硬。
7. 另一半麵糰擀開，切成三等份長方形，再切成條狀，中間刷蛋白相疊組合，冰硬再切割，整形成棋格狀，用塑膠袋套起進冷藏冰硬。
8. 切0.8cm距離片狀，擺盤。
9. 進烤箱，上火190℃／下火170℃，烤約10~12分鐘。
10. 出爐後待冷卻移到墊白報紙的冷卻網架上。

製作流程圖

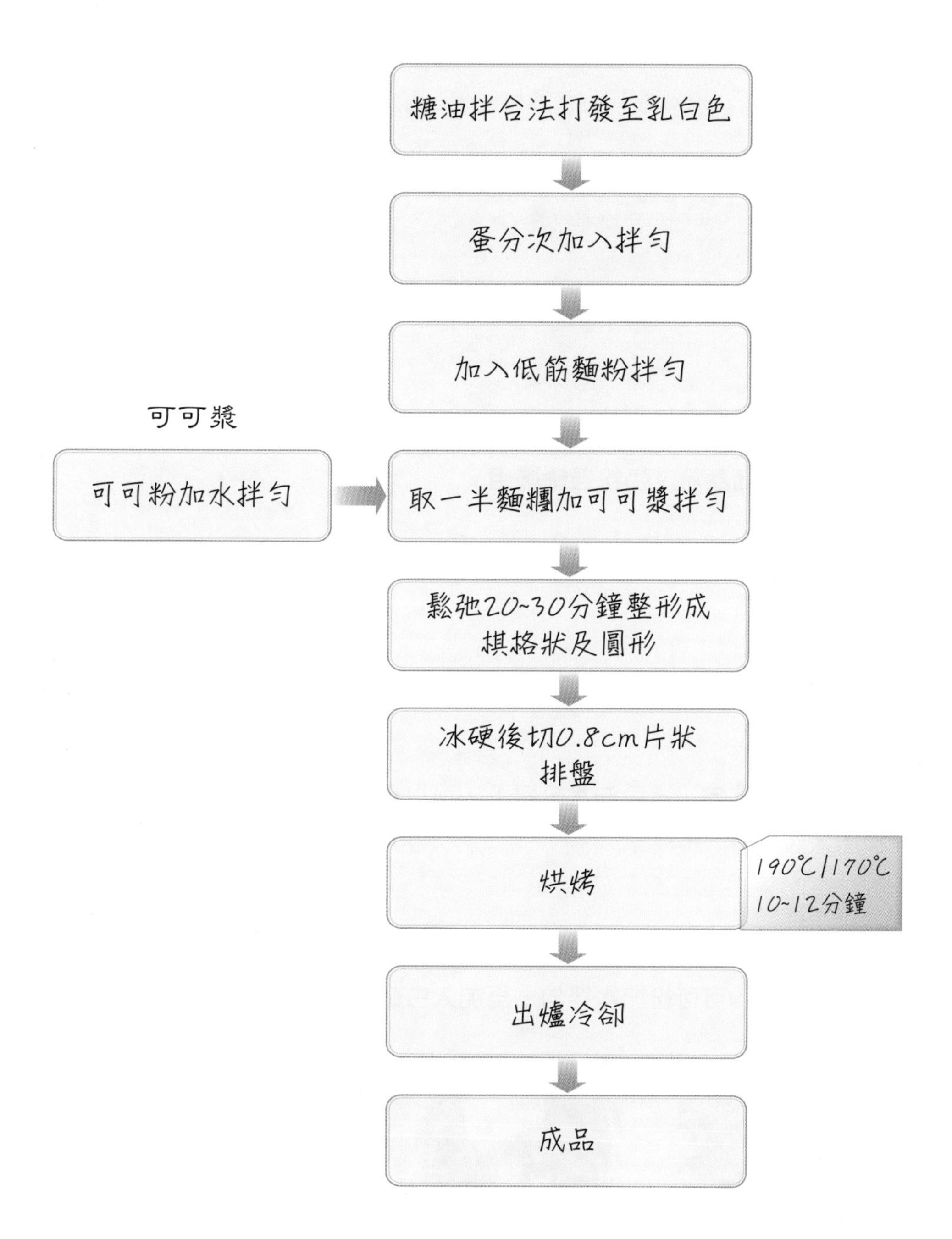

雙色冰箱小西餅
糖油拌合法打發至乳白色
蛋分次加入拌勻
加入低筋麵粉拌勻
可可漿
可可粉加水拌勻
取一半麵糰加可可漿拌勻
鬆弛20~30分鐘整形成棋格狀及圓形
冰硬後切0.8cm片狀排盤
烘烤
190℃/170℃ 10~12分鐘
出爐冷卻
成品

小技巧與注意事項

1. 蛋加入一定要分次，避免油水分離。
2. 秤量油脂可以用塑膠袋或是裁一張白報紙墊在秤量盤上。
3. 糖油拌合時，奶油的溫度回到常溫比較好操作。
4. 攪拌缸的底部，要記得刮均勻。
5. 因為烤焙有流性，故間隔距離要抓好。

製作條件

- 製作方式：糖油拌合法。
- 整形方式：雙色棋格狀及圓形。
- 烤焙溫度：上火190℃／下火170℃。
- 烤焙時間：10~12分鐘。

製作流程

1. 材料秤重。低筋麵粉、奶粉過篩備用。

2. 將奶油加糖粉加鹽拌勻打發至乳白色。

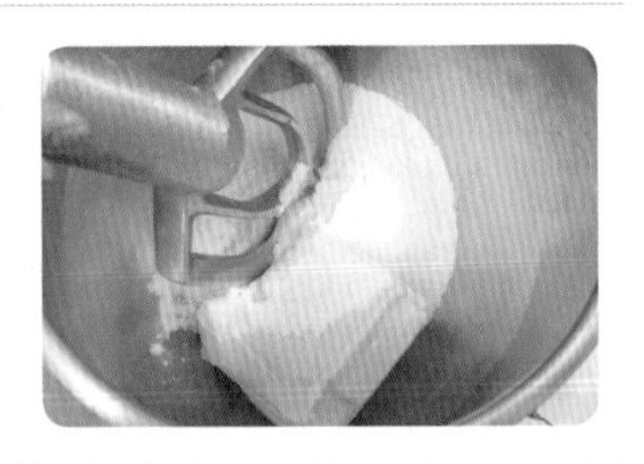

3. 蛋分數次加入拌勻（避免油水分離），可以用小盤子或是軟墊板輔助，可以不停機加入液體。

4. 加入粉類拌勻。

5. 製作可可麵糰：可可粉加水拌勻，再加入白麵糰拌勻。

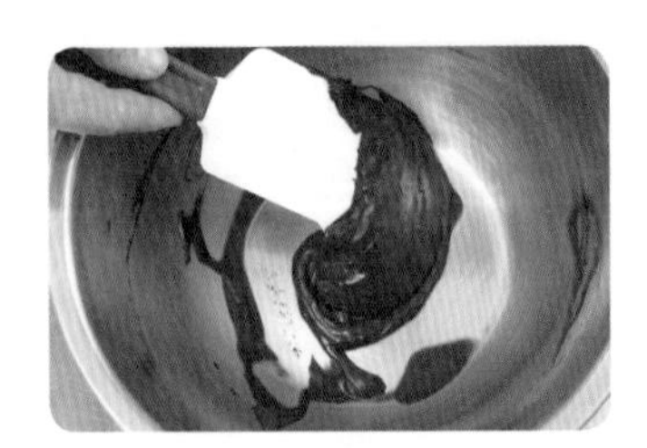

6. 壓平進冰箱鬆弛20~30分鐘，取一半的白麵糰擀開，可可麵糰搓長中間刷蛋白增加黏性，捲起整形成圓形，用塑膠袋捲起進冷藏冰硬。

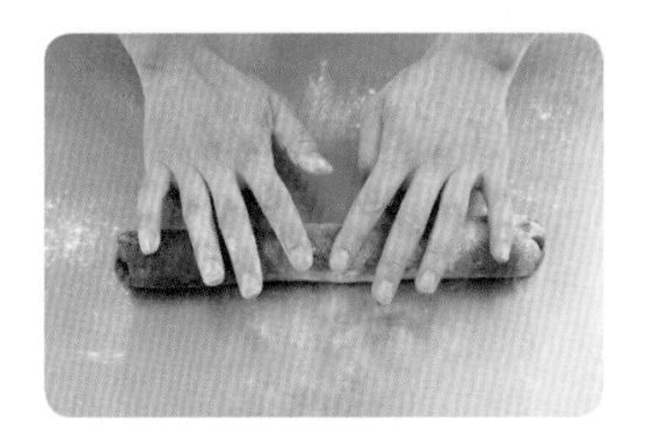

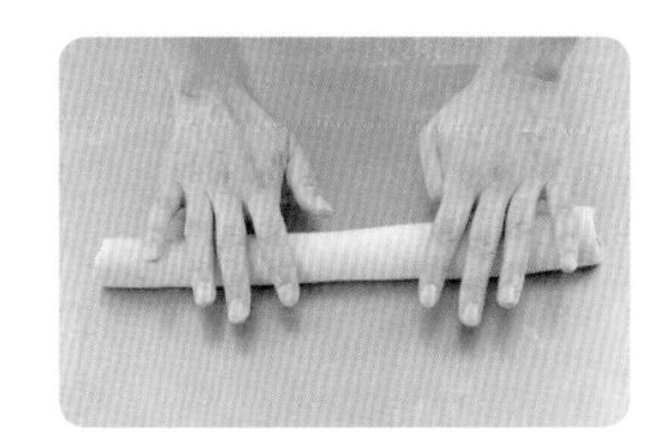

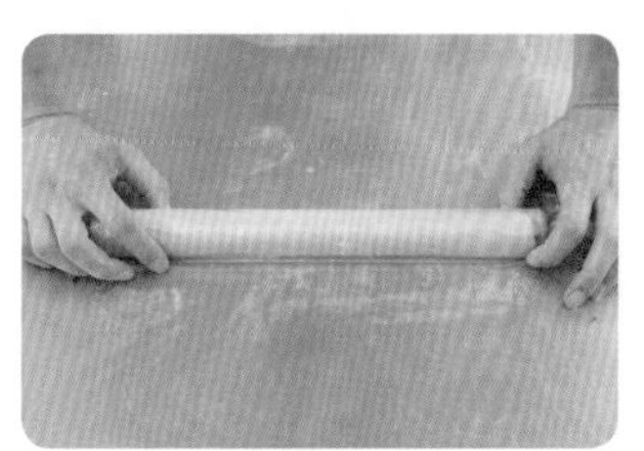

7. 另一半麵糰擀開，切成三等份長方形，再切成條狀，中間刷蛋白相疊組合，冰硬再切割，整形成棋格狀，用塑膠袋套起進冷藏冰硬。

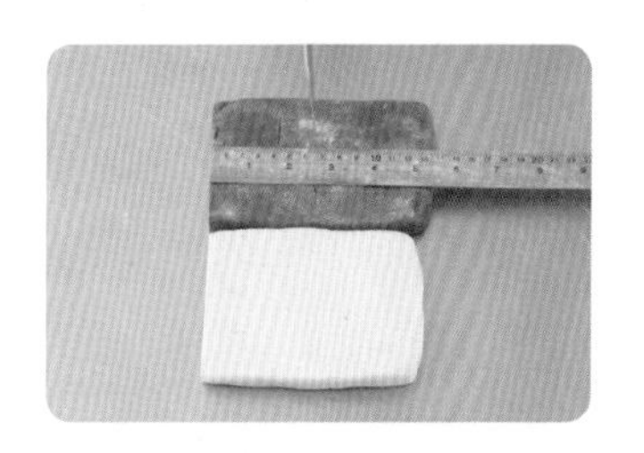

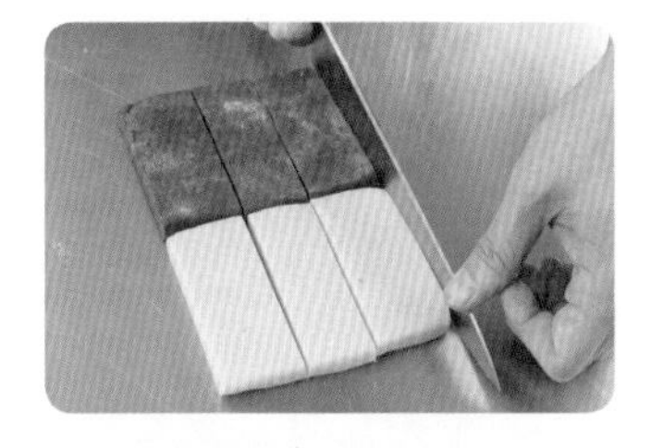

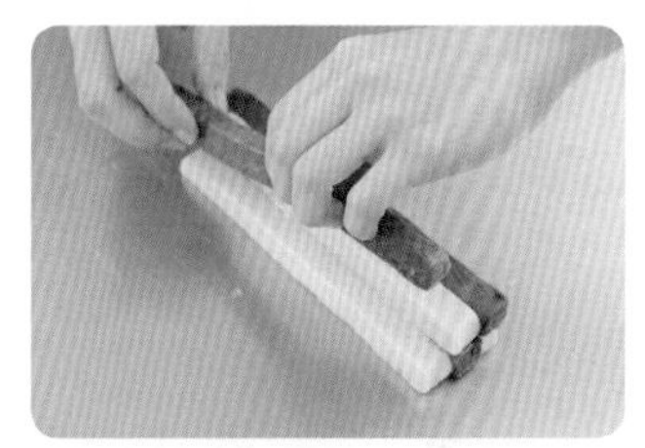

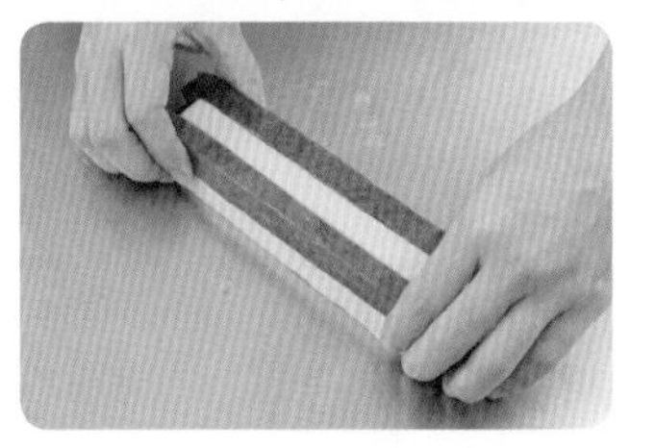

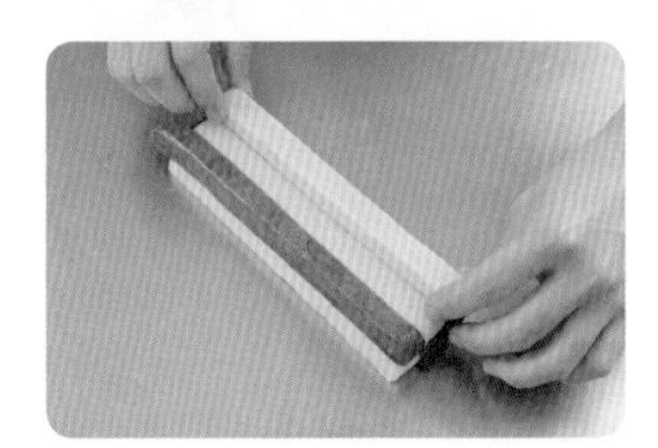

◎ 以下操作是錯誤的，不符題意。（特別規定3）

8. 切0.8cm距離片狀，擺盤。

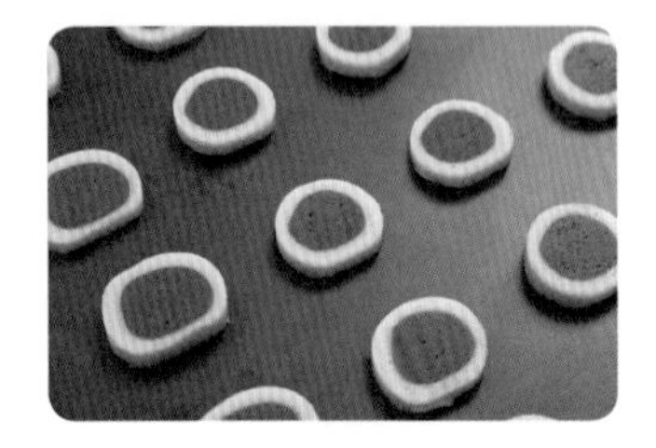

◎ 第一片不平的地方朝下擺放。

9. 進烤箱，上火190℃／下火170℃，烤約10~12分鐘。

10. 出爐後待冷卻移到墊白報紙的冷卻網架上。

MEMO

全麥蘇打夾心餅乾

4-6

1. 限用1.5公斤麵糰（不得另加損耗），製作全麥蘇打餅乾100片，成品大小為(4.5±0.5)×(4.5±0.5)×(0.5±0.1)公分（全麥麵粉與麵粉比100：0），取其中60片製作30套夾心餅乾，且奶油夾心餡需佔成品全重25±5%。
2. 限用1.5公斤麵糰（不得另加損耗），製作全麥蘇打餅乾100片，成品大小為(4.5±0.5)×(4.5±0.5)×(0.5±0.1)公分（全麥麵粉與麵粉比95：5），取其中60片製作30套夾心餅乾，且奶油夾心餡需佔成品全重25±5%。
3. 限用1.5公斤麵糰（不得另加損耗），製作全麥蘇打餅乾100片，成品大小為(4.5±0.5)×(4.5±0.5)×(0.5±0.1)公分（全麥麵粉與麵粉比90：10），取其中60片製作30套夾心餅乾，且奶油夾心餡需佔成品全重25±5%。

特別規定

1. 奶油夾心餡由應檢人自製。
2. 攪拌前，全麥麵粉和麵粉須先經監評人員確認蓋章。
3. 膨脹劑限用酵母及小蘇打，發酵時間須90分鐘以上，應檢人須自行記錄並經監評人員確認。
4. 餅乾成形前，麵糰需經往復式壓麵機壓延製作。
5. 剩餘麵糰需與成品一併繳交。
6. 夾餡前，應檢人準備60片餅乾，需先經監評人員稱重、紀錄並蓋確認章後做夾心。
7. 有下列情形之一者，以不良品計：餅片表面有裂紋，或夾心餡外溢。

使用材料表

項目	材料名稱	規格
1	全麥麵粉	
2	麵粉	中筋、低筋
3	細砂糖	細砂糖、糖粉
4	油脂	烤酥油、人造奶油或奶油
5	奶粉	全脂或脫脂
6	酵母	新鮮酵母、即發酵母粉
7	鹽	精鹽
8	膨脹劑	小蘇打
9	糖	糖粉

原料重量計算與步驟操作流程

原料		百分比%	數量&重量g			計算
			100：0	95：5	90：10	
麵糰	全麥麵粉	100/95/90	935	888	842	**1.5公斤麵糰：** 1,500÷160.5=9.35
	中筋麵粉	0/5/10	0	47	93	
	烤酥油（白油）	18	168	168	168	
	鹽	1	9	9	9	
	即發酵母粉	1	9	9	9	
	膨脹劑（小蘇打）	0.5	5	5	5	
	冰水	40	374	374	374	
	合計	160.5	1,500	1,500	1,500	
奶油霜	烤酥油（白油）	40	40	40	40	
	糖粉	60	60	60	60	
	合計	100	100	100	100	

※配合題目要求，計算加總有四捨五入，可微調數值。

操作流程

1. 材料秤重。即發酵母粉與水攪拌融化備用。
2. 中筋麵粉過篩加全麥麵粉倒入攪拌缸，將酵母水、鹽、烤酥油（白油）、膨脹劑（小蘇打）倒入攪拌缸，麵糰攪拌至成糰。
3. 麵糰攪拌後溫度為30℃，發酵1.5小時。
4. 將鬆弛好的麵糰壓平，以往復式壓麵機壓延，3摺×1次後壓開，厚薄度為0.2~0.3公分，利用擀麵棍捲起移至桌面上鬆弛。
5. 以方形餅乾壓模壓製成形，擺在網狀烤盤上。
6. 進烤箱，上火230℃／下火200℃，烤約12~15分鐘。
7. 出爐後待冷卻移到墊白報紙的冷卻網架上。
8. 取60片餅乾以奶油霜夾心。

製作流程圖

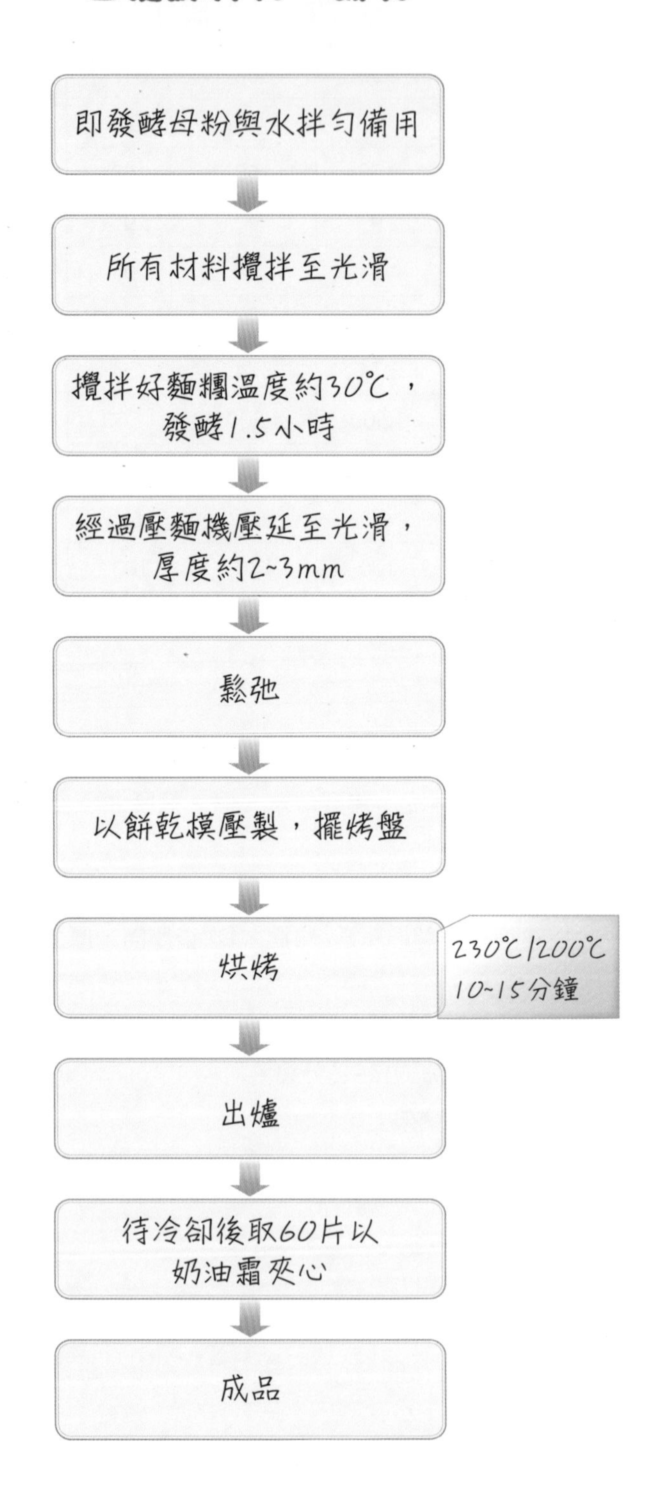

全麥蘇打夾心餅乾
即發酵母粉與水拌勻備用
所有材料攪拌至光滑
攪拌好麵糰溫度約30℃，
發酵1.5小時
經過壓麵機壓延至光滑，
厚度約2~3mm
鬆弛
以餅乾模壓製，擺烤盤
烘烤
230℃/200℃
10~15分鐘
出爐
待冷卻後取60片以
奶油霜夾心
成品

小技巧與注意事項

1. 秤量油脂可先將派盤套塑膠袋或鋪保鮮膜後再秤重。
2. 使用往復式壓麵機時可以灑點手粉，避免沾黏住滾輪。
3. 攪拌缸的底部，要記得刮均勻。
4. 壓延完可以鬆弛一下再壓模，比較不會收縮。

製作條件

- 製作方式：直接法
- 使用模具：方形餅乾壓模、網架烤盤
- 烤焙溫度：上火230℃／下火200℃
- 烘烤時間：10~15分鐘

製作流程

1. 材料秤重。即發酵母粉與水攪拌融化備用。

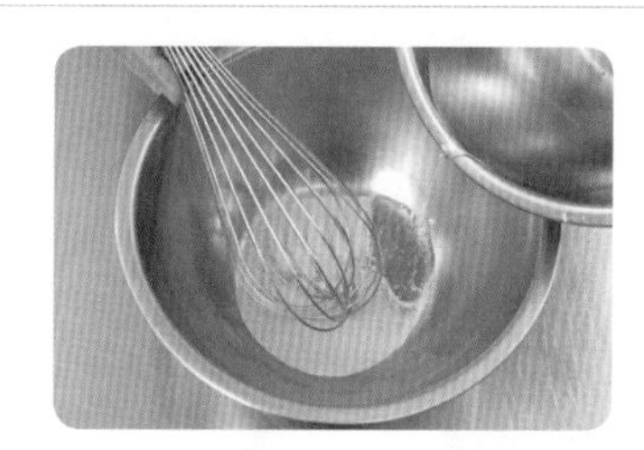

2. 中筋麵粉過篩加全麥麵粉倒入攪拌缸，將酵母水、鹽、烤酥油（白油）、膨脹劑（小蘇打）倒入攪拌缸，麵糰攪拌至成糰。

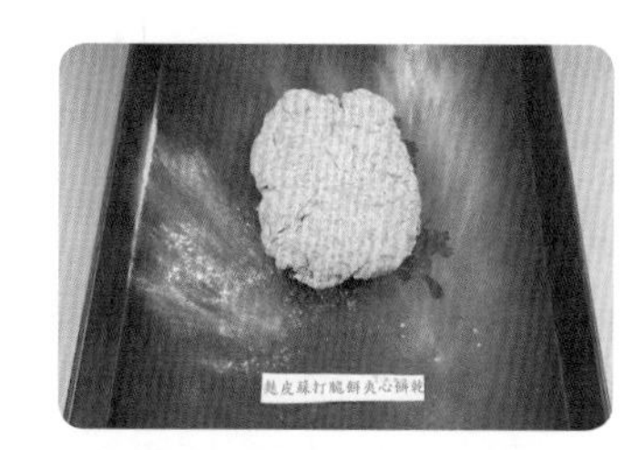

3. 麵糰攪拌後溫度為30℃，發酵1.5小時。

4. 將鬆弛好的麵糰壓平，以往復式壓麵機壓延，3摺×1次後壓開，厚薄度為0.2~0.3公分，利用擀麵棍捲起移至桌面上鬆弛。

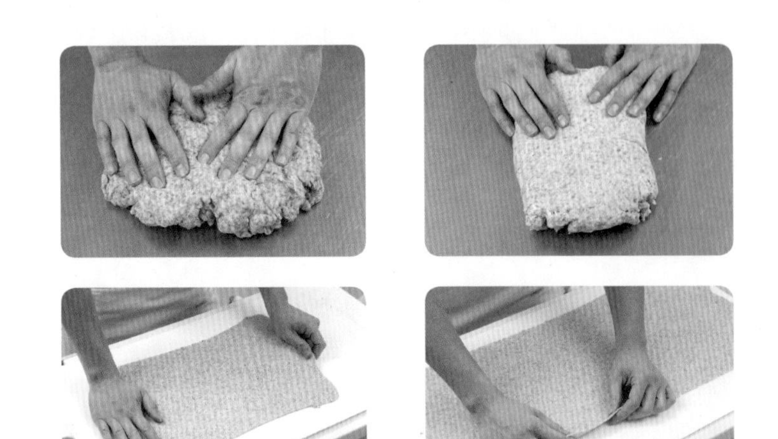
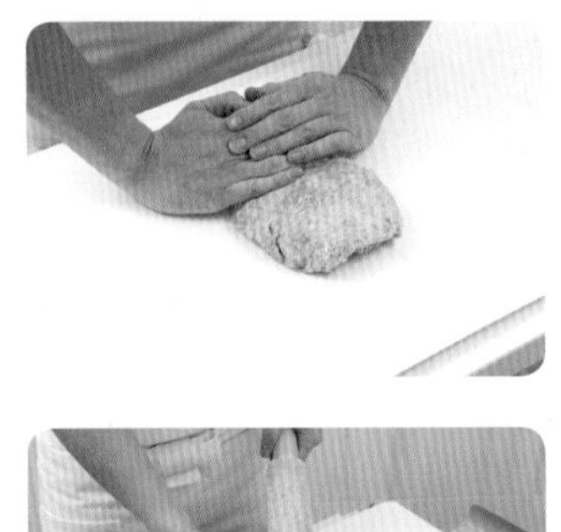

5. 以方形餅乾壓模壓製成形，擺在網狀烤盤上。

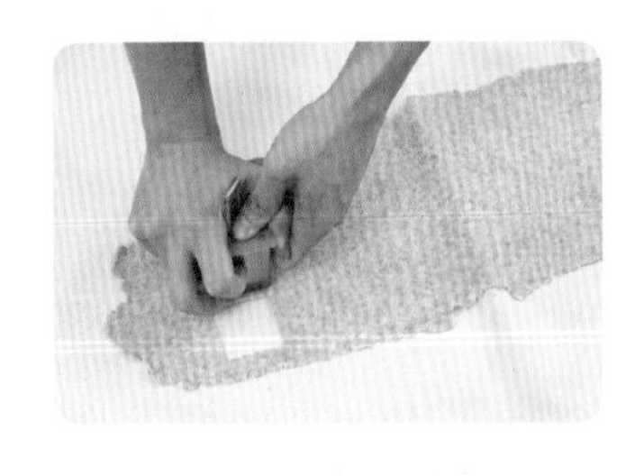

6. 進烤箱，上火230℃／下火200℃，烤約12~15分鐘。

7. 出爐後待冷卻移到墊白報紙的冷卻網架上。

8. 取60片餅乾以奶油霜夾心。

裝飾奶油小西餅 4-7

1. 限用麵糰1.5公斤（不得另加損耗），擠製五種麵糰等量之奶油花紋小西餅，未裝飾前五枚成品重量為30±2公克，各式花紋之成品，取1/4以巧克力裝飾同式樣成品，取1/4作蛋白糖裝飾同式樣成品。
2. 限用麵糰1.5公斤（不得另加損耗），擠製四種麵糰等量之奶油花紋小西餅，未裝飾前五枚成品重量為30±2公克，各式花紋之成品，取1/4以巧克力裝飾同式樣成品，取1/4作蛋白糖裝飾同式樣成品。
3. 限用麵糰1.5公斤（不得另加損耗），擠製三種麵糰等量之奶油花紋小西餅，未裝飾前五枚成品重量為30±2公克，各式花紋之成品，取1/4以巧克力裝飾同式樣成品，取1/4作蛋白糖裝飾同式樣成品。

特別規定

1. 需使用擠花袋及花嘴擠注製作奶油小西餅，否則以零分計。
2. 以蛋白糖裝飾者，需經乾燥定型，蛋白糖由考生自製。
3. 有下列情形之一者，以不良品計：同式樣形狀大小不一致，或成品裝飾部分未定型，或花紋不清晰者。

使用材料表

項目	材料名稱	規格
1	麵粉	中筋、低筋
2	油脂	奶油
3	糖	細砂糖、糖粉
4	代可可脂黑巧克力	非調溫型、苦甜
5	蛋白	殺菌液體蛋白
6	雞蛋	洗選蛋、液體蛋
7	奶粉	全脂或脫脂
8	鹽	精鹽
9	合成膨脹劑	發粉
10	膨脹劑	小蘇打
11	香草香料	香草精、香草粉
12	動物膠	膠凝強度約100~150bloom，片狀或粉末

原料重量計算與步驟操作流程

原料		百分比%	數量&重量g			計算
			五種	四種	三種	**1.5公斤麵糰：** 1,500÷230=6.52
麵糰	奶油	70	456	456	456	
	糖粉	35	228	228	228	
	蛋	24	156	156	156	
	香草香料	1	7	7	7	
	低筋麵粉	100	653	653	653	
	合計	230	1,500	1,500	1,500	
蛋白霜	蛋白	20	20	20	20	
	糖粉	100	100	100	100	
	合計	120	120	120	120	

※配合題目要求，計算加總有四捨五入，可微調數值。

操作流程

1. 材料秤重。低筋麵粉、香草香料過篩備用。
2. 將奶油加糖粉拌勻打發至乳白色。
3. 蛋分數次加入拌勻（避免油水分離），可以用小盤子或是軟墊板輔助，可以不停機加入液體。
4. 加入粉料拌勻。
5. 麵糊裝入擠花袋，以齒狀花嘴擠出（3、4、5種款式）在烤盤上（從左上開始，要抓間隔距離，先將長寬數量排出來）。
6. 進烤箱，上火190℃／下火140℃，烤約10~12分鐘。
7. 出爐後待冷卻移到墊白報紙的冷卻網架上。
8. 每種花色取1/4擠上巧克力做裝飾；取1/4做蛋白霜裝飾，蛋白霜裝飾的，放進烤箱再烘一下。

製作流程圖

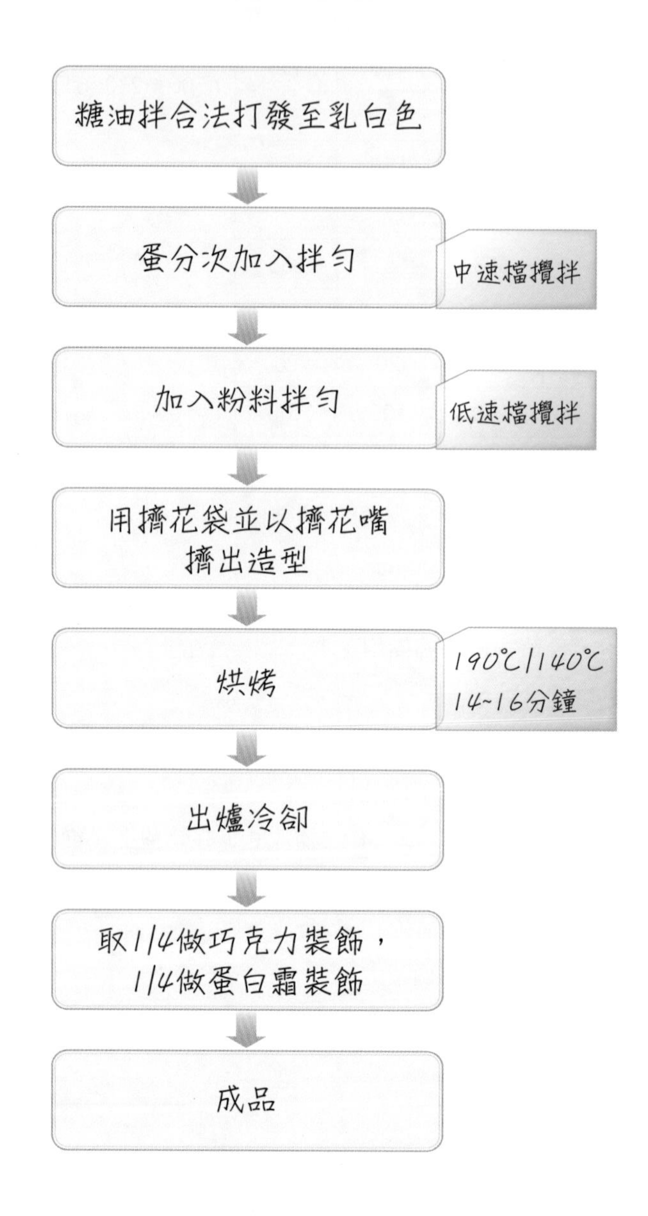

裝飾奶油小西餅
糖油拌合法打發至乳白色
蛋分次加入拌勻
中速檔攪拌
加入粉料拌勻
低速檔攪拌
用擠花袋並以擠花嘴
擠出造型
烘烤
190℃/140℃
14~16分鐘
出爐冷卻
取1/4做巧克力裝飾，
1/4做蛋白霜裝飾
成品

小技巧與注意事項

1. 蛋加入一定要分次，避免油水分離。
2. 秤量油脂可先將派盤套塑膠袋或鋪保鮮膜後再秤重。
3. 糖油拌合要打發一點，比較酥脆。
4. 用擠花袋裝麵糊時，可用大量杯協助，較好裝載。
5. 糖油拌合時，奶油的溫度回到常溫比較好操作。
6. 攪拌缸的底部，要記得刮均勻。
7. 因為烤焙有流性，故間隔距離要抓好。
8. 如果奶油太硬，或是油水分離可以用鋼盆裝熱水稍微熱一下攪拌缸邊。
9. 天氣冷操作填擠要加快，時間拉長，越硬越不好操作。

製作條件

- 製作方式：糖油拌合法。
- 整形方式：利用擠花袋及尖齒花嘴擠注成行。
- 烤焙溫度：上火190℃／下火140℃。
- 烤焙時間：10~12分鐘。

製作流程

1. 材料秤重。低筋麵粉、香草香料過篩備用。

2. 將奶油加糖粉拌勻打發至乳白色。

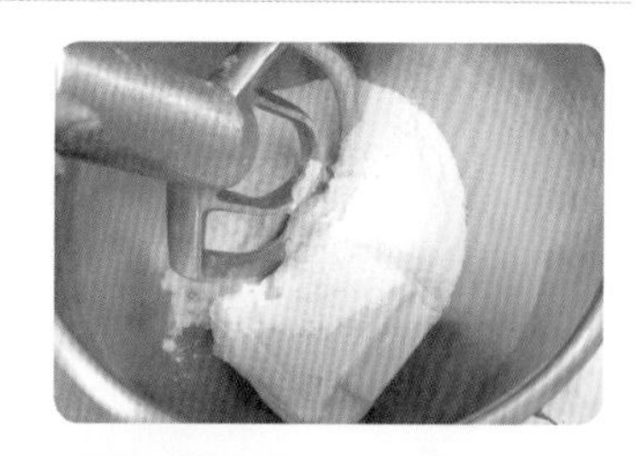

3. 蛋分數次加入拌勻（避免油水分離），可以用小盤子或是軟墊板輔助，可以不停機加入液體。

4. 加入粉料拌勻。

5. 麵糊裝入擠花袋，以齒狀花嘴擠出（3、4、5種款式）在烤盤上（從左上開始，要抓間隔距離，先將長寬數量排出來）。

◎ 六種造型製作參考

a： 花嘴跟烤盤垂直擠出一大麵糊。

b： 花嘴跟烤盤垂直擠出三小連接麵糊。

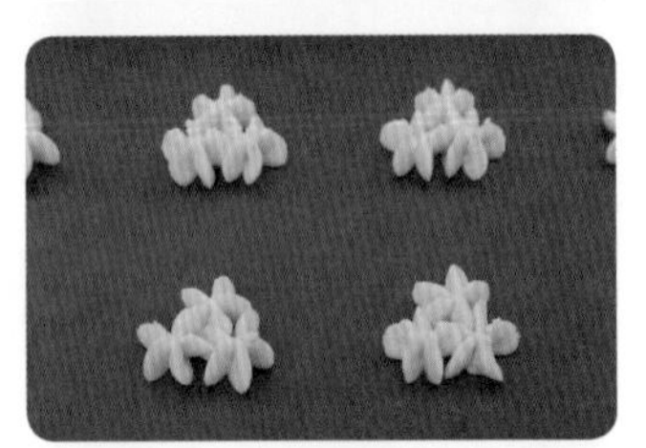

c： 花嘴跟烤盤呈45度角稍微用力，左右對稱擠出麵糊，收尾不出力。

d： 花嘴跟烤盤呈45度角將麵糊擠出長條狀，反覆兩次。

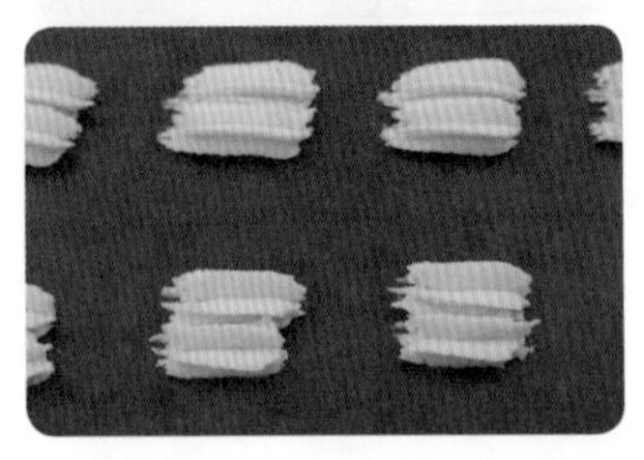

e：花嘴跟烤盤呈垂直擠出麵糊，輕輕旋轉收尾。

f：花嘴跟烤盤呈垂直擠出麵糊，書寫W字體。

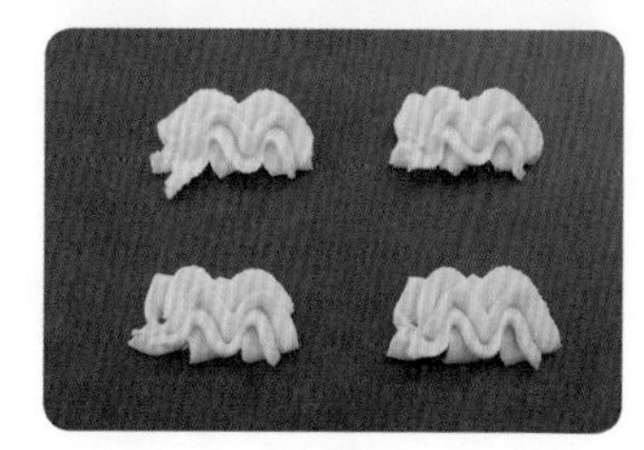

6. 進烤箱，上火190℃／下火140℃，烤約10~12分鐘。

7. 出爐後待冷卻移到墊白報紙的冷卻網架上。

8. 每種花色取1/4擠上巧克力做裝飾，取1/4做蛋白霜裝飾；蛋白霜裝飾的，放進烤箱再烘一下。

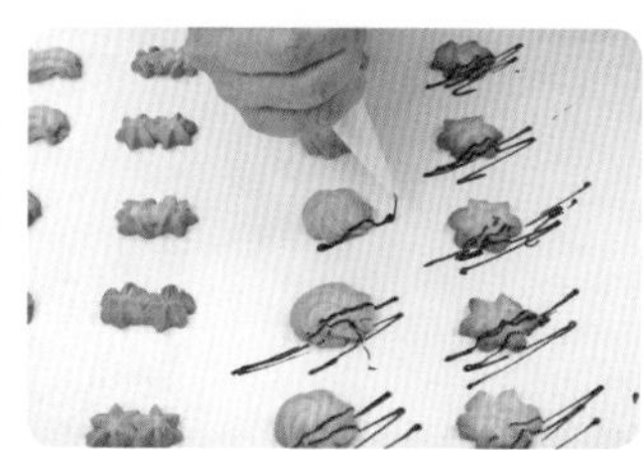

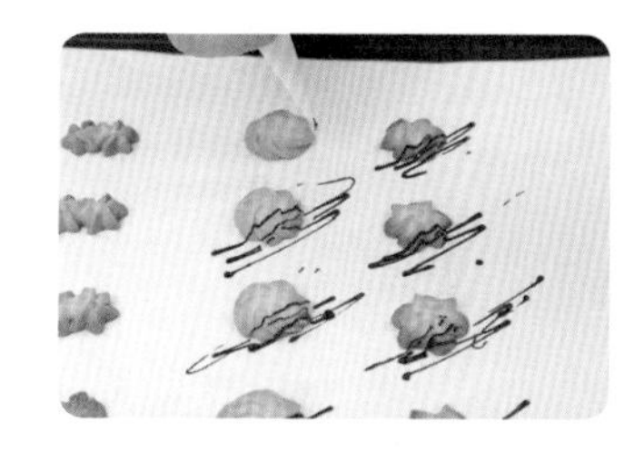

Chapter 04

MEMO

烘焙伴手禮職類

Baking Food

5-1 花蓮薯

1. 製作每個成品重40±2公克，長為5±0.5公分，中心點切面寬度為3.5±0.5公分，立體橢圓形的花蓮薯（皮：餡=1：3）42個，表面需刷蛋黃液。
2. 製作每個成品重40±2公克，長為5±0.5公分，中心點切面寬度為3.5±0.5公分，立體橢圓形的花蓮薯（皮：餡=1：3）45個，表面需刷蛋黃液。
3. 製作每個成品重40±2公克，長為5±0.5公分，中心點切面寬度為3.5±0.5公分，立體橢圓形的花蓮薯（皮：餡=1：3）48個，表面需刷蛋黃液。

特別規定

1. 地瓜餡（地瓜泥：白豆沙＝1：1），軟硬度由應檢人自行焙炒，需要時可用澱粉調整，包餡前經監評人員測定糖度並記錄蓋確認章。
2. 產品壓模成型，須放在同一盤烤焙。
3. 有下列情形之一者，以不良品計：成品重量不在規定範圍內，或成品尺寸不在規定範圍內，或成品餅皮厚度大於0.5公分（含）以上，或成品裂開、脫皮或皺縮10%（含）以上，或成品切面皮餡分離三分之一（含）以上，或表面未刷蛋黃液，或表皮有明顯斑點。

使用材料表

項目	材料名稱	規格
1	黃心地瓜	蒸熟黃地瓜塊2-5公分
2	白豆沙餡	無油，Brix° 70±5
3	麵粉	中筋、低筋
4	轉化糖漿	Brix° 75±5
5	雞蛋	洗選蛋或液體蛋
6	油脂	烤酥油、人造奶油或奶油
7	奶粉	全脂或脫脂
8	澱粉	玉米澱粉、熟蓬萊米穀粉
9	膨脹劑	發粉、小蘇打

原料重量計算與步驟操作流程

原料		百分比%	數量&重量g		
			42個	45個	48個
糕皮	雞蛋	35	83	89	95
	轉化糖漿	40	95	102	108
	烤酥油（白油）	15	36	38	41
	奶粉	5	12	13	14
	小蘇打粉	1	2	3	3
	低筋麵粉	100	237	254	271
	合計	196	465	499	532
內餡	白豆沙	100	696	746	796
	熟黃心地瓜	100	696	746	796
	合計	200	1,392	1,492	1,592

計算
成品熟重：40±2公克
計算單個生重40g÷(1-5%)=42
計算個別比例生重42÷(1+3)=10.5
皮：1×10.5=10.5公克
餡：3×10.5=31.5公克
42個：
皮：10.5×42÷(1-5%)÷196=2.37
餡：31.5×42÷(1-5%)÷200=6.96
45個：
皮：10.5×45÷(1-5%)÷196=2.54
餡：31.5×45÷(1-5%)÷200=7.46
48個：
皮：10.5×48÷(1-5%)÷196=2.71
餡：31.5×48÷(1-5%)÷200=7.96

操作流程

1. 材料秤重，先製作內餡，將地瓜打軟後加入白豆沙，炒至收乾，冷卻備用。
2. 製作糕皮：將雞蛋加入轉化糖漿拌勻，再加入烤酥油（白油）、粉類攪拌均勻，蓋起來鬆弛。
3. 分割、取糕皮沾粉防黏，包入餡料後稍微搓成橢圓形。
4. 模型沾粉將包好的花蓮薯，放入模型後壓平，將模型脫模。
5. 將表面刷上蛋黃液，進烤箱，上火220℃／下火180℃，烤約15~18分鐘。

製作流程圖

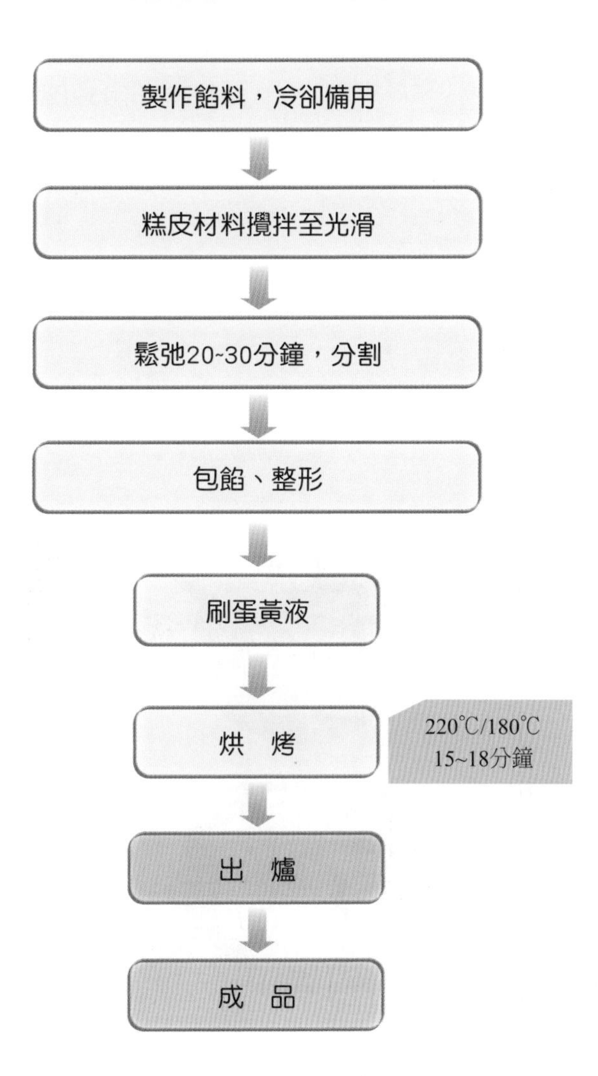

Chapter 05

小技巧與注意事項

1. 秤油脂的時候，可以用塑膠袋包裹派盤秤取。
2. 糕皮冰冷藏鬆弛較好操作。
3. 餡料製作時要注意軟硬度（糖度），太軟（太低）容易爆餡。

製作條件

- 製作方式：直接法。
- 使用模具：橢圓模型。
- 烤焙溫度：上火220℃／下火180℃。
- 烤焙時間：15~18分鐘。

製作流程

1. 材料秤重，先製作內餡，將地瓜打軟後加入白豆沙，炒至收乾，冷卻備用。

2. 製作糕皮：將雞蛋加入轉化糖漿拌勻，再加入烤酥油（白油）、粉類攪拌均勻，蓋起來鬆弛。

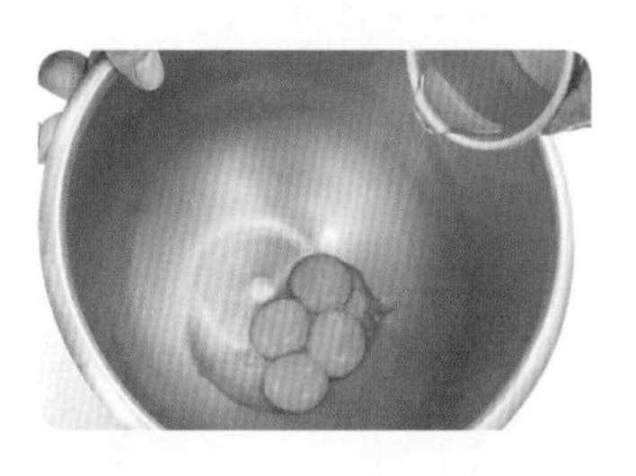

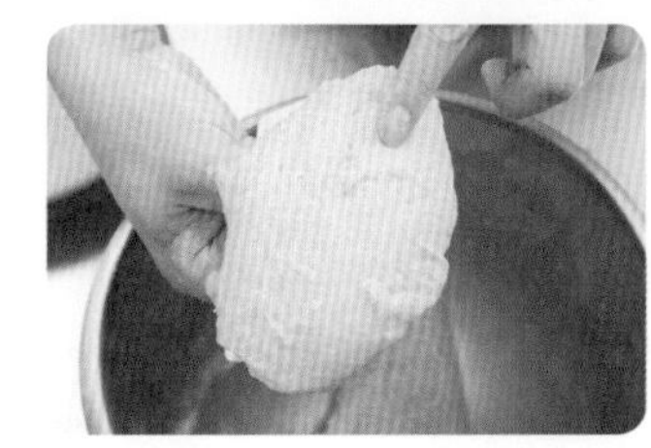

3. 分割（分割重量：皮10.5g／餡31.5g）、取糕皮沾粉防黏，包入餡料後稍微搓成橢圓形。

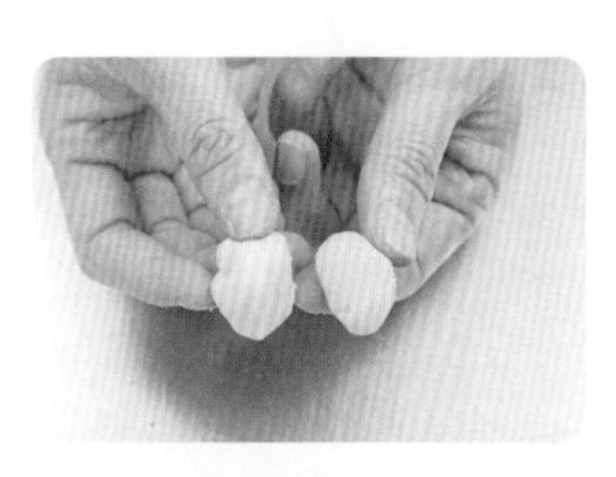

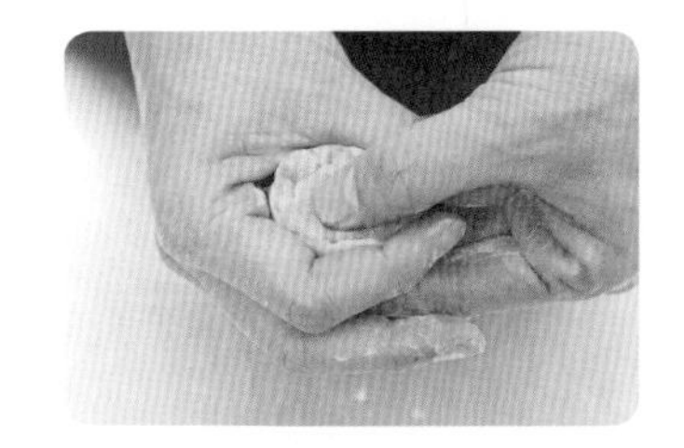
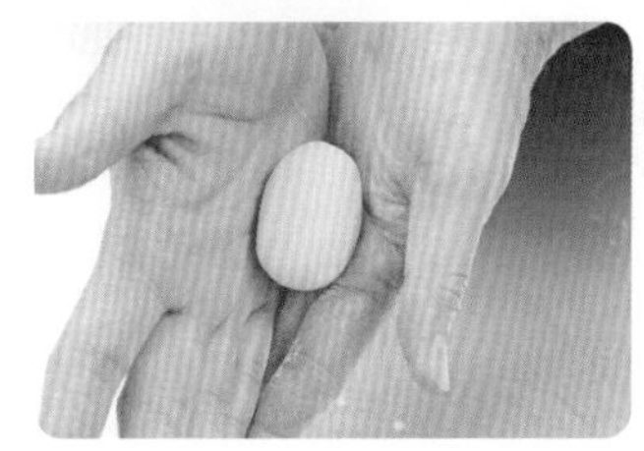

4. 模型沾粉將包好的花蓮薯，放入模型後壓平，將模型脫模。

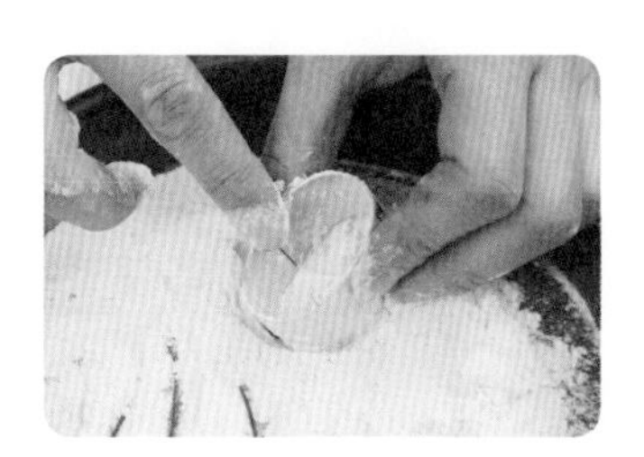
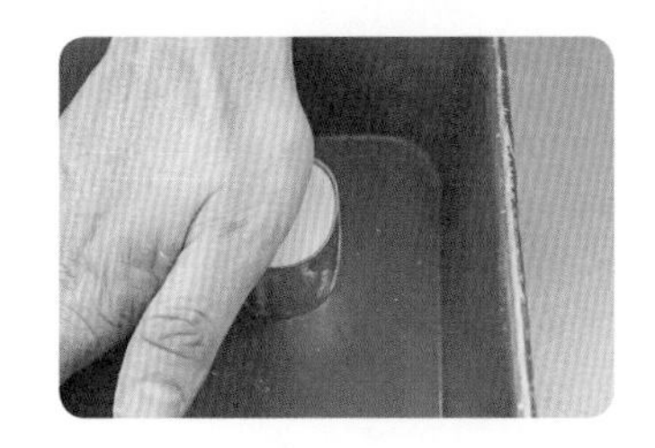

5. 將表面刷上蛋黃液，進烤箱，上火220℃／下火180℃，烤約15~18分鐘。

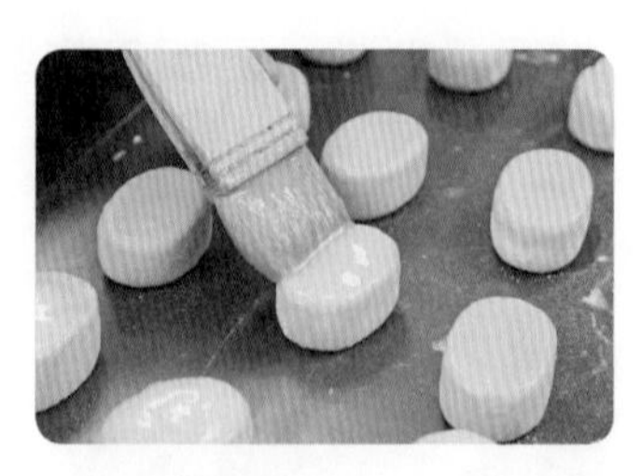

MEMO

5-2 地瓜茶餅

1. 製作每個包餡生重55±3公克地瓜茶餅（皮：餡＝2：3）35個。
2. 製作每個包餡生重55±3公克地瓜茶餅（皮：餡＝2：3）33個。
3. 製作每個包餡生重55±3公克地瓜茶餅（皮：餡＝2：3）31個。

特別規定

1. 以糕皮方式製作，壓模成型。
2. 皮為綠茶口味，綠茶粉占麵粉重量的4%（含）以下，蓬萊米穀粉占麵粉20%（含）以上。自調內餡調餡前熟地瓜須占餡料總重51%（含）以上。
3. 餡料軟硬度經焙炒調整，包餡前經監評人員測定糖度並記錄蓋確認章。
4. 產品須放在同一烤盤烤焙。
5. 有下列情形之一者，以不良品計：邊緣紋路不清晰，或成品表皮裂開10%（含）以上，或成品切面皮餡分離三分之一（含）以上，或內餡外溢（外表看到餡），或四角低垂。

使用材料表

項目	材料名稱	規格
1	白豆沙餡	無油，Brix° 70±5
2	紫心地瓜	蒸熟紫地瓜塊2~5公分
3	麵粉	中筋、低筋
4	糖	細砂糖、糖粉
5	雞蛋	洗選蛋或液體蛋
6	油脂	烤酥油、人造奶油或奶油
7	米穀粉	蓬萊米製作（乾磨或濕磨）
8	奶粉	脫脂或全脂
9	綠茶粉	
10	鹽	精鹽

原料重量計算與步驟操作流程

原料		百分比%	數量&重量g		
			35個	33個	31個
糕皮	烤酥油（白油）	50	162	152	143
	糖粉	45	145	137	129
	奶粉	3	10	9	9
	鹽	1	3	3	3
	雞蛋	42	136	128	120
	低筋麵粉	100	323	304	286
	米穀粉	21	68	64	60
	綠茶粉	3	10	9	9
	合計	265	857	806	759
內餡	白豆沙	48	615	580	545
	熟紫心地瓜	52	667	629	591
	合計	100	1,282	1,209	1,136

計算

成品熟重：55±3公克

計算單個生重55g÷(1-5%)=58

計算個別比例生重58÷(2+3)=11.6

皮：2×11.6=23.2公克

餡：3×11.6=34.8公克

35個：

皮：23.2×35÷(1-5%)÷265=3.23

餡：34.8×35÷(1-5%)÷100=12.82

33個：

皮：23.2×33÷(1-5%)÷265=3.04

餡：34.8×33÷(1-5%)÷100=12.09

31個：

皮：23.2×31÷(1-5%)÷265=2.86

餡：34.8×31÷(1-5%)÷100=11.36

Chapter 05

操作流程

1. 材料秤重，先製作內餡，將熟紫心地瓜打軟後加入白豆沙拌勻，炒至收乾，冷卻備用。
2. 製作糕皮：將米穀粉、低粉、抹茶粉過篩備用。糖粉、奶粉、鹽、烤酥油（白油）拌勻，蛋分次加入拌勻，在加入粉類攪拌均勻，蓋起來鬆弛。
3. 分割、將糕皮搓揉一下至反白，沾粉防黏，包入餡料後搓成圓形。
4. 模型撒粉敲出粉，將包好的地瓜茶餅粘粉，放入模型後壓平，將餅敲出脫模，用粉刷將表面手粉刷掉。
5. 進烤箱，上火180℃／下火200℃，烤約15~18分鐘。

製作流程圖

地瓜茶餅

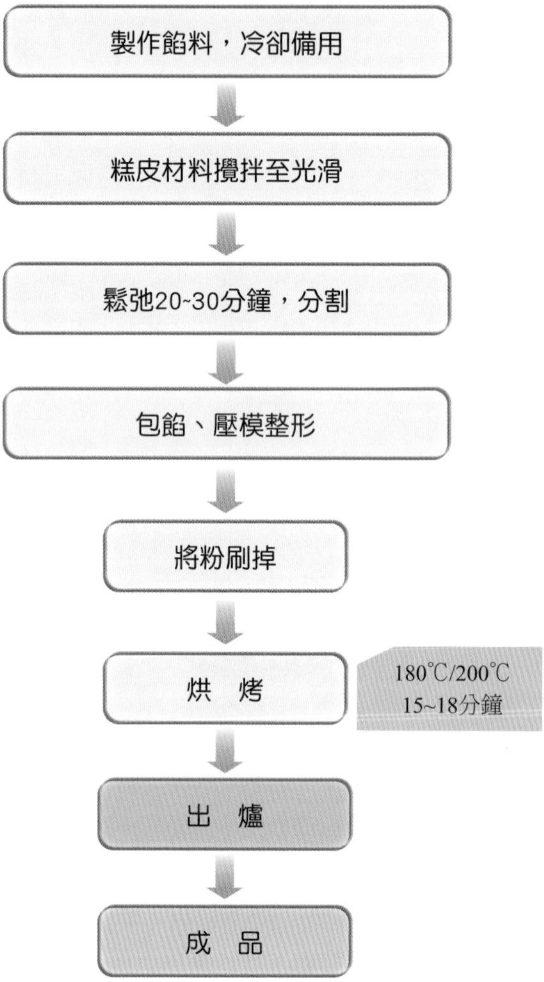

製作餡料，冷卻備用

↓

糕皮材料攪拌至光滑

↓

鬆弛20~30分鐘，分割

↓

包餡、壓模整形

↓

將粉刷掉

↓

烘　烤（180℃/200℃　15~18分鐘）

↓

出　爐

↓

成　品

小技巧與注意事項

1. 秤油脂的時候，可以用塑膠袋包裹派盤秤取。
2. 糕皮冰冷藏鬆弛較好操作。
3. 餡料製作時要注意軟硬度（糖度），太軟（太低）容易爆餡。

製作條件

- 製作方式：直接法。
- 使用模具：中式月餅模型。
- 烤焙溫度：上火180℃／下火200℃。
- 烤焙時間：15~18分鐘。

製作流程

1. 材料秤重，先製作內餡，將熟紫心地瓜打軟後加入白豆沙拌勻，炒至收乾，冷卻備用。

2. 製作糕皮：將米穀粉、低筋麵粉、抹茶粉過篩備用。糖粉、奶粉、鹽、烤酥油（白油）拌勻，蛋分次加入拌勻，再加入粉類攪拌均勻，蓋起來鬆弛。

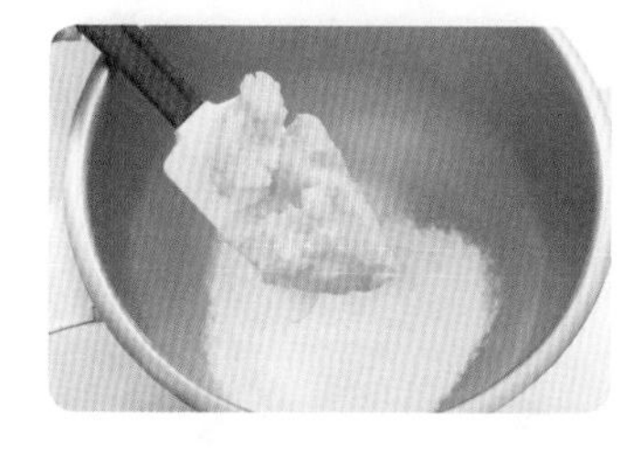
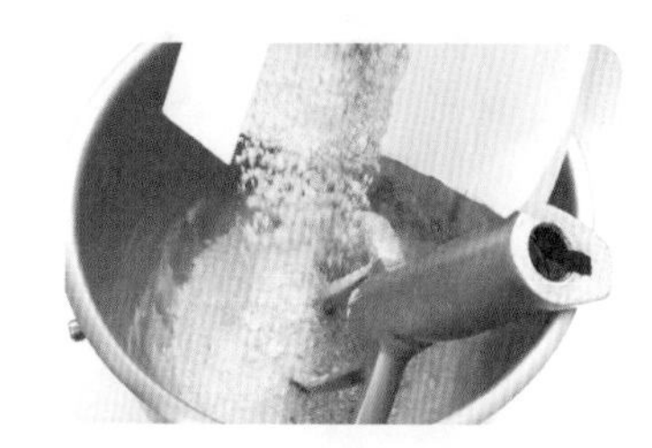

3. 分割（分割重量：皮23g／餡35g）、將糕皮搓揉一下至反白，沾粉防黏，包入餡料後搓成圓形。

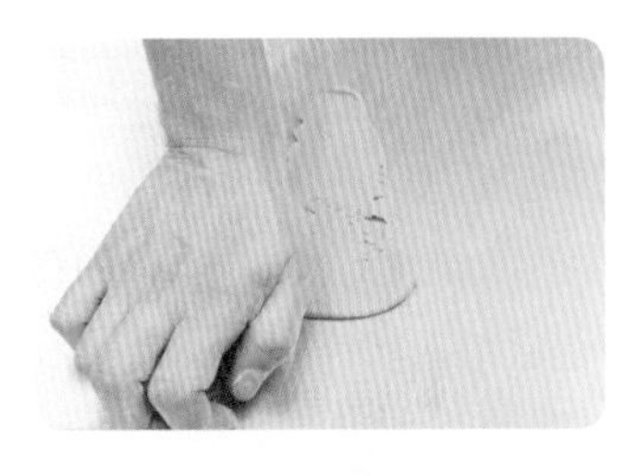

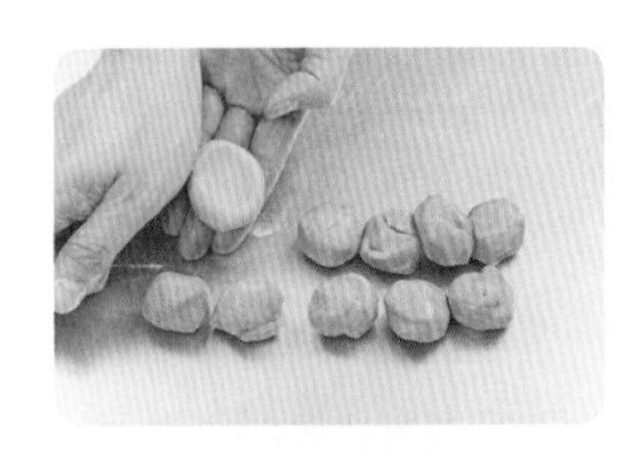

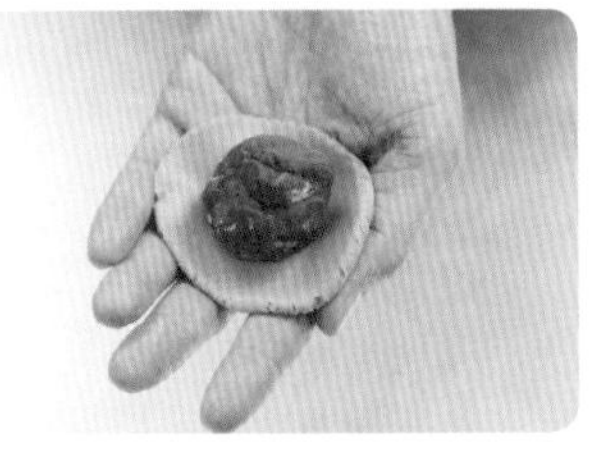

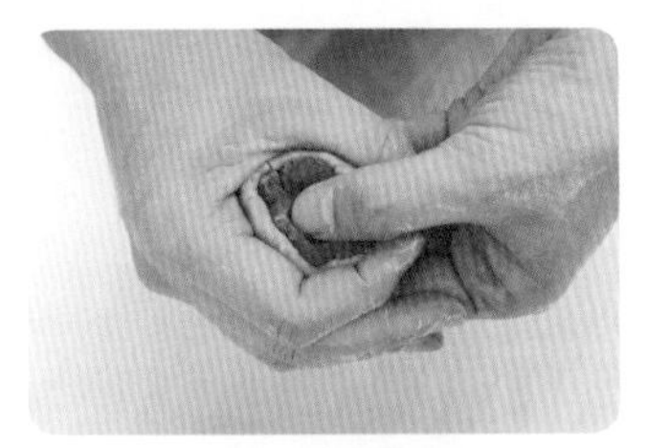

◎ 註：糕皮亦可用容器隔塑膠袋壓扁。

4. 模型撒粉敲出粉，將包好的地瓜茶餅粘粉，放入模型後壓平，將餅敲出脫模，用粉刷將表面手粉刷掉。

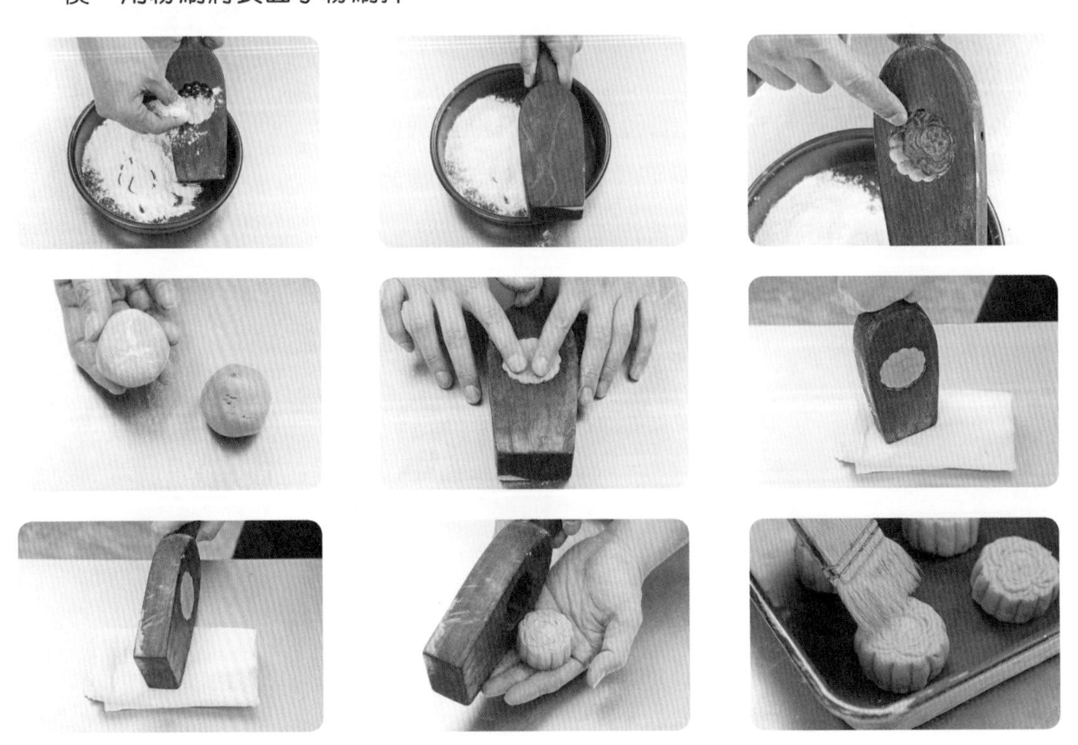

5. 進烤箱，上火180℃／下火200℃，烤約15~18分鐘。

5-3 芋頭酥

1. 製作每個成品重50±3公克，直徑5±0.5公分，高4公分（含）以上，具有螺旋狀紋路的芋頭酥（油皮：油酥：餡=2：1：4）40個。
2. 製作每個成品重50±3公克，直徑5±0.5公分，高4公分（含）以上，具有螺旋狀紋路的芋頭酥（油皮：油酥：餡=2：1：4）44個。
3. 製作每個成品重50±3公克，直徑5±0.5公分，高4公分（含）以上，具有螺旋狀紋路的芋頭酥（油皮：油酥：餡=2：1：4）48個。

特別規定

1. 以大包酥方式製作，手工或往復式壓麵機壓延折疊，三折兩次（含）以上，形成層次，油酥以食用紫色色素調色，明酥製作。
2. 芋頭餡（芋頭泥：砂糖=5：3）軟硬度由應檢人自行焙炒，不得添加麵粉及澱粉。
3. 包餡前經監評人員抽測油酥皮：餡=3：4，並記錄蓋確認章。
4. 內餡有顆粒者以零分計。
5. 有下列情形之一者，以不良品計：成品重量不在規定範圍內，或成品尺寸不在規定範圍內，或紋路、層次、顏色不明顯，或內餡外溢（外表看到餡），或未膨脹麵皮超過0.2公分。

使用材料表

項目	材料名稱	規格
1	芋頭	蒸熟芋頭塊2~5公分
2	糖	細砂糖、糖粉
3	麵粉	中筋、低筋
4	油脂	融點須36℃（含）以下之烤酥油、人造奶油或奶油
5	食用紫色色素	紅(R6)：藍(B1)=1：1

原料重量計算與步驟操作流程

原料		百分比%	數量		
			40個	44個	48個
油皮	烤酥油（白油）	40	129	142	155
	糖粉	10	32	36	39
	中筋麵粉	100	323	356	388
	水	45	145	160	175
	合計	195	629	694	757
油酥	低筋麵粉	100	210	230	252
	烤酥油（白油）	50	105	115	126
	紫色色素				
	合計	150	315	345	378
芋頭餡	熟芋頭	100	743	817	892
	砂糖	70	520	572	624
	合計	170	1,263	1,389	1,516

計算

成品熟重：50±3公克

計算單個生重50g÷(1-5%)=52.6

計算個別比例生重52.6÷(2+1+4)=7.5

皮：2×7.5=15公克

酥：1×7.5=7.5公克

餡：4×7.5=30公克

40個：

皮：15×40÷(1-5%)÷195=3.23

酥：7.5×40÷(1-5%)÷150=2.1

餡：30×40÷(1-5%)÷170=7.43

44個：

皮：15×44÷(1-5%)÷195=3.56

酥：7.5×44÷(1-5%)÷150=2.3

餡：30×44÷(1-5%)÷170=8.17

48個：

皮：15×48÷(1-5%)÷195=3.88

酥：7.5×48÷(1-5%)÷150=2.52

餡：30×48÷(1-5%)÷170=8.92

操作流程

1. 材料秤重，先製作內餡，將芋頭塊打軟後加入砂糖，過篩，炒至收乾，冷卻備用。
2. 製作油皮：將中筋麵粉、糖粉、水、烤酥油拌勻，蓋起來鬆弛。
3. 製作油酥：將烤酥油（白油）、低筋麵粉拌勻，加入適量紫色色素拌勻
4. 將油酥整形成長方形，油皮擀成長方形包入油酥，三折折兩次，擀開。
5. 將表面的粉刷掉，噴水，捲起，測量總長÷顆數，切片、壓扁，包入內餡。
6. 進烤箱，上火180℃／下火200℃，烤約20~25分鐘。

製作流程圖

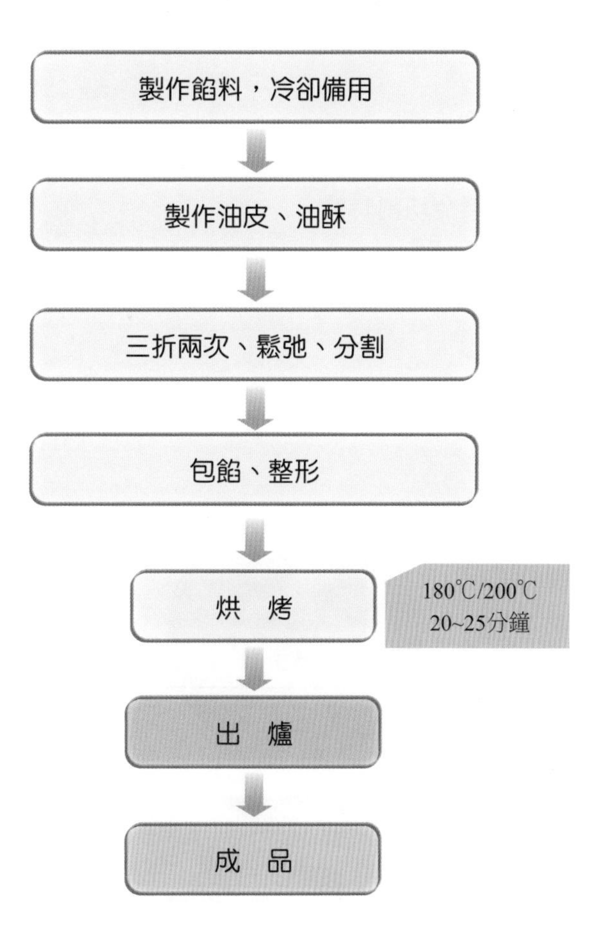

小技巧與注意事項

1. 秤油脂的時候，可以用塑膠袋包裹派盤秤取。
2. 使用往復式壓面機時可以灑點手粉，避免沾黏住滾輪。
3. 餡料製作時要注意軟硬度（糖度），太軟（太低）容易爆餡。
4. 製作時需適時的鬆弛，避免切割時麵糰回縮。

製作條件

- 製作方式：直接法。
- 使用工具：牛刀。
- 烤焙溫度：上火180℃／下火200℃。
- 烤焙時間：20~25分鐘。

製作流程

1. 材料秤重，先製作內餡，將芋頭塊打軟後加入砂糖，過篩，炒至收乾，冷卻備用。

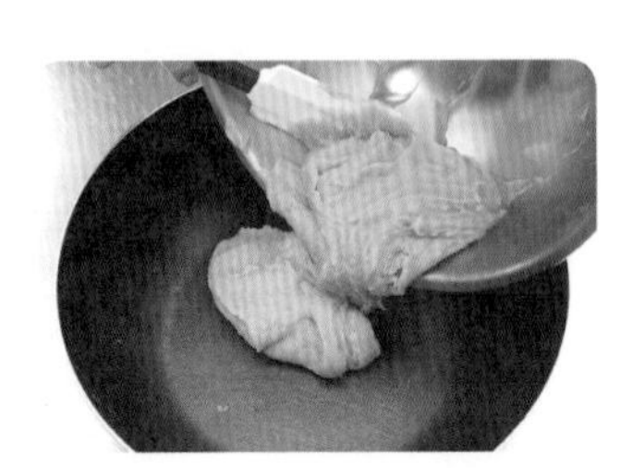

2. 製作油皮：將中筋麵粉、糖粉、水、烤酥油（白油）拌匀，蓋起來鬆弛。

3. 製作油酥：將烤酥油（白油）、低筋麵粉拌匀，再加入適量紫色色素拌匀。

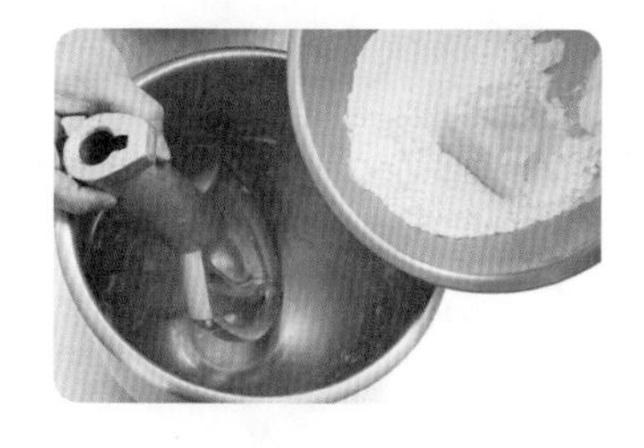

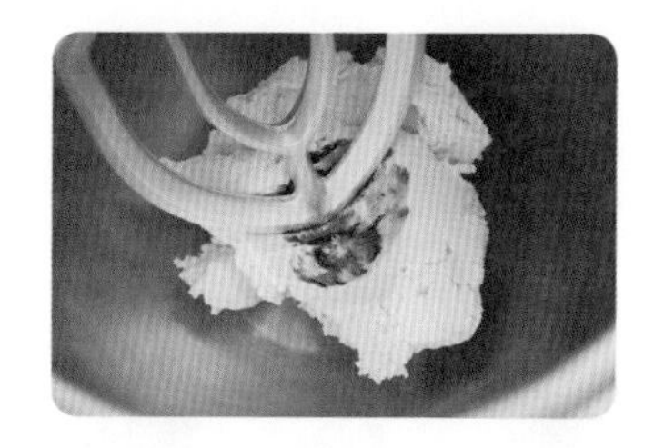

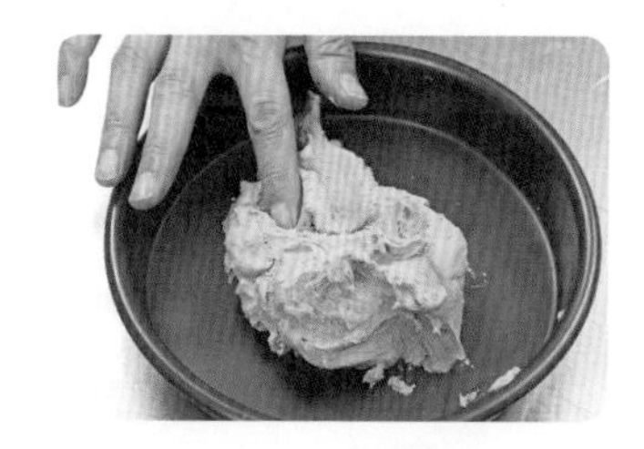

4. 將油酥整形成長方形，油皮擀成長方形包入油酥，三折折兩次，擀開。

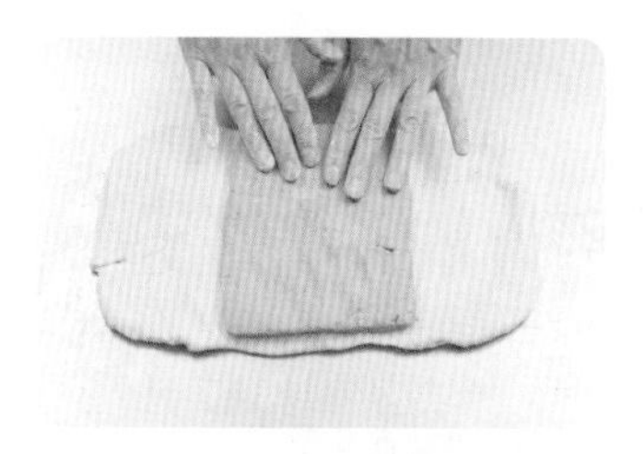

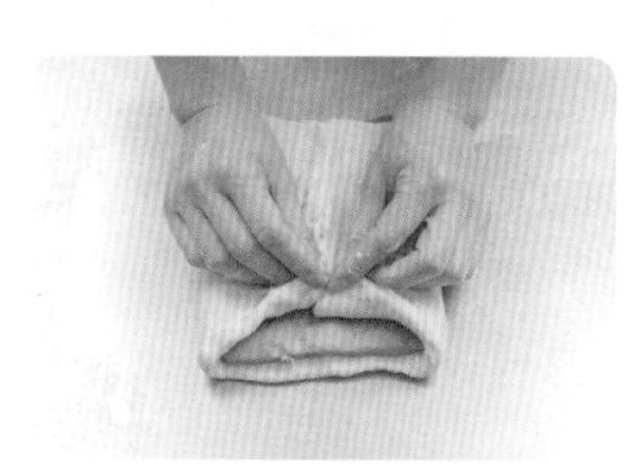

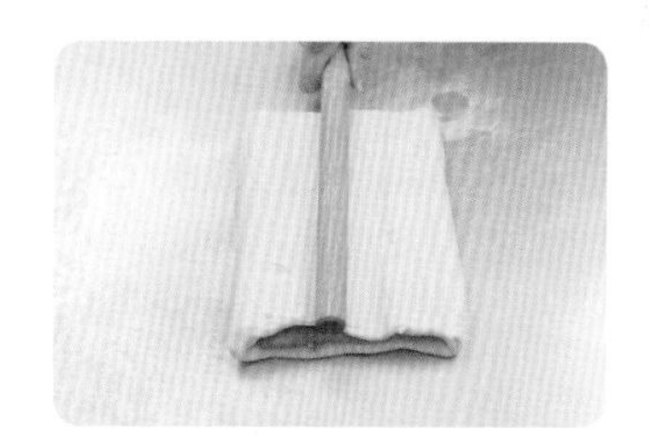

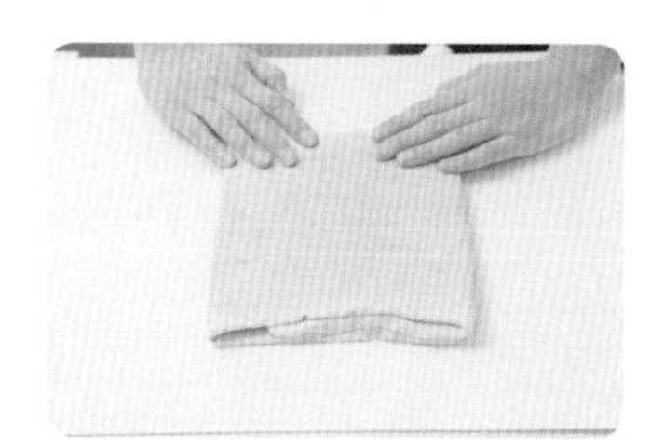

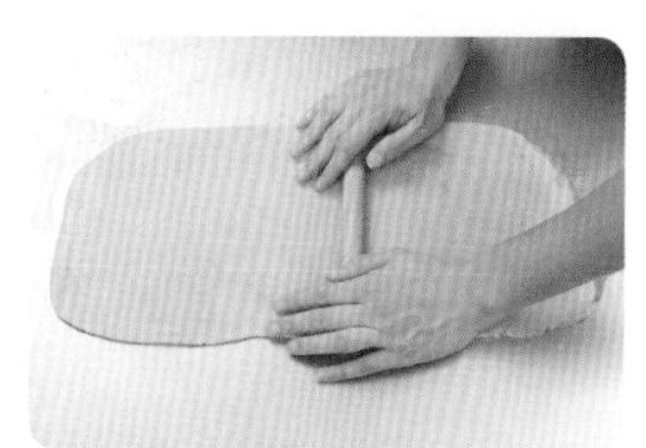

5. 將表面的粉刷掉，噴水，捲起，測量總長÷顆數，切片、壓扁，包入內餡。內餡分割重量30g。

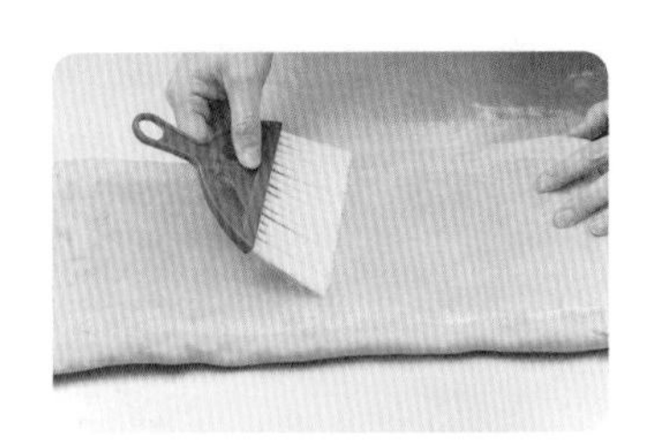

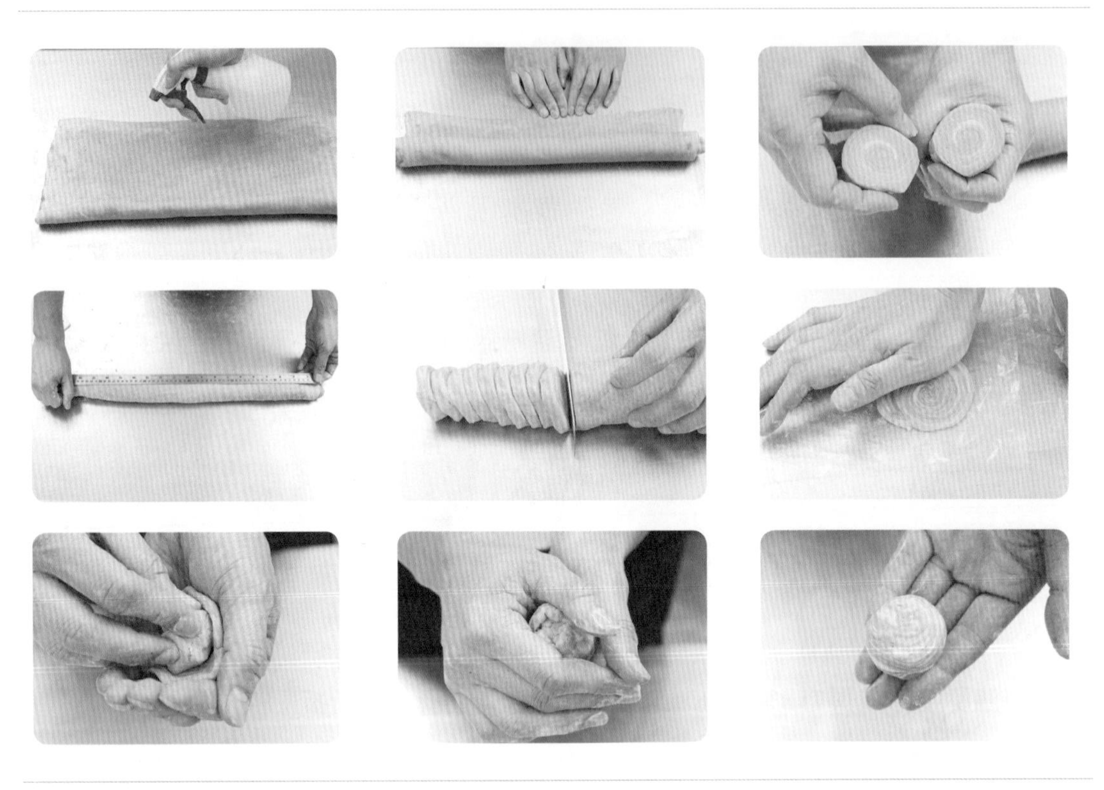

6. 進烤箱，上火180℃／下火200℃，烤約20~25分鐘。

奶油酥餅

1. 製作每個成品重70±2公克，成品直徑9±1公分，高1.5公分（含）以上的圓形奶油酥餅（油皮：油酥：餡=2：1：1）39個。
2. 製作每個成品重70±2公克，成品直徑9±1公分，高1.5公分（含）以上的圓形奶油酥餅（油皮：油酥：餡=2：1：1）42個。
3. 製作每個成品重70±2公克，成品直徑9±1公分，高1.5公分（含）以上的圓形奶油酥餅（油皮：油酥：餡=2：1：1）45個。

特別規定

1. 油皮須為燙麵麵皮（攪拌前水溫需80℃（含）以上，並經監評人員確認蓋章），以小包酥方式製作。
2. 成品表皮可割線並呈金黃色。
3. 餡料若要用熟麵粉，由應檢人自製。
4. 包餡前經監評人員抽測油酥皮：餡=3：1，並記錄蓋確認章。
5. 有下列情形之一者，以不良品計：成品重量不在規定範圍內，或成品尺寸不在規定範圍內，或層次不明顯，或內餡外溢（外表看到餡），或未膨脹麵皮超過0.2公分，或內餡有生粉味。

使用材料表

項目	材料名稱	規格
1	麵粉	中筋、低筋
2	油脂	融點須36℃（含）以下之人造奶油或奶油
3	糖	細砂糖、糖粉
4	麥芽糖	Brix° 75±5

原料重量計算與步驟操作流程

原料		百分比%	數量		
			39個	42個	45個
油皮	中筋麵粉	100	821	884	947
	沸水	10	82	88	95
	冷水	40	328	354	379
	糖粉	5	41	44	47
	奶油	30	246	265	284
	合計	185	1,518	1,635	1,752
油酥	低筋麵粉	100	506	545	584
	奶油	50	253	273	292
	合計	150	759	818	876
內餡	糖粉	100	379	408	438
	低筋麵粉	30	114	122	175
	麥芽糖	30	114	122	175
	奶油	30	114	122	175
	水	10	38	41	44
	合計	200	759	815	1,007

計算

成品熟重：70±2公克

計算單個生重70g÷(1-5%)=74

計算個別比例生重

74÷(2+1+1)=18.5

皮：2×18.5=37公克

酥：1×18.5=18.5公克

餡：1×18.5=18.5公克

39個：

皮：37×39÷(1-5%)÷185=8.21

酥：18.5×39÷(1-5%)÷150=5.06

餡：18.5×39÷(1-5%)÷200=3.79

42個：

皮：37×42÷(1-5%)÷185=8.84

酥：18.5×42÷(1-5%)÷150=5.45

餡：18.5×42÷(1-5%)÷200=4.08

45個：

皮：37×45÷(1-5%)÷185=9.47

酥：18.5×45÷(1-5%)÷150=5.84

餡：18.5×45÷(1-5%)÷200=4.38

操作流程

1. 材料秤重，先製作內餡，將糖粉、低筋麵粉、麥芽糖、奶油攪拌均勻，分次加水拌勻，備用。
2. 製作油皮：測量熱水、將油皮材料拌勻，滾圓，蓋起來鬆弛。
3. 製作油酥：將油酥的材料拌勻，備用。
4. 油皮、油酥分割，油皮壓扁包入油酥，鬆弛。
5. 將麵糰壓扁擀捲一次，鬆弛，再擀捲第二次折三折，鬆弛備用。
6. 中間壓扁兩邊捏起，壓扁包入內餡，蓋上塑膠袋用盤子壓至9公分。
7. 表面劃兩刀，進烤箱，上火220℃／下火180℃，烤約20~25分鐘。

製作流程圖

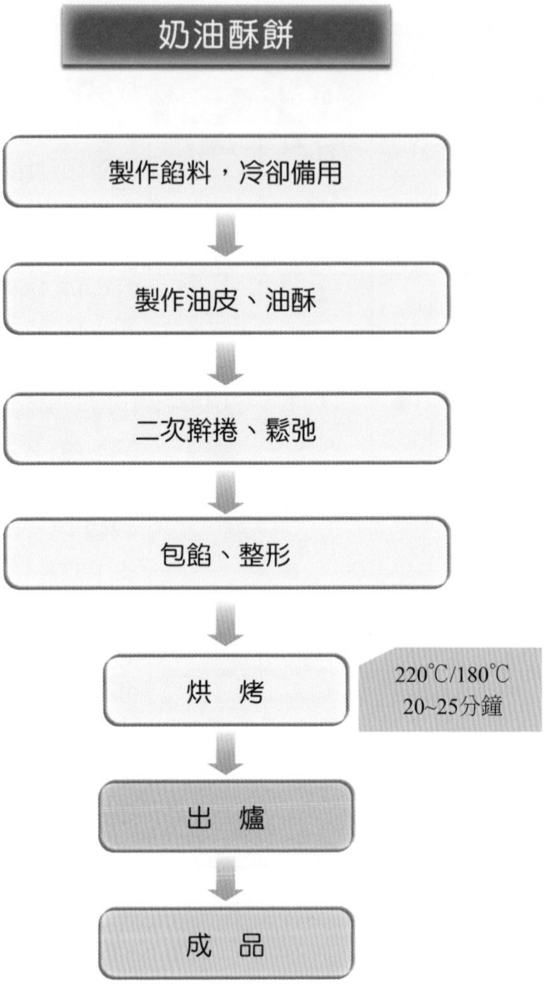

奶油酥餅

製作餡料，冷卻備用

↓

製作油皮、油酥

↓

二次擀捲、鬆弛

↓

包餡、整形

↓

烘　烤（220℃/180℃　20~25分鐘）

↓

出　爐

↓

成　品

小技巧與注意事項

1. 秤油脂的時候，可以用塑膠袋包裹派盤秤取。
2. 二次擀捲時鬆弛時間要足夠。避免收縮太嚴重。
3. 餡料製作時要注意軟硬度（糖度），太軟（太低）容易爆餡。

製作條件

- 製作方式：直接法。
- 使用工具：牛刀。
- 烤焙溫度：上火220℃／下火180℃。
- 烤焙時間：約20~25分鐘。

製作流程

1. 材料秤重，先製作內餡，將糖粉、低筋麵粉、麥芽糖、奶油攪拌均勻，分次加水拌勻，備用。

2. 製作油皮：測量熱水、將油皮材料攪拌至有筋性，滾圓，蓋起來鬆弛。

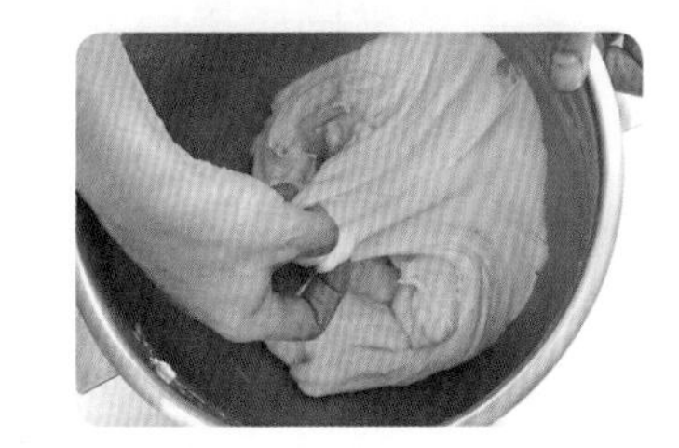

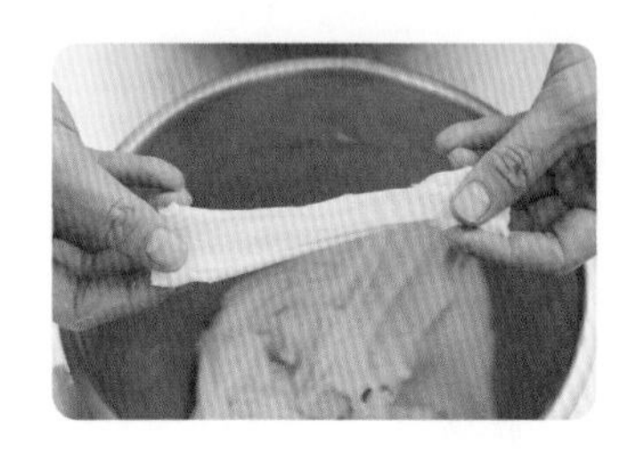
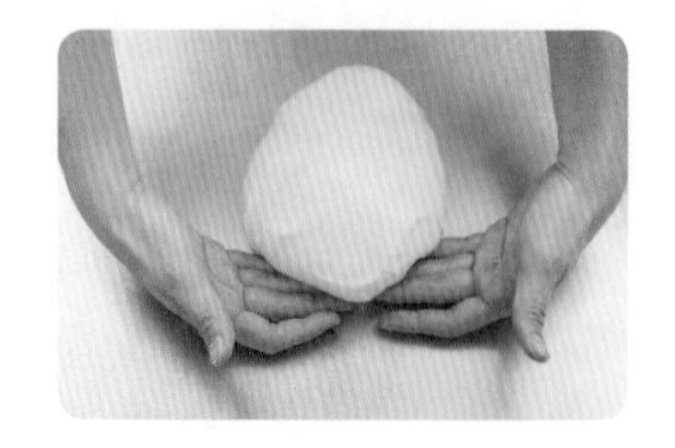

3. 製作油酥：將油酥的材料拌勻，備用。

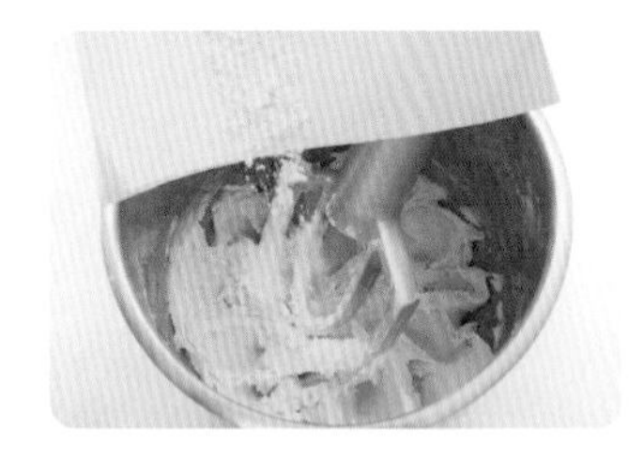
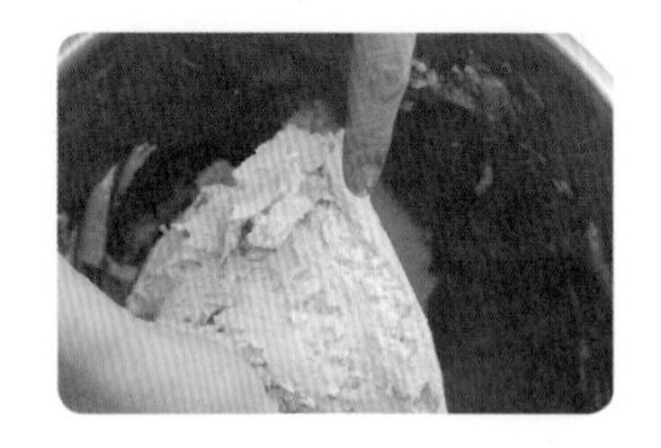
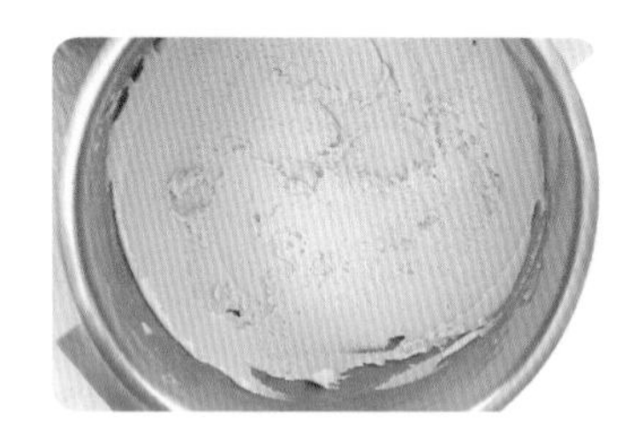

4. 油皮、油酥分割，油皮37g／油酥18.5g。油皮壓扁包入油酥，鬆弛。

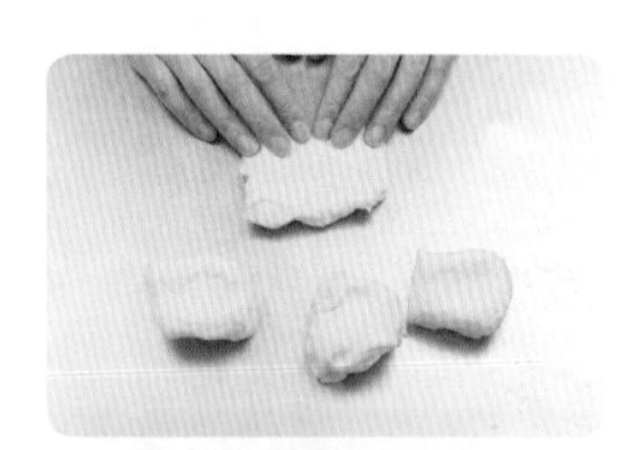

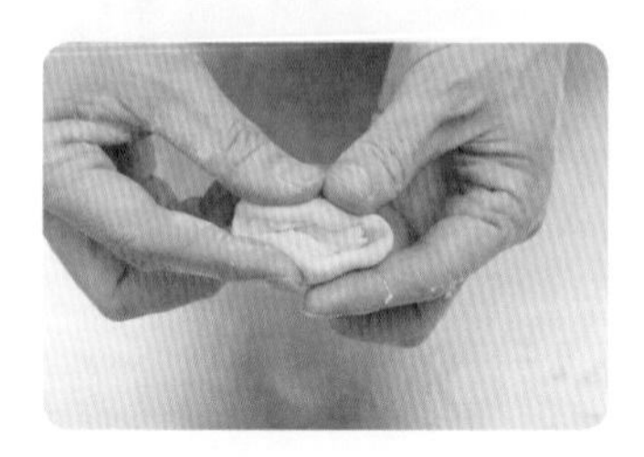

5. 將麵糰壓扁擀捲一次，鬆弛，再擀捲第二次折三折，鬆弛備用。

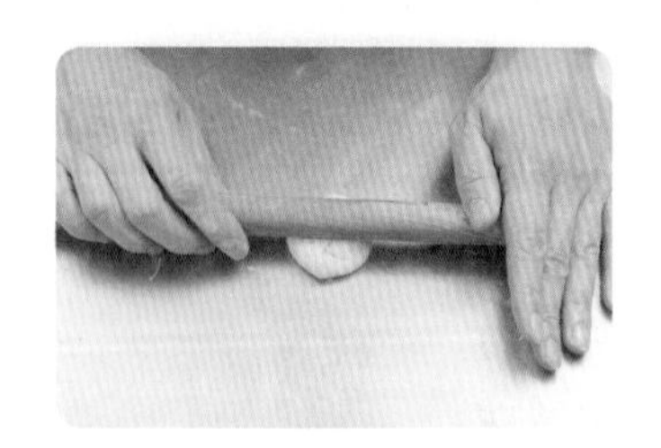

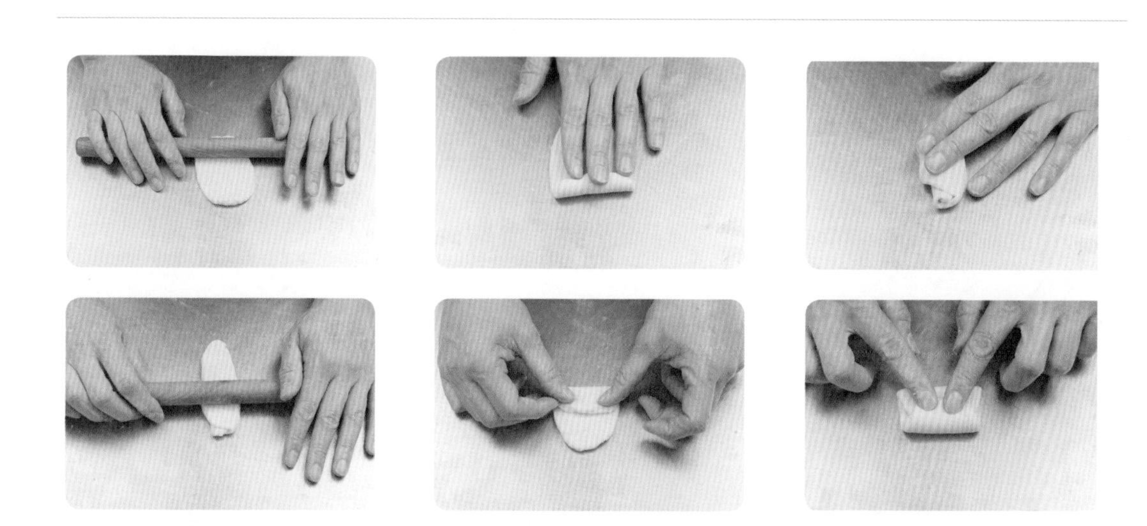

6. 中間壓扁兩邊捏起，壓扁包入內餡18.5g，蓋上塑膠袋用盤子壓至9公分。

7. 表面劃兩刀，進烤箱，上火220℃／下火180℃，烤約20~25分鐘。

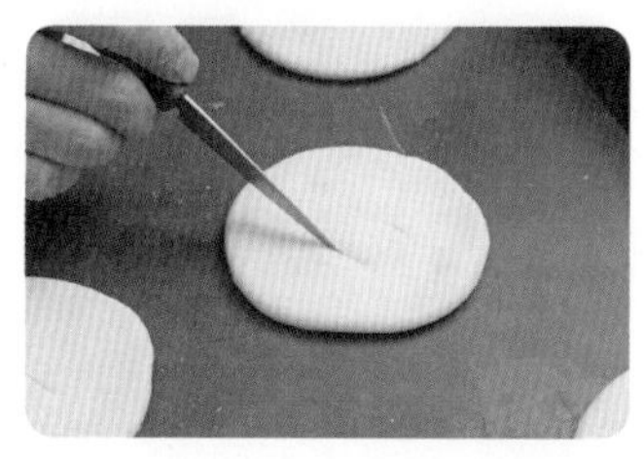

Chapter 05

5-5 冬瓜酥

1. 製作每個成品重50±5公克，直徑6±0.5公分，高度2公分（含）以上，雙面烤焙的圓形冬瓜酥（油皮：油酥：餡=6：4：10）24個。
2. 製作每個成品重50±5公克，直徑6±0.5公分，高度2公分（含）以上，雙面烤焙的圓形冬瓜酥（油皮：油酥：餡=6：4：10）26個。
3. 製作每個成品重50±5公克，直徑6±0.5公分，高度2公分（含）以上，雙面烤焙的圓形冬瓜酥（油皮：油酥：餡=6：4：10）28 個。

特別規定

1. 以大包酥方式製作，手工或往復式壓麵機壓延折疊，三折三次（含）以上，形成層次。
2. 限用帶皮生冬瓜3.5公斤製作冬瓜餡，配方制定以去皮生冬瓜重量為100%。
3. 砂糖須先經焦糖化後再加入剩餘材料煮餡，餡料軟硬度經焙炒調整，包餡前經監評人員測定糖度並記錄蓋確認章。
4. 包餡前經監評人員抽測油酥皮：餡=1：1，並記錄蓋確認章。
5. 雙面烤焙需有翻面動作。
6. 剩餘餡料須繳回，餡料不得有焦苦味，否則以零分計。
7. 有下列情形之一者，以不良品計：成品重量不在規定範圍內，或成品尺寸不在規定範圍內，或內餡外溢（外表看到餡），或層次不明顯，或底部未膨脹麵皮超過0.2公分。

使用材料表

項目	材料名稱	規格
1	冬瓜	帶皮生冬瓜
2	麵粉	中筋、低筋
3	糖	細砂糖、糖粉
4	麥芽糖	Brix° 75±5
5	油脂	融點須36℃（含）以下之烤酥油、人造奶油或奶油
6	鹽	精鹽

原料重量計算與步驟操作流程

原料		百分比%	數量			計算
			24個	26個	28個	
油皮	中筋麵粉	100	207	225	242	
	烤酥油（白油）	40	83	90	97	
	糖粉	10	21	23	24	
	水	45	93	101	109	
	合計	195	385	439	472	
油酥	低筋麵粉	100	185	200	216	
	烤酥油	50	93	100	108	
	合計	150	278	300	350	
內餡	生冬瓜肉	100	3,500	3,500	3,500	
	糖	15	525	525	525	
	麥芽糖	15	525	525	525	
	合計	130	4,550	4,550	4,550	

計算

成品熟重：50±5公克

計算單個生重50g÷(1-5%)=53

計算個別比例生重

53÷(6+4+10)=2.65

皮：6×2.65=16公克

酥：4×2.65=11公克

餡：10×2.65=27公克

冬瓜餡計算：

限用帶皮生冬瓜3.5公斤製作

故3500÷100%=35

35×15（糖&麥芽糖）=525

24個：

皮：16×24÷(1-5%)÷195=2.07

酥：11×24÷(1-5%)÷150=1.85

26個：

皮：16×26÷(1-5%)÷195=2.25

酥：11×26÷(1-5%)÷150=2.0

28個：

皮：16×28÷(1-5%)÷195=2.42

酥：11×28÷(1-5%)÷150=2.16

操作流程

1. 材料秤重，先製作內餡，將生冬瓜刨絲，炒至出水煮軟。將糖煮至焦糖色後加入麥芽糖煮滾，加入冬瓜炒至收乾，冷卻備用。
2. 製作油皮：將油皮材料拌勻，滾圓，蓋起來鬆弛。
3. 製作油酥：將油酥的材料拌勻，備用。
4. 將油酥整形成長方形，油皮擀成長方形包入油酥，三折三次，擀開，鬆弛。
5. 裁切、秤重，將四個角往中間折，包入冬瓜餡，壓至6公分。
6. 進烤箱，上火220℃／下火180℃，烤約20~25分鐘。

製作流程圖

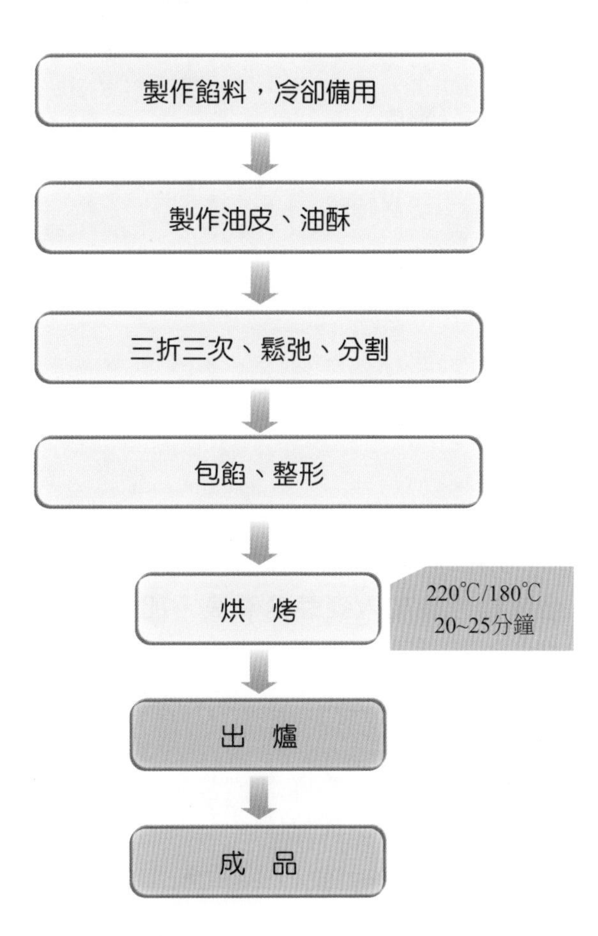

小技巧與注意事項

1. 秤油脂的時候，可以用塑膠袋包裹派盤秤取。
2. 使用往復式壓面機時可以灑點手粉，避免沾黏住滾輪。
3. 餡料製作時要注意軟硬度（糖度），太軟（太低）容易爆餡。
4. 製作時需適時的鬆弛，避免切割時麵糰回縮。

製作條件

- 製作方式：直接法。
- 使用工具：牛刀。
- 烤焙溫度：上火220℃／下火180℃。
- 烤焙時間：約20~25分鐘。

製作流程

1. 材料秤重，先製作內餡，將生冬瓜刨絲，炒至出水煮軟。將糖煮至焦糖色後加入麥芽糖煮滾，加入冬瓜炒至收乾，冷卻備用。

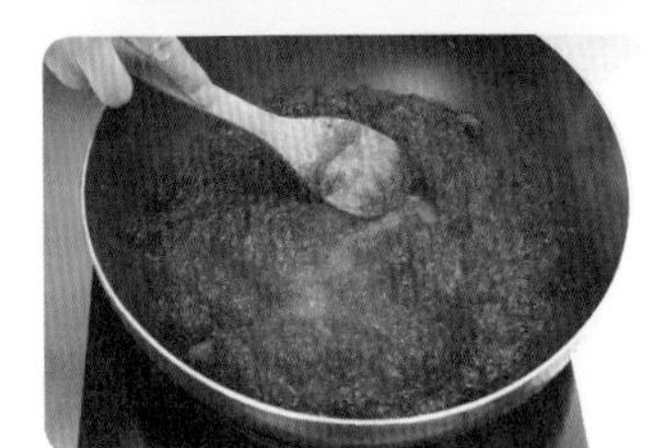

2. 製作油皮：將油皮材料拌匀，滾圓，蓋起來鬆弛。

3. 製作油酥：將油酥的材料拌匀，備用。

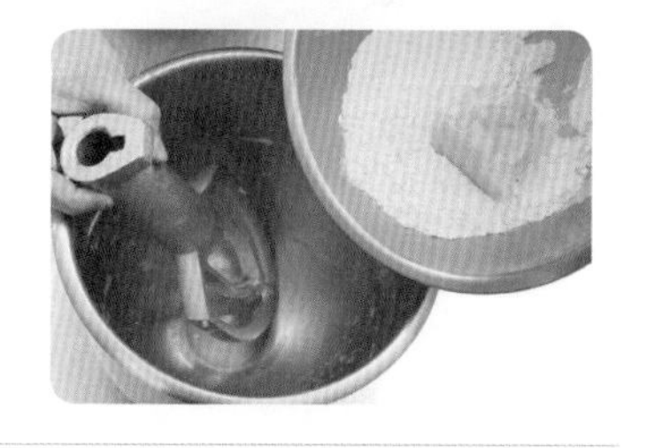

4. 將油酥整形成長方形，油皮擀成長方形包入油酥，三折三次，擀開後修邊。

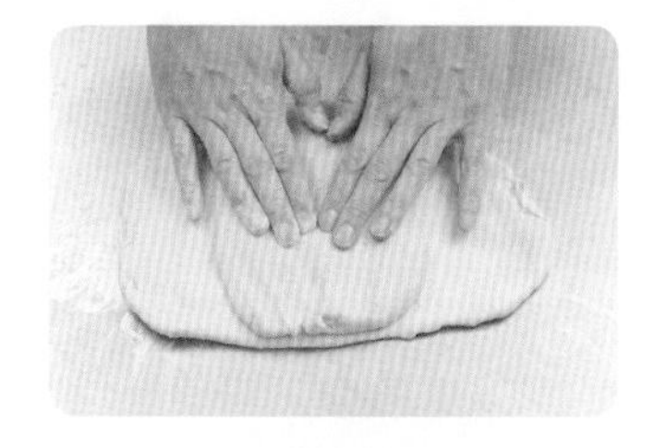

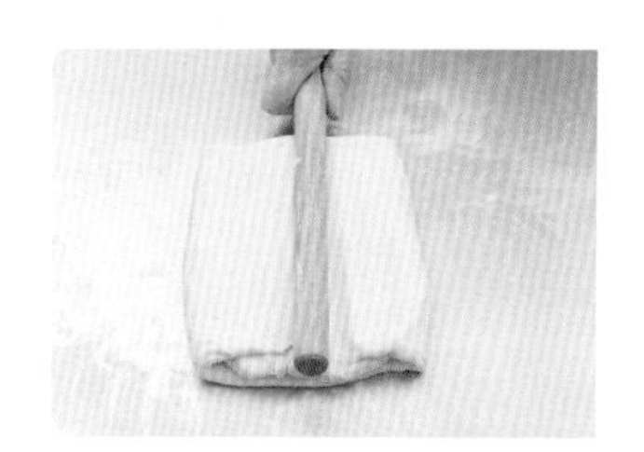

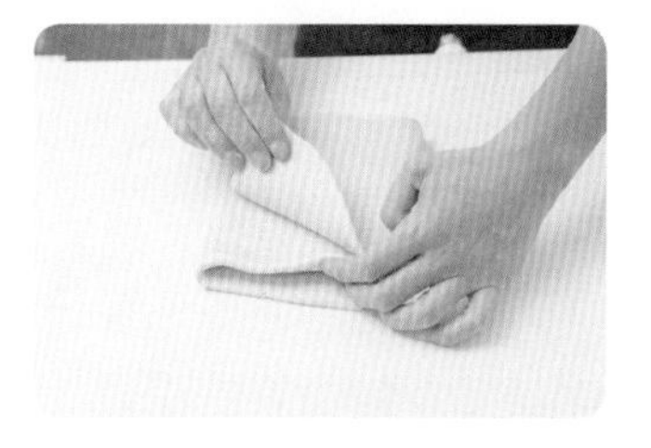

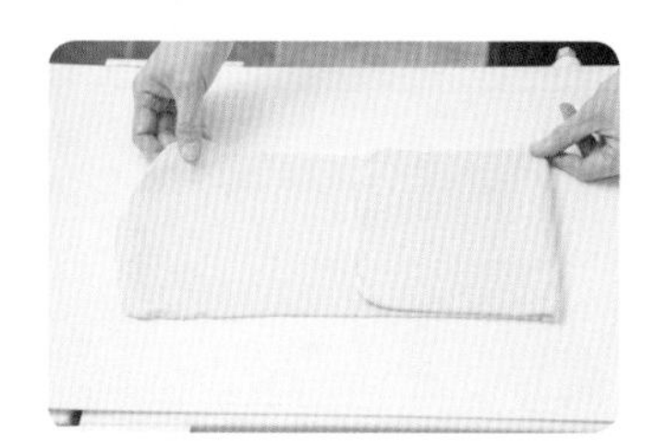

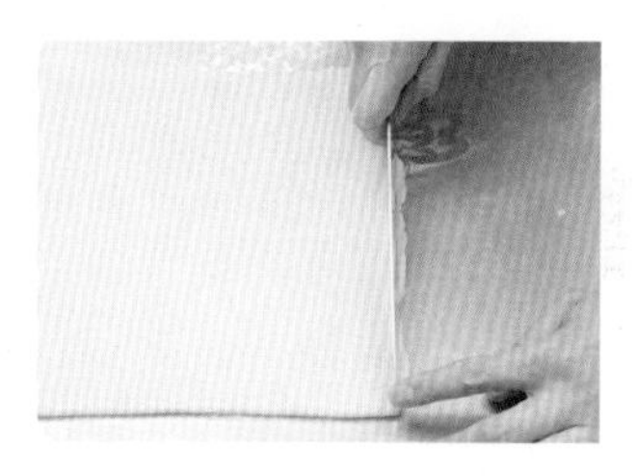

5. 裁切、秤量皮的重量27g，將四個角往中間折，包入冬瓜餡27g，壓至6公分。

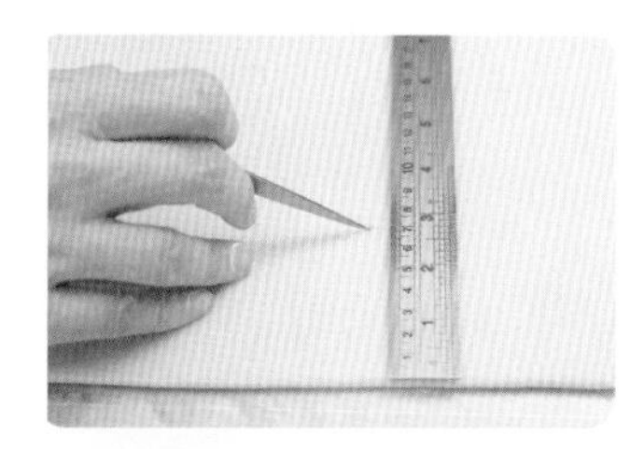

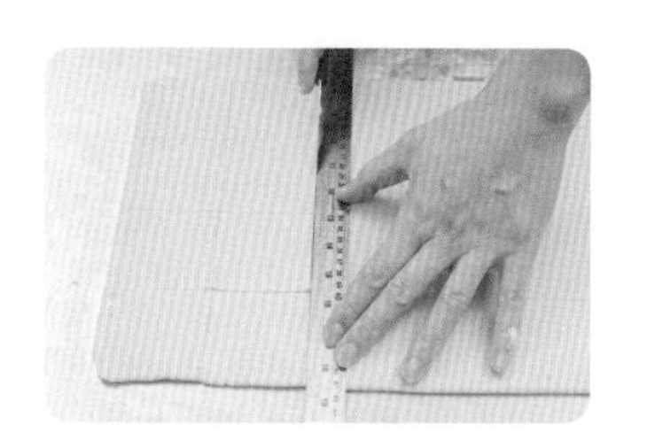

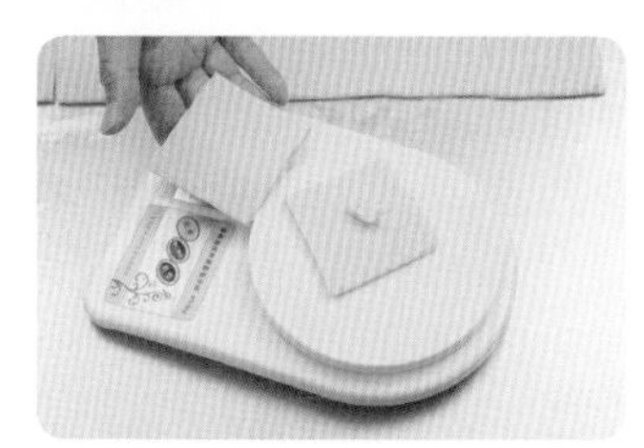

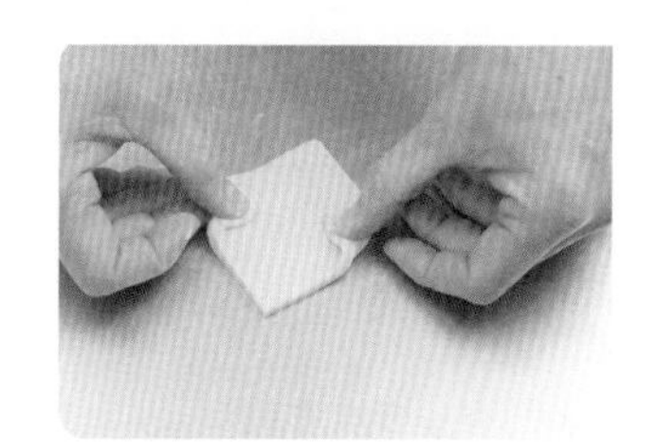

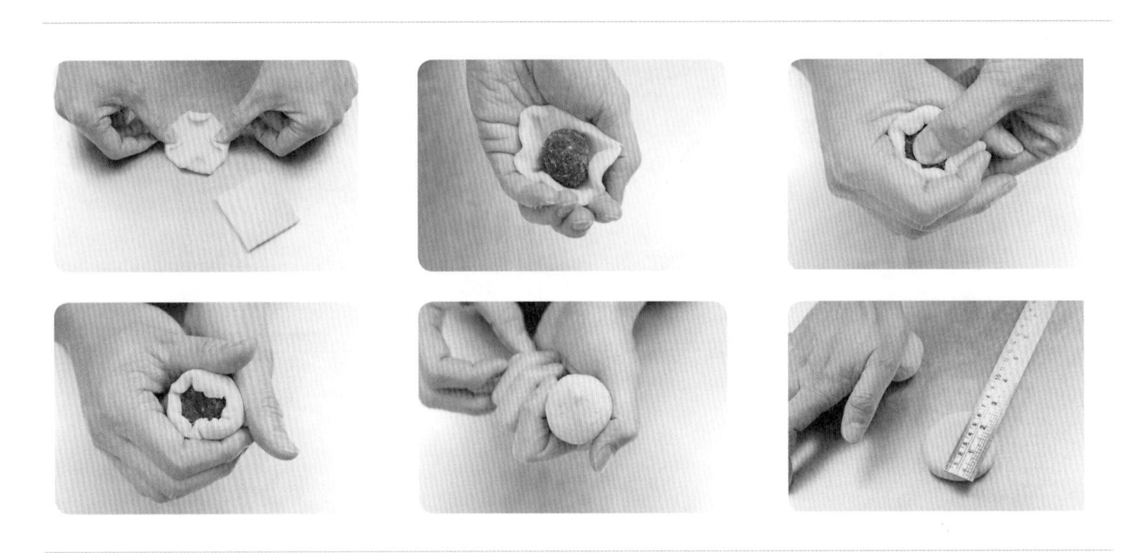

6. 進烤箱，上火220℃／下火180℃，烤約20~25分鐘。

Q餅 5-6

1. 製作每個成品重90±5公克，高1.5公分（含）以上的圓形Q餅（油皮：油酥：餡=2：1：4）35個。
2. 製作每個成品重90±5公克，高1.5公分（含）以上的圓形Q餅（油皮：油酥：餡=2：1：4）33個。
3. 製作每個成品重90±5公克，高1.5公分（含）以上的圓形Q餅（油皮：油酥：餡=2：1：4）31 個。

特別規定

1. 以大包酥方式製作，手工或往復式壓麵機壓延折疊，三折三次（含）以上，形成層次。
2. 內餡以烏豆沙包麻糬及肉脯，烏豆沙餡：麻糬：肉脯＝10：4：1。
3. 包餡前經監評人員抽測油酥皮：餡=3：4，並記錄蓋確認章。
4. 成品表皮可扎洞。
5. 表皮刷蛋水，底部沾黑芝麻，壓模成型。
6. 有下列情形之一者，以不良品計：成品重量不在規定範圍內，或成品尺寸不在規定範內，或內餡外溢（外表看到餡），或層次不明顯，或底部未膨脹麵皮超過0.2 公分。

使用材料表

項目	材料名稱	規格
1	烏豆沙餡	有油，Brix° 65±5
2	麵粉	高筋、中筋、低筋
3	麻糬	烘焙用
4	油脂	融點須36℃（含）以下之烤酥油（白油）、人造奶油或奶油
5	肉脯	
6	黑芝麻	
7	糖	細砂糖、糖粉
8	雞蛋	洗選蛋或液體蛋
9	鹽	精鹽

原料重量計算與步驟操作流程

原料		百分比%	數量		
			35個	33個	31個
油皮	中筋麵粉	100	529	498	483
	烤酥油（白油）	40	212	199	193
	糖粉	10	53	50	48
	水	45	238	224	217
	合計	195	1,032	971	941
油酥	低筋麵粉	100	343	324	304
	烤酥油（白油）	50	172	162	152
	合計	150	515	486	456
內餡	肉脯	1	129.5	122.1	114.7
	麻糬	4	525	495	465
	烏豆沙	10	1295	1221	1147
	合計	15	1949.5	1838.1	1726.7

計算

成品熟重：90±5公克

計算單個生重90g÷(1-5%)=95

計算個別比例生重

95÷(2+1+4)=14

皮：2×14=28公克

酥：1×14=14公克

餡：4×14=56公克

餡料比例=豆沙：麻糬：肉脯

=10：4：1

56÷(10+4+1)=3.7

豆沙：3.7×10=37公克

麻糬：3.7×4=15公克

肉脯：3.7×1=3.7公克

35個：

皮：28×35÷(1-5%)÷195=5.29

酥：14×35÷(1-5%)÷150=3.43

餡：

豆沙：37×35=1295

麻糬：15×35=525

肉脯：3.7×35=129.5

33個：

皮：28×33÷(1-5%)÷195=4.98

酥：14×33÷(1-5%)÷150=3.24

餡：

豆沙：37×33=1221

麻糬：15×33=495

肉脯：3.7×33=122.1

31個：

皮：28×31÷(1-5%)÷195=4.83

酥：14×31÷(1-5%)÷150=3.04

餡：

豆沙：37×31=1147

麻糬：15×31=465

肉脯：3.7×31=114.7

操作流程

1. 材料秤重，先製作內餡，將豆沙包入麻糬、肉脯滾圓備用。
2. 製作油皮：將油皮材料拌勻，滾圓，蓋起來鬆弛
3. 製作油酥：將油酥的材料拌勻，備用。
4. 將油酥整形成長方形，油皮擀成長方形包入油酥，三折三次，擀開，鬆弛。
5. 裁切、將四個角往中間折、壓扁、包入內餡。
6. 將底部粘芝麻、表面刷上蛋黃液，進烤箱，上火220℃／下火180℃，烤約20~25分鐘。

製作流程圖

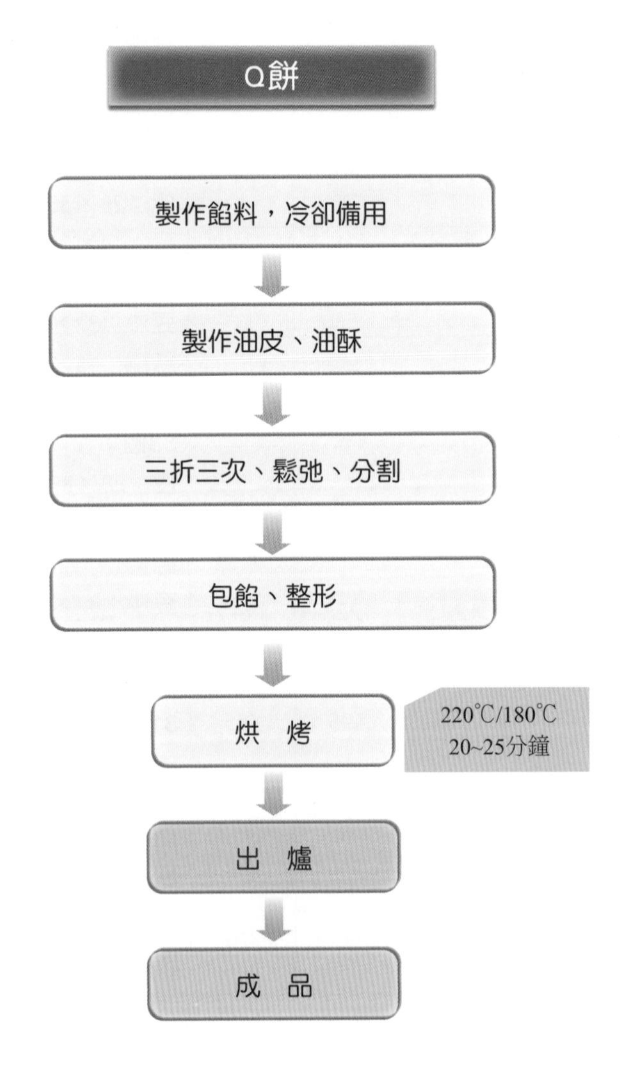

小技巧與注意事項

1. 秤油脂的時候，可以用塑膠袋包裹派盤秤取。
2. 使用往復式壓面機時可以灑點手粉，避免沾黏住滾輪。
3. 餡料製作時要注意軟硬度（糖度），太軟（太低）容易爆餡。
4. 製作時需適時的鬆弛，避免切割時麵糰回縮。

製作條件

- 製作方式：直接法。
- 使用工具：牛刀。
- 烤焙溫度：上火220℃／下火180℃。
- 烤焙時間：約20~25分鐘。

製作流程

1. 材料秤重，先製作內餡，將豆沙(37g)包入麻糬(15g)、肉脯(4g)滾圓備用。

2. 製作油皮：將油皮材料拌勻，滾圓，蓋起來鬆弛。

3. 製作油酥：將油酥的材料拌勻，備用。

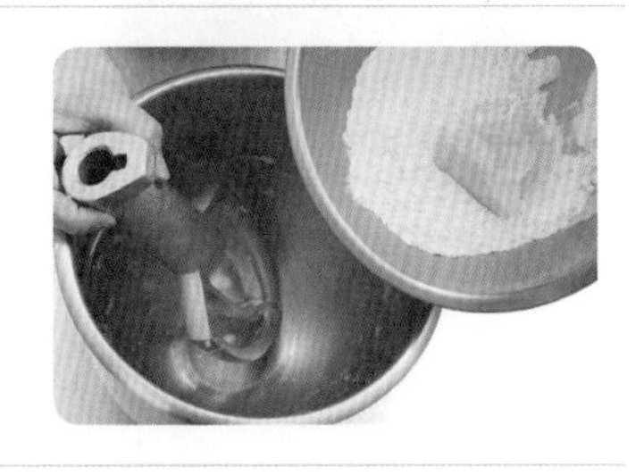

4. 將油酥整形成長方形，油皮擀成長方形包入油酥，三折三次，擀開後修邊。

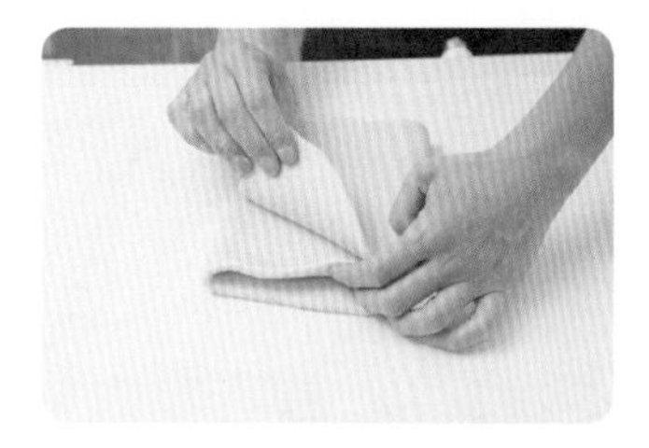

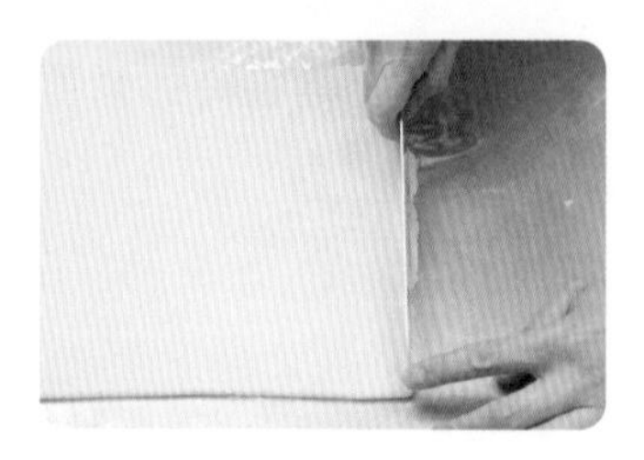

5. 裁切、將四個角往中間折、壓扁、包入內餡。

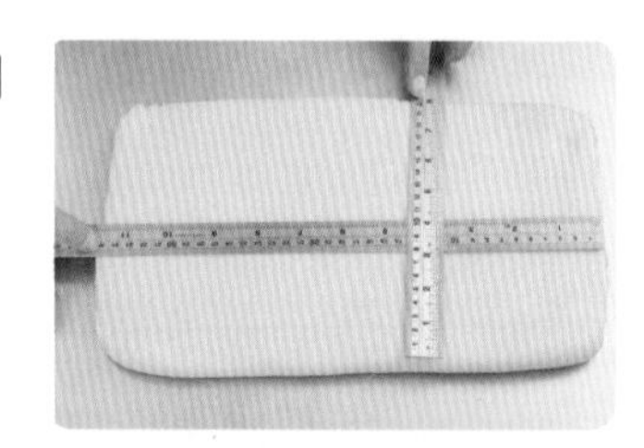
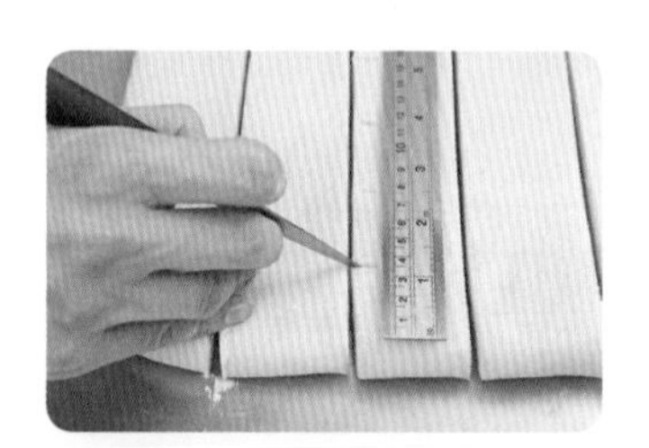

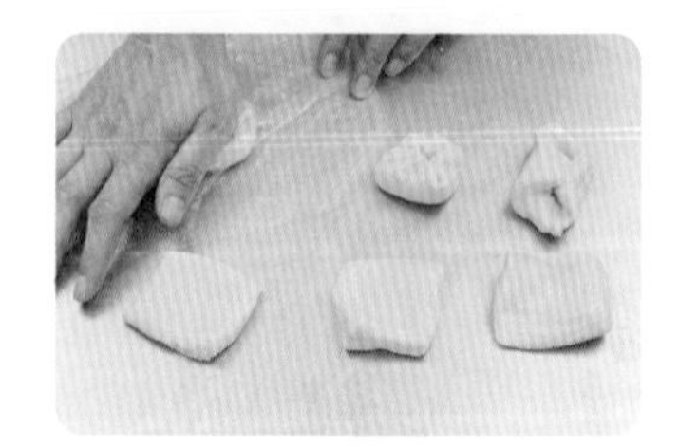
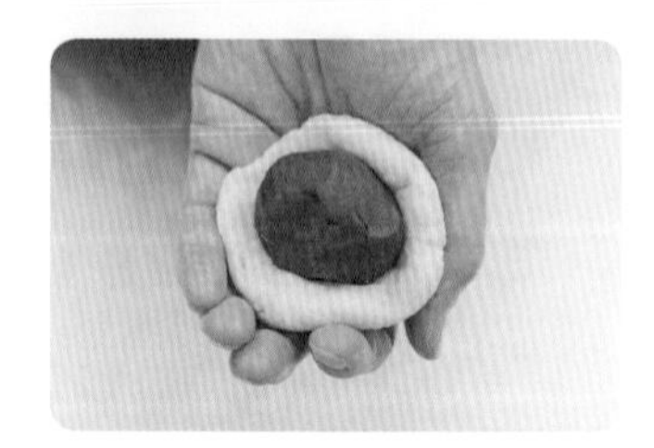

6. 將底部粘芝麻、表面刷上蛋黃液，進烤箱，上火220℃／下火180℃，烤約20~25分鐘。

5-7 香蕉酥

077-1090204G

題目

1. 製作每個成品重35±2公克雙面烤焙的香蕉酥（皮：餡＝3：2）36個。
2. 製作每個成品重35±2公克雙面烤焙的香蕉酥（皮：餡＝3：2）33個。
3. 製作每個成品重35±2公克雙面烤焙的香蕉酥（皮：餡＝3：2）30個。

特別規定

1. 以糕皮方式製作，壓模成型。
2. 自調香蕉餡為香蕉泥配白豆沙焙炒製作，焙炒前香蕉泥含量需佔餡料總重51%以上。軟硬度自行焙炒調整，包餡前經監評人員測定糖度並記錄蓋確認章。
3. 產品須放在同一烤盤，雙面烤焙需有翻面動作。
4. 有下列情形之一者，以不良品計：成品重量不在規定範圍內，或外觀邊緣不平整，或成品表皮裂開10%（含）以上，或內餡外溢（外表看到餡）。

使用材料表

項目	材料名稱	規格
1	帶皮香蕉	黃色成熟香蕉
2	麵粉	中筋、低筋
3	白豆沙餡	無油，Brix° 70±5
4	油脂	烤酥油、人造奶油或奶油
5	雞蛋	洗選蛋或液體蛋
6	糖	細砂糖、糖粉
7	奶粉	脫脂或全脂
8	鹽	精鹽
9	膨脹劑	發粉、小蘇打

原料重量計算與步驟操作流程

原料		百分比%	數量			計算
			36個	33個	30個	
糕皮	低筋麵粉	100	351	322	293	成品熟重：35±2公克
	烤酥油（白油）	65	228	209	190	計算單個生重35g÷(1-5%)=37
	糖粉	40	140	129	117	計算個別比例生重37÷(3+2)=7.4
	奶粉	10	35	32	29	皮：3×7.4=22.2公克
	鹽	1	4	3	3	餡：2×7.4=14.8公克
	雞蛋	22	77	71	64	**36個：** 皮：22.2×36÷(1-5%)÷239=3.51 餡：14.8×36÷(1-5%)÷100=5.6
	發粉	1	4	3	3	**33個：** 皮：22.2×33÷(1-5%)÷239=3.22 餡：14.8×33÷(1-5%)÷100=5.14
	合計	239	839	769	699	**30個：** 皮：22.2×30÷(1-5%)÷239=2.93 餡：14.8×30÷(1-5%)÷100=4.67
內餡	香蕉泥	52	291	267	243	
	白豆沙	48	269	247	224	
	合計	100	560	514	647	

操作流程

1. 材料秤重，先製作內餡，將白豆沙、香蕉泥拌勻過篩，炒至收乾，冷卻備用。
2. 製作糕皮：將糖粉、奶粉、鹽、烤酥油（白油）拌勻，蛋分次加入拌勻，再加入粉類攪拌均勻，蓋起來鬆弛。
3. 分割、取糕皮沾粉防黏，包入餡料後搓成橢圓形，壓入模型。
4. 進烤箱，上火220℃／下火180℃，烤約10~12分鐘翻面，總共烤15~18分鐘。

製作流程圖

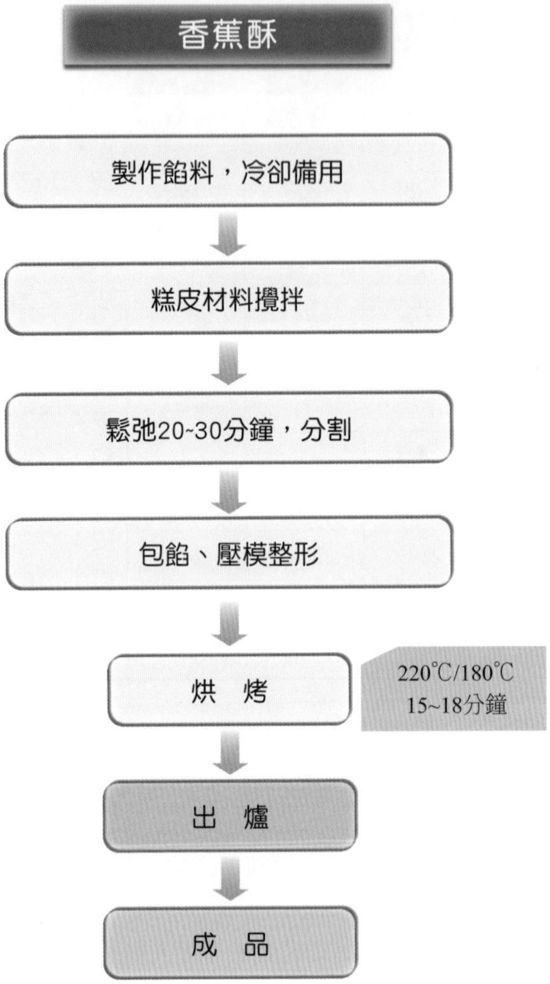

香蕉酥

製作餡料，冷卻備用

↓

糕皮材料攪拌

↓

鬆弛20~30分鐘，分割

↓

包餡、壓模整形

↓

烘　烤（220℃/180℃ 15~18分鐘）

↓

出　爐

↓

成　品

小技巧與注意事項

1. 秤油脂的時候，可以用塑膠袋包裹派盤秤取。
2. 糕皮冰冷藏鬆弛較好操作。
3. 餡料製作時要注意軟硬度（糖度），太軟（太低）容易爆餡。

製作條件

- 製作方式：直接法。
- 使用模具：臺灣模型
- 烤焙溫度：上火220℃／下火180℃。
- 烤焙時間：約15~18分鐘。

Chapter 05

製作流程

1. 材料秤重，先製作內餡，將白豆沙、香蕉泥拌勻過篩，炒至收乾，冷卻備用。

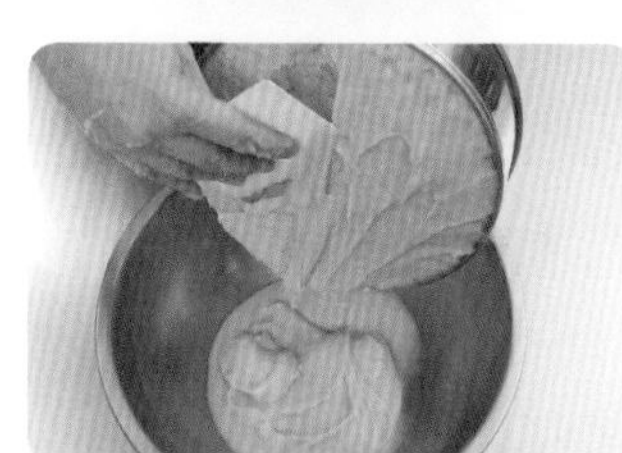

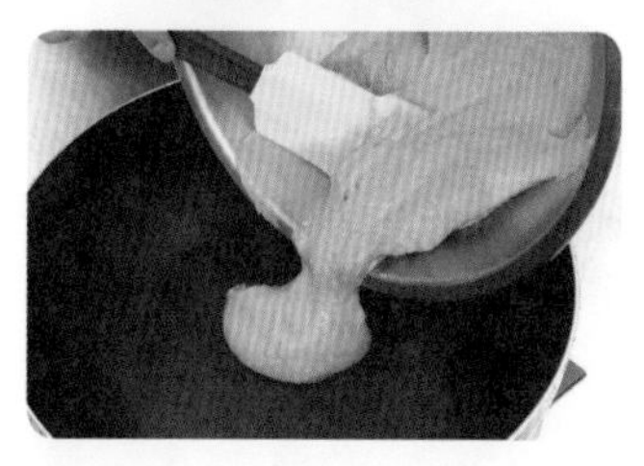

2. 製作糕皮：將糖粉、奶粉、鹽、烤酥油（白油）拌匀，蛋分次加入拌匀，再加入粉類攪拌均匀，蓋起來鬆弛。

3. 分割（分割重量：皮22.2g／餡14.8g）、取糕皮沾粉防黏，包入餡料後搓成橢圓形，壓入模型。

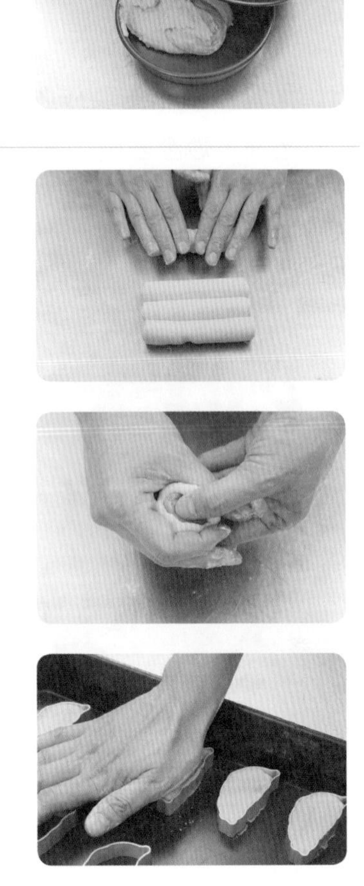

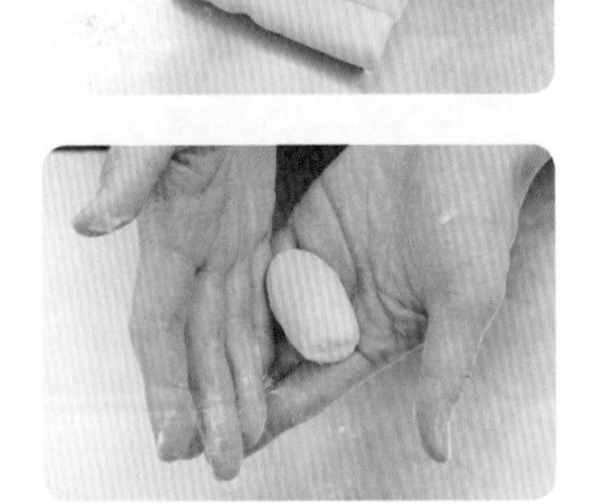

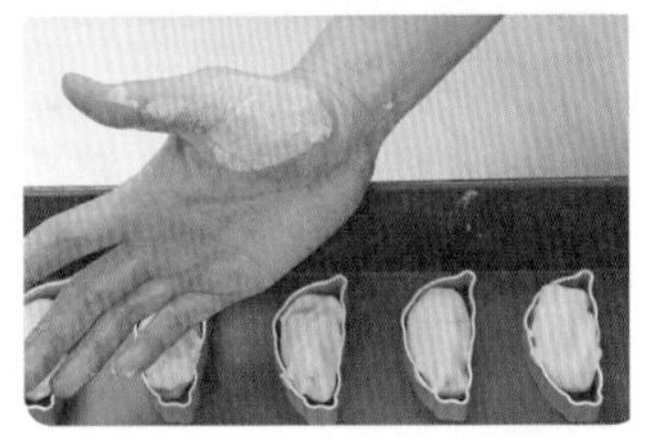

4. 進烤箱，上火220℃／下火180℃，烤約10~12分鐘翻面，總共烤15~18分鐘。

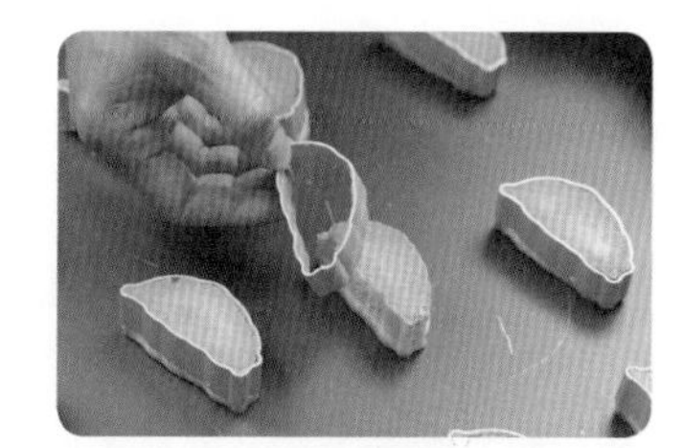

MEMO

5-8 蜂蜜口味牛舌餅

1. 製作每個成品重80±5公克，長x寬 x 厚＝15±1x6±0.5x1±0.2公分，長條橢圓形雙面烤焙的蜂蜜口味牛舌餅（油皮：油酥：餡＝2：1：2）26個。
2. 製作每個成品重80±5公克，長x寬 x 厚＝15±1x6±0.5x1±0.2公分，長條橢圓形雙面烤焙的蜂蜜口味牛舌餅（油皮：油酥：餡＝2：1：2）28個。
3. 製作每個成品重80±5公克，長x寬 x 厚＝15±1x6±0.5x1±0.2公分，長條橢圓形雙面烤焙的蜂蜜口味牛舌餅（油皮：油酥：餡＝2：1：2）30個。

特別規定

1. 以小包酥方式製作。
2. 包餡前經監評人員抽測油酥皮：餡=3：2，並記錄蓋確認章。
3. 雙面烤焙需有翻面動作。
4. 有下列情形之一者，以不良品計：成品重量不在規定範圍內，或成品尺寸不在規定範圍內，或層次不明顯，或內餡外溢（外表看到餡），或未膨脹麵皮超過0.2公分。

使用材料表

項目	材料名稱	規格
1	麵粉	中筋、低筋
2	糖	細砂糖、糖粉
3	油脂	融點須36℃（含）以下之烤酥油、人造奶油或奶油
4	蜂蜜	
5	糕仔粉	熟蓬萊米穀粉
6	澱粉	樹薯澱粉或馬鈴薯澱粉
7	鹽	精鹽

原料重量計算與步驟操作流程

原料		百分比%	數量		
			26個	28個	30個
油皮	中筋麵粉	100	470	500	540
	烤酥油（白油）	40	188	200	216
	糖粉	10	47	50	54
	水	45	212	225	243
	合計	195	917	975	1,053
油酥	低筋麵粉	100	300	330	350
	油酥	50	150	165	175
	合計	100	450	495	525
內餡	酥油	25	68	73	78
	蜂蜜	60	162	174	186
	鹽	1	3	3	3
	糖粉	100	270	290	310
	水	30	81	87	93
	糕仔粉	16	43	47	50
	樹薯粉	8	22	23	25
	低粉	100	270	290	310
	合計	340	919	987	1,055

計算

成品熟重：80±5公克

計算單個生重80g÷(1-5%)=84

計算個別比例生重

84÷(2+1+2)=16.8

皮：2×16.8=33.6公克

酥：1×16.8=16.8公克

餡：2×16.8=33.6公克

26個：

皮：33.6×26÷(1-5%)÷195=4.7

酥：16.8×26÷(1-5%)÷150=3

餡：33.6×26÷(1-5%)÷340=2.7

28個：

皮：33.6×28÷(1-5%)÷195=5

酥：16.8×28÷(1-5%)÷150=3.3

餡：33.6×28÷(1-5%)÷340=2.9

30個：

皮：33.6×30÷(1-5%)÷195=5.4

酥：16.8×30÷(1-5%)÷150=3.5

餡：33.6×30÷(1-5%)÷340=3.1

操作流程

1. 材料秤重，先製作內餡，將糖粉、烤酥油（白油）、鹽拌勻，加入蜂蜜拌勻，粉類過篩加入拌勻備用。
2. 製作油皮：將油皮材料拌勻，蓋起來鬆弛。
3. 製作油酥：將油酥的材料拌勻，備用。
4. 油皮、油酥分割，油皮壓扁包入油酥，鬆弛。
5. 將麵糰壓扁擀捲一次，鬆弛，再擀捲第二次折三折，鬆弛備用
6. 壓扁包入內餡，搓至橢圓形，擀開。
7. 進烤箱，上火220℃／下火180℃，烤約20~25分鐘。

製作流程圖

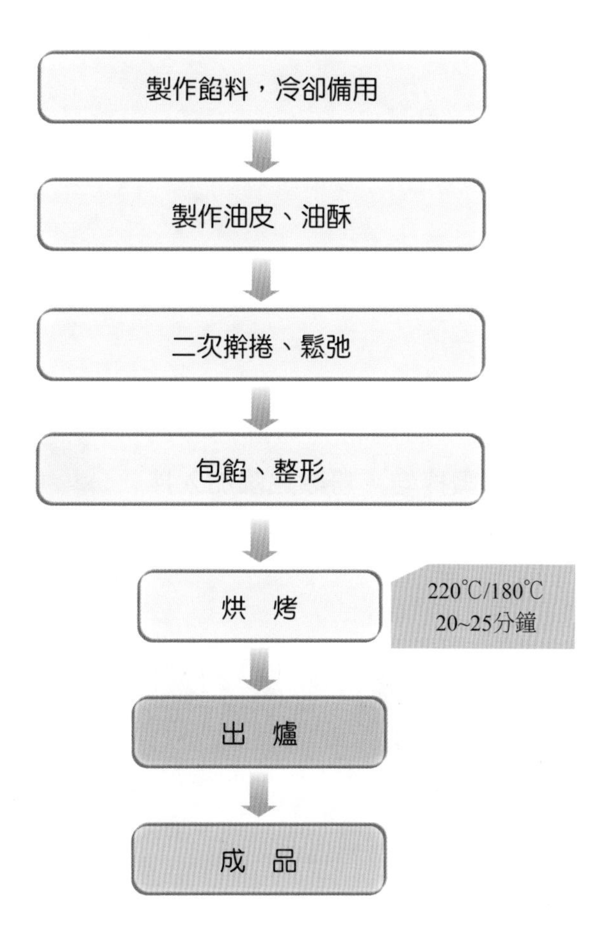

小技巧與注意事項

1. 秤油脂的時候，可以用塑膠袋包裹派盤秤取。
2. 二次擀捲鬆弛時間要足夠。避免收縮太嚴重。
3. 餡料製作時要注意軟硬度（糖度），太軟（太低）容易爆餡。

製作條件

· 製作方式：直接法。
· 烤焙溫度：上火220℃／下火180℃。
· 烤焙時間：約20~25分鐘。

製作流程

1. 材料秤重，先製作內餡，將糖粉、烤酥油（白油）、鹽拌勻，加入蜂蜜拌勻，粉類過篩加入拌勻備用。

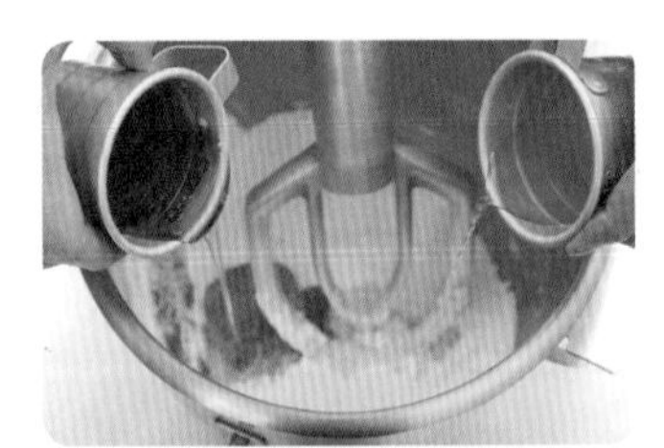

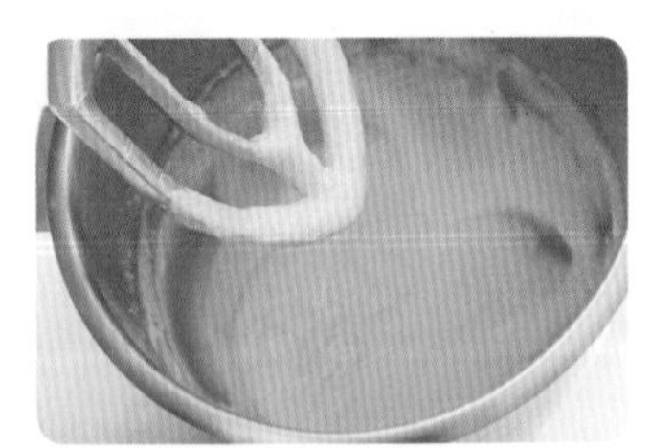

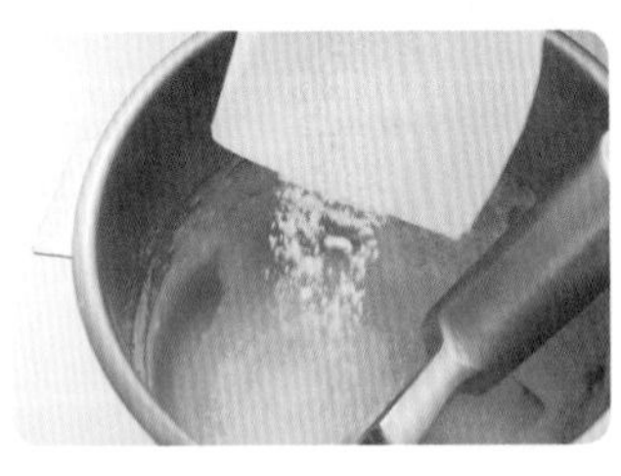

2. 製作油皮：將油皮材料拌勻，蓋起來鬆弛。

3. 製作油酥：將油酥的材料拌勻，備用。

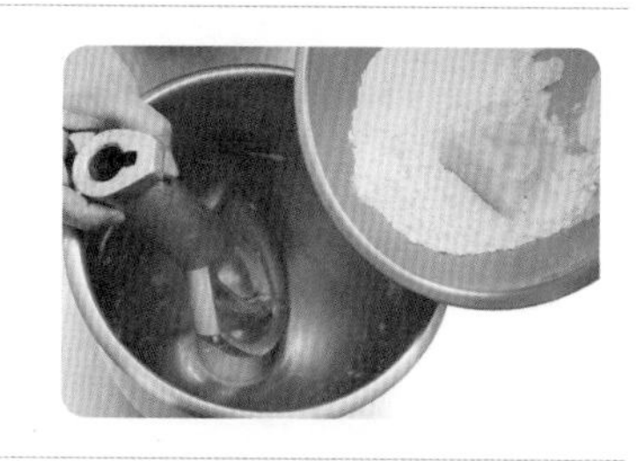

4. 油皮、油酥分割（分割重量：油皮33.6g／油酥16.8g），油皮壓扁包入油酥，鬆弛。

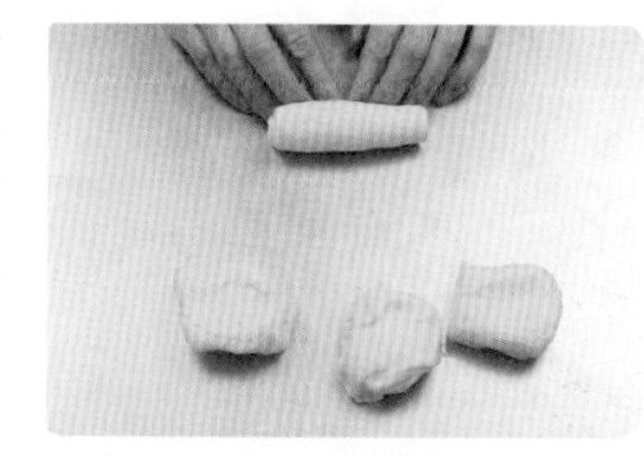
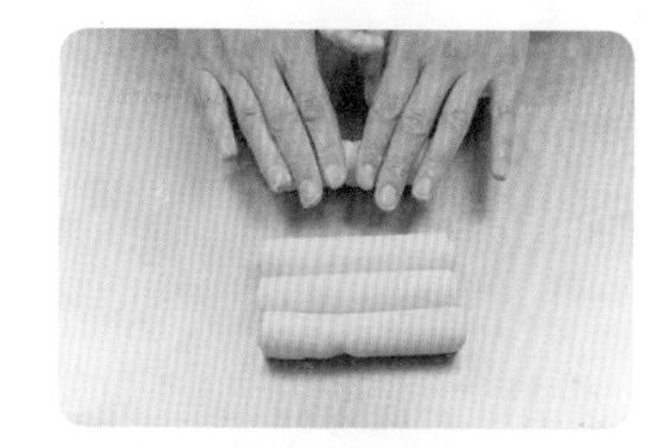
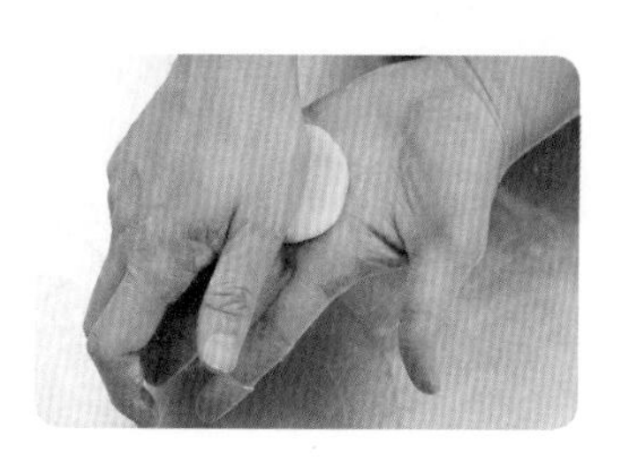
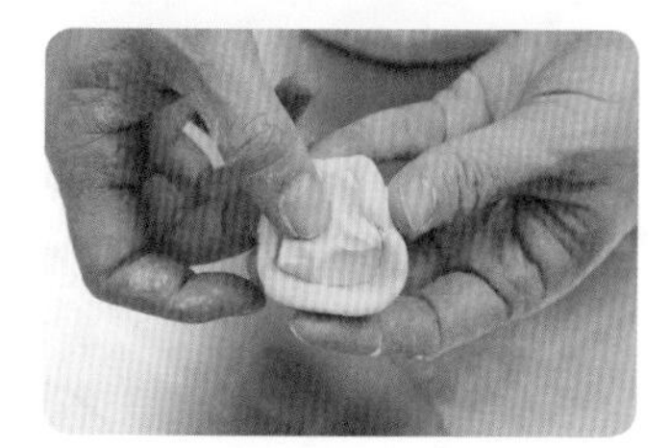
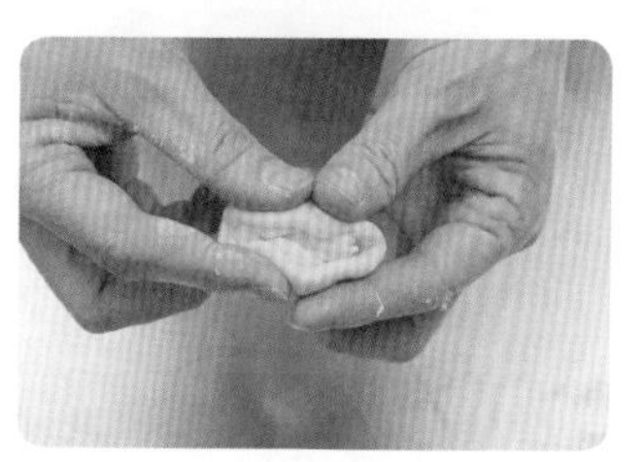

5. 將麵糰壓扁擀捲一次，鬆弛，再擀捲第二次折三折，鬆弛備用

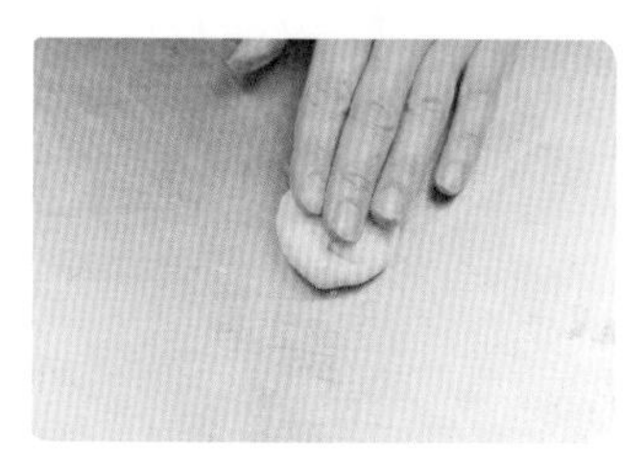
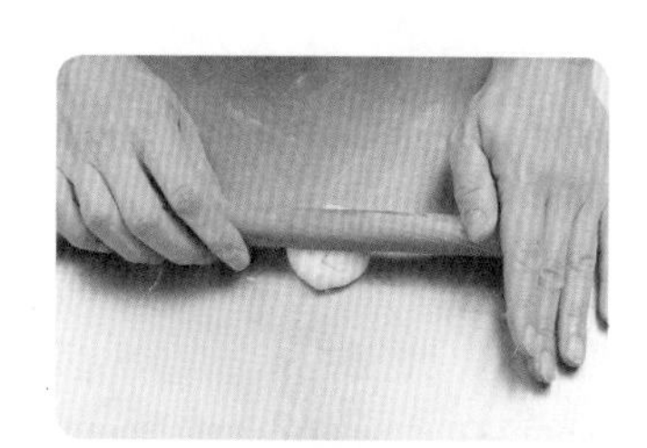
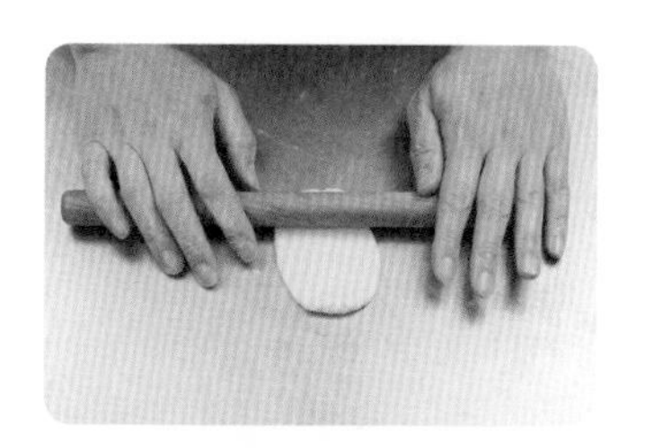
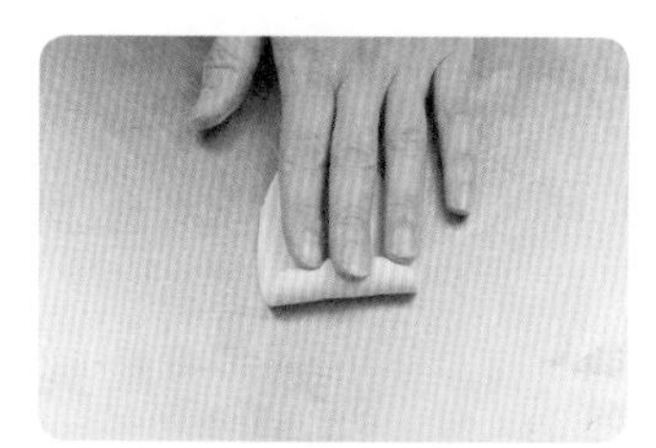
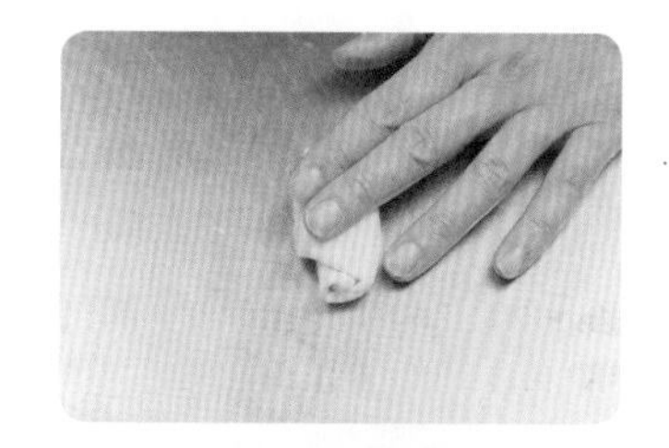
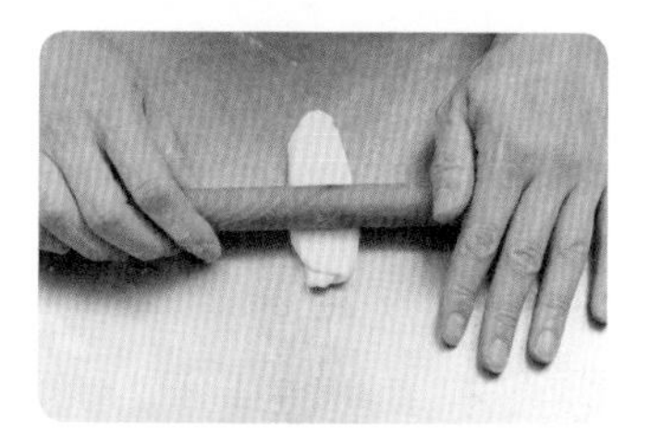
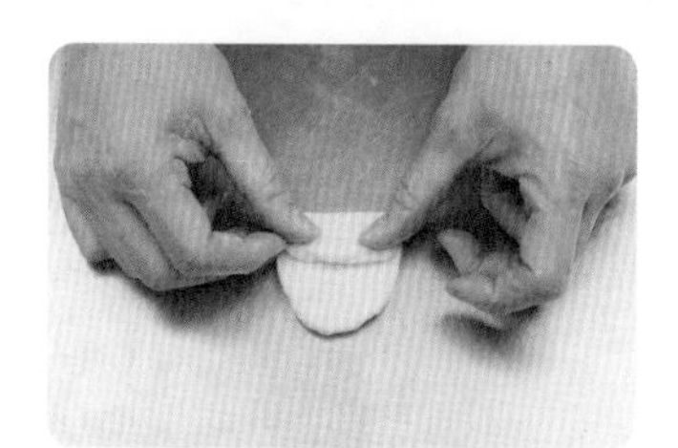
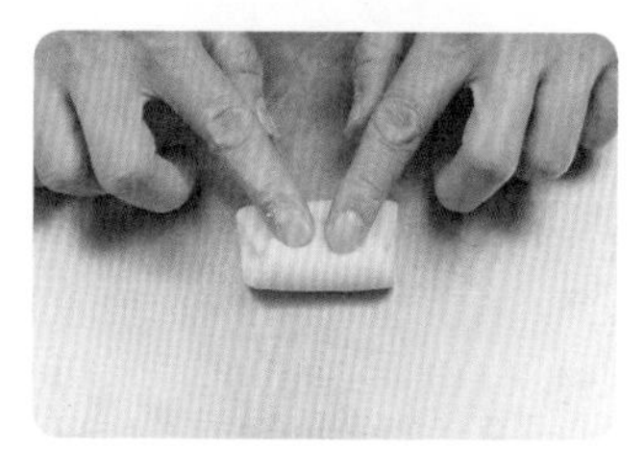

6. 將皮壓扁包入內餡(33.6g)，搓至橢圓形，擀開。

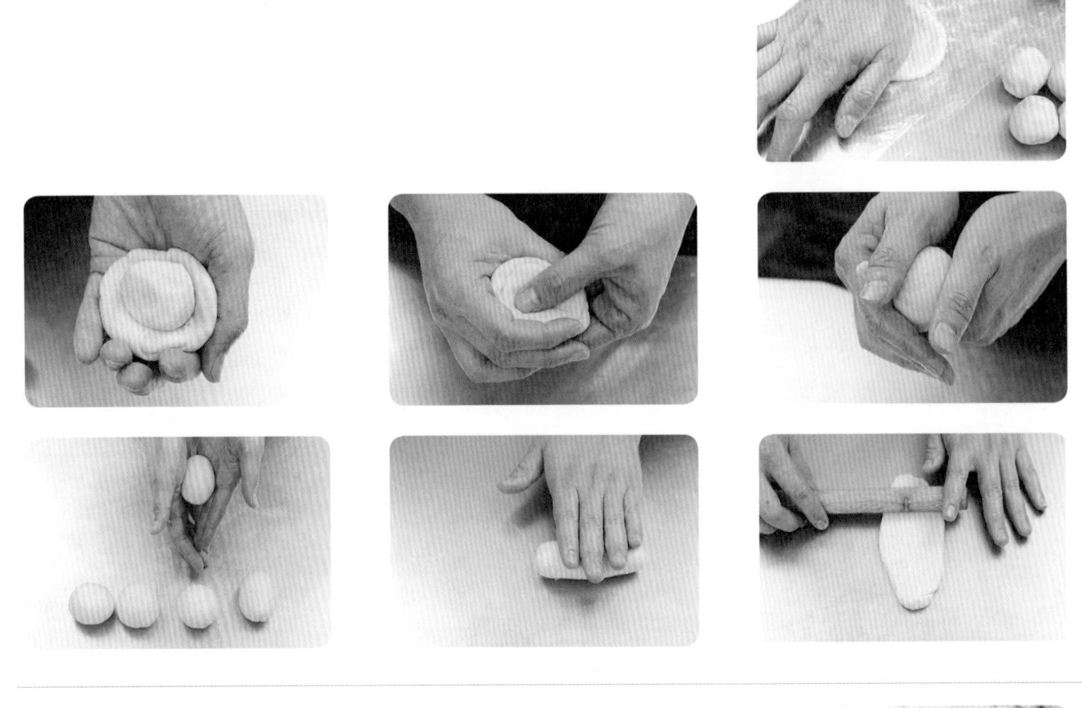

7. 進烤箱，上火220℃／下火180℃，烤約20~25分鐘。

MEMO

竹塹餅 5-9

1. 製作每個成品重70±2公克，直徑8±1公分，高1.5公分（含）以上的圓形竹塹餅（皮：餡=1：3）40個。
2. 製作每個成品重70±2公克，直徑8±1公分，高1.5公分（含）以上的圓形竹塹餅（皮：餡=1：3.5）40個。
3. 製作每個成品重70±2公克，直徑8±1公分，高1.5公分（含）以上的圓形竹塹餅（皮：餡=1：4）40個。

特別規定

1. 餅皮油脂含量佔麵粉比例30%以上。
2. 餡料配方制定肥豬肉加冬瓜糖需占餡料總重50%（含）以上，若需使用熟麵粉製作，由應檢人自製。
3. 產品底部須沾白芝麻，表面刷蛋液後烤焙。
4. 有下列情形之一者，以不良品計：成品重量不在規定範圍內，或成品尺寸不在規定範圍內，或白芝麻覆蓋未達底部表面積90%，或刷蛋液未達上皮表面積80%，或側邊裂紋長度超過1公分，或側邊爆裂餡料漏出，或表面無裂紋，或裂紋長度小於1 公分，或裂紋寬度超過0.6公分，或不呈圓形（直徑大小差異超過1公分）。

使用材料表

項目	材料名稱	規格
1	肥豬肉	絞碎背脂肉（俗稱板油），不可有筋
2	麵粉	中筋、低筋
3	冬瓜條	
4	白芝麻	
5	麥芽糖	Brix° 75±5
6	油蔥酥	
7	油脂	融點須36℃（含）以下之烤酥油、人造奶油或奶油
8	蜂蜜	
9	雞蛋	洗選蛋或液體蛋
10	鹽	精鹽

原料重量計算與步驟操作流程

原料		百分比%	數量		
			1:3	1:3.5	1:4
油皮	低筋麵粉	100	400	360	330
	烤酥油（白油）	31	124	112	102
	蜂蜜	31	124	112	102
	麥芽糖	23	92	83	76
	雞蛋	5	20	18	17
	合計	190	760	685	627
內餡	肥豬肉	100	410	370	330
	冬瓜條	75	308	278	248
	油蔥酥	50	205	185	165
	白芝麻	35	144	130	116
	麥芽糖	40	164	148	132
	熟麵粉	55	226	204	182
	水	20	82	74	66
	合計	375	1,539	1,389	1,239

計算
成品熟重：70±2公克
計算單個生重70g÷(1-5%)=73.7
計算個別比例生重
73.7÷(1+3)=18.4
73.7÷(1+3.5)=16.4
73.7÷(1+4)=14.7
皮(1：3)：1×18.4=18.4公克
餡(1：3)：2×18.4=36.8公克
皮(1：3.5)：1×16.4=16.4公克
餡(1：3.5)：2×16.4=32.8公克
皮(1：4)：1×14.7=14.7公克
餡(1：4)：2×14.7=29.4公克
(1：3)40個：
皮：18.4×40÷(1-5%)÷190=4
餡：36.8×40÷(1-5%)÷375=4.1
(1：3.5)40個：
皮：16.4×40÷(1-5%)÷190=3.6
餡：32.8×40÷(1-5%)÷375=3.7
(1：4)40個：
皮：14.7×40÷(1-5%)÷190=3.25
餡：29.4×40÷(1-5%)÷375=3.3

操作流程

1. 材料秤重，先製作內餡，將冬瓜條打軟後加入肥豬肉、油蔥酥、白芝麻、熟麵粉、水拌勻，加入麥芽糖拌勻備用。
2. 製作油皮：將糖粉、烤酥油（白油）拌勻，蛋、麥芽糖、蜂蜜拌勻分次加入，加入粉類攪拌均勻，蓋起來鬆弛。
3. 分割、取油皮沾粉防黏，包入餡料後搓成圓形。
4. 壓扁，底部粘白芝麻，表面刷蛋液
5. 進烤箱，上火220℃／下火180℃，烤約20~25分鐘。

製作流程圖

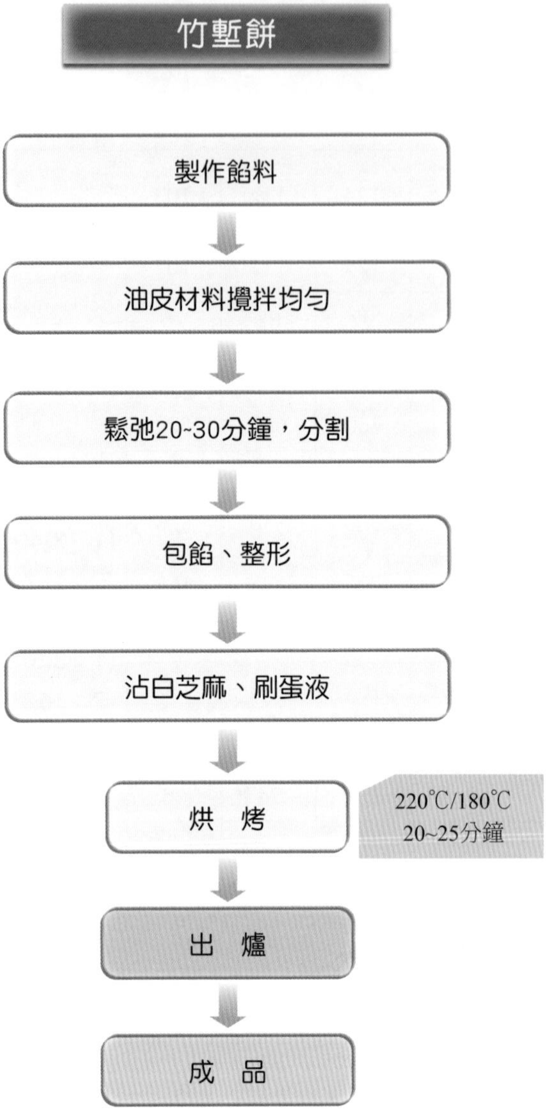

竹塹餅

製作餡料

↓

油皮材料攪拌均勻

↓

鬆弛20~30分鐘，分割

↓

包餡、整形

↓

沾白芝麻、刷蛋液

↓

烘　烤（220℃/180℃　20~25分鐘）

↓

出　爐

↓

成　品

小技巧與注意事項

1. 秤油脂的時候，可以用塑膠袋包裹派盤秤取。
2. 油皮食鬆弛時間要足夠。避免收縮。
3. 餡料製作時要注意軟硬度（糖度），太軟（太低）容易爆餡。

製作條件

- 製作方式：直接法。
- 烤焙溫度：上火220℃／下火180℃。
- 烤焙時間：約20~25分鐘。

製作流程

1. 材料秤重，先製作內餡，將冬瓜條打軟後加入肥豬肉、油蔥酥、白芝麻、熟麵粉、水拌勻，加入麥芽糖拌勻備用。

◎ 熟麵粉製法：麵粉用烤箱上火150℃／下火150℃，烤約15~30分鐘。

2. 製作油皮：將糖粉、烤酥油（白油）拌勻，蛋、麥芽糖、蜂蜜拌勻分次加入，加入粉類攪拌均勻，蓋起來鬆弛。

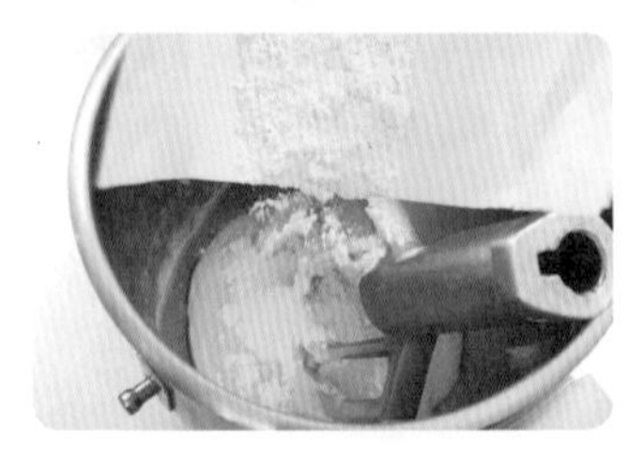

3. 分割（分割重量依抽題而異），取油皮沾粉防黏，包入餡料後搓成圓形。

◎ 註：可用手壓開餅皮，亦可用容器隔塑膠袋壓扁。

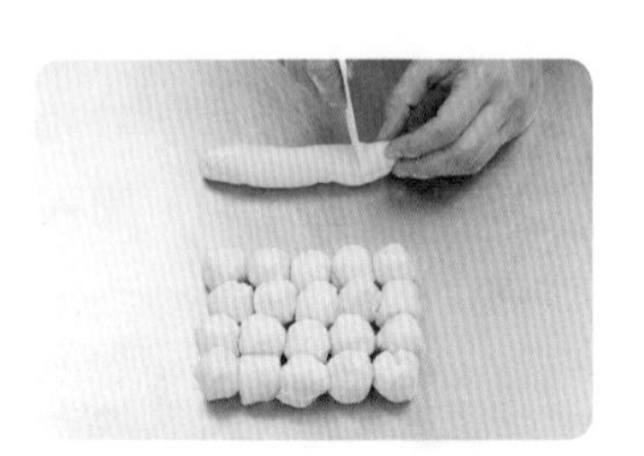

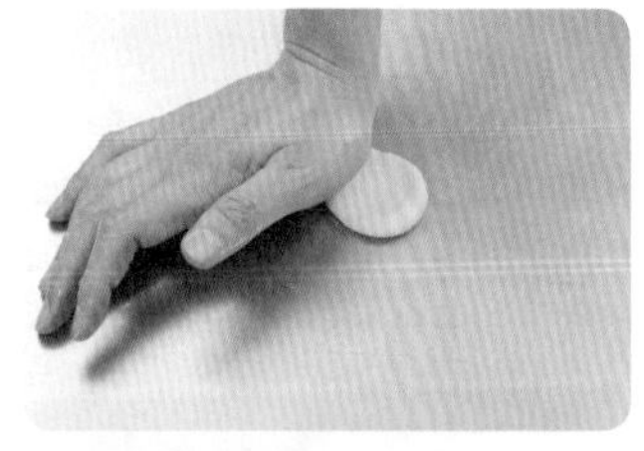

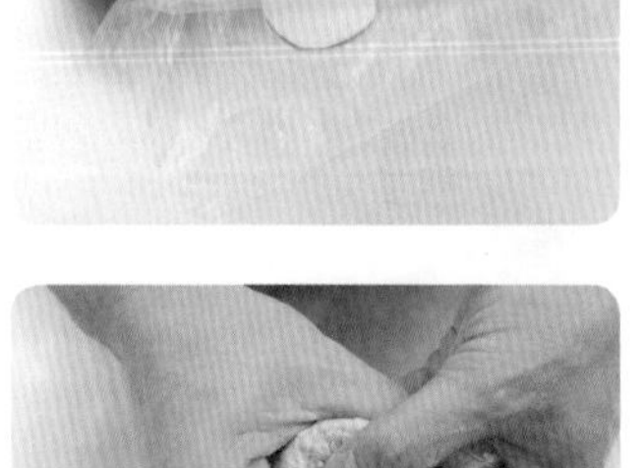

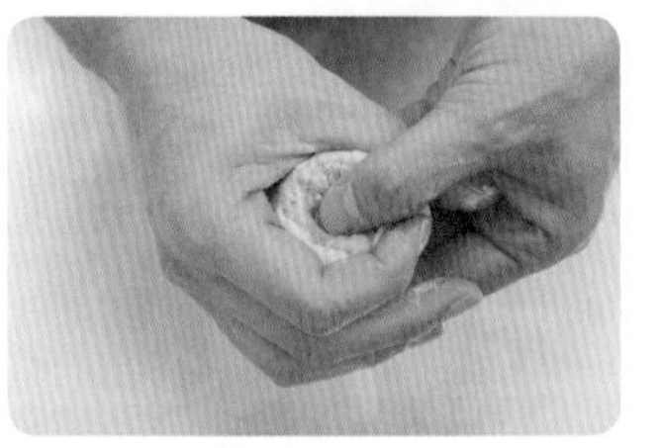

4. 壓扁，底部粘白芝麻，表面刷蛋液。

5. 進烤箱，上火220℃／下火180℃，烤約20~25分鐘。

MEMO

Chapter 05

5-10 肚臍餅

1. 製作每個成品重50±2公克，直徑5.5±0.5公分，中央頂部餡料凸出的圓形肚臍餅（皮：餡=1：2.5）40個。
2. 製作每個成品重50±2公克，直徑5.5±0.5公分，中央頂部餡料凸出的圓形肚臍餅（皮：餡=1：2.5）44個。
3. 製作每個成品重50±2公克，直徑5.5±0.5公分，中央頂部餡料凸出的圓形肚臍餅（皮：餡=1：2.5）48個。

特別規定

1. 餅皮以重油皮製作（油脂含量占麵粉比例30%（含）以上）。
2. 餡料（無油綠豆沙：地瓜泥=1：1）由應檢人自製，軟硬度由應檢人自行焙炒。
3. 成品中央頂部餡料應凸出，凸出餡料應高出餅皮最高點0.5公分（含）以上。
4. 有下列情形之一者，以不良品計：成品重量不在規定範圍內，或成品尺寸不在規定範圍內，或成品側面、底部內餡外溢（外表看到餡），或凸出內餡偏斜，或餅皮收口直徑超過3公分，或餅皮裂開長度超過1公分。

使用材料表

項目	材料名稱	規格
1	黃心地瓜	蒸熟黃地瓜塊2~5公分
2	綠豆沙餡	無油，Brix° 70±5
3	麵粉	中筋、低筋
4	油脂	融點須36℃（含）以下之烤酥油、人造奶油或奶油
5	糖	細砂糖、糖粉
6	鹽	精鹽

原料重量計算與步驟操作流程

原料		百分比%	數量		
			40個	44個	48個
油皮	中筋麵粉	100	341	375	409
	烤酥油（白油）	40	137	150	164
	糖粉	5	17	19	20
	水	40	137	150	164
	合計	185	632	694	757
內餡	綠豆沙	100	789	868	947
	熟黃地瓜	100	789	868	947
	合計	200	1,578	1,736	1,894

計算

成品熟重：50±2公克

計算單個生重50g÷(1-5%)=52.6

計算個別比例生重

52.6÷(1+2.5)=15

皮：1×15=15公克

餡：2.5×15=37.5公克

40個：

皮：15×40÷(1-5%)÷185=3.41

餡：37.5×40÷(1-5%)÷200=7.89

44個：

皮：15×44÷(1-5%)÷185=3.75

餡：37.5×44÷(1-5%)÷200=8.68

48個：

皮：15×48÷(1-5%)÷185=4.09

餡：37.5×48÷(1-5%)÷200=9.47

操作流程

1. 材料秤重，先製作內餡，將熟黃地瓜、綠豆沙拌勻，過篩、炒至收乾，備用。
2. 製作油皮：將糖粉、烤酥油（白油）、中粉、水拌勻，蓋起來鬆弛。
3. 分割、取油皮沾粉防黏，將餡包入，表面留一點餡料，直徑5公分
4. 進烤箱，上火180℃／下火210℃，烤約20~25分鐘。

製作流程圖

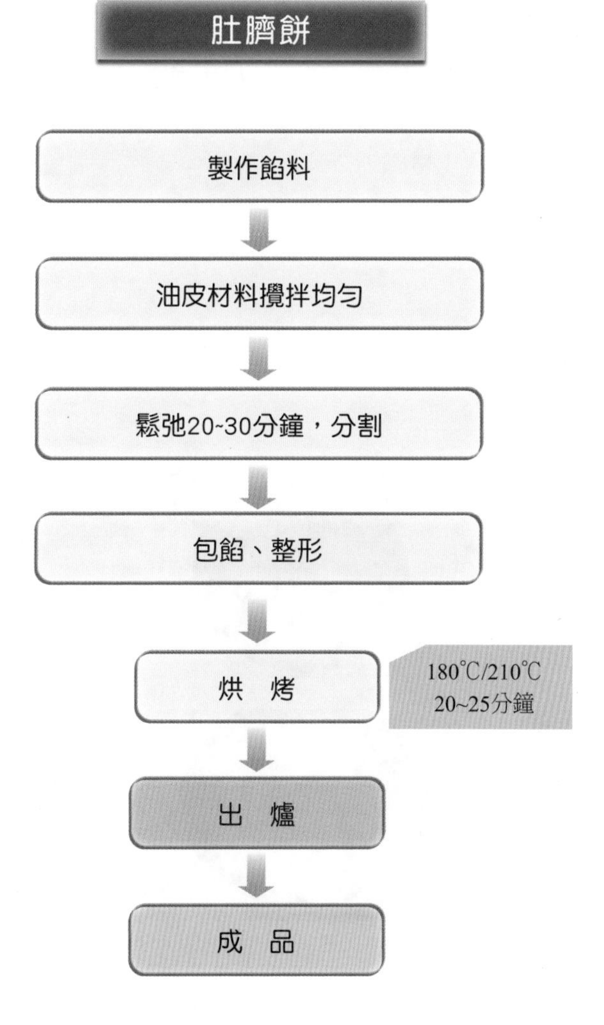

小技巧與注意事項

1. 秤油脂的時候，可以用塑膠袋包裹派盤秤取。
2. 油皮鬆弛時間要足夠。避免收縮。
3. 餡料製作時要注意軟硬度（糖度），太軟（太低）容易爆餡。

製作條件

- 製作方式：直接法。
- 烤焙溫度：上火180℃／下火210℃。
- 烤焙時間：約20~25分鐘。

製作流程

1. 材料秤重，先製作內餡，將熟黃地瓜、綠豆沙拌勻，過篩、炒至收乾，備用。

2. 製作油皮：將糖粉、烤酥油（白油）、中筋麵粉、水拌勻，蓋起來鬆弛。

3. 分割（分割重量：皮15g／餡37.5g）、取油皮沾粉防黏，將餡包入，表面留一點餡料，直徑5公分。

◎ 註：可用手壓開餅皮。

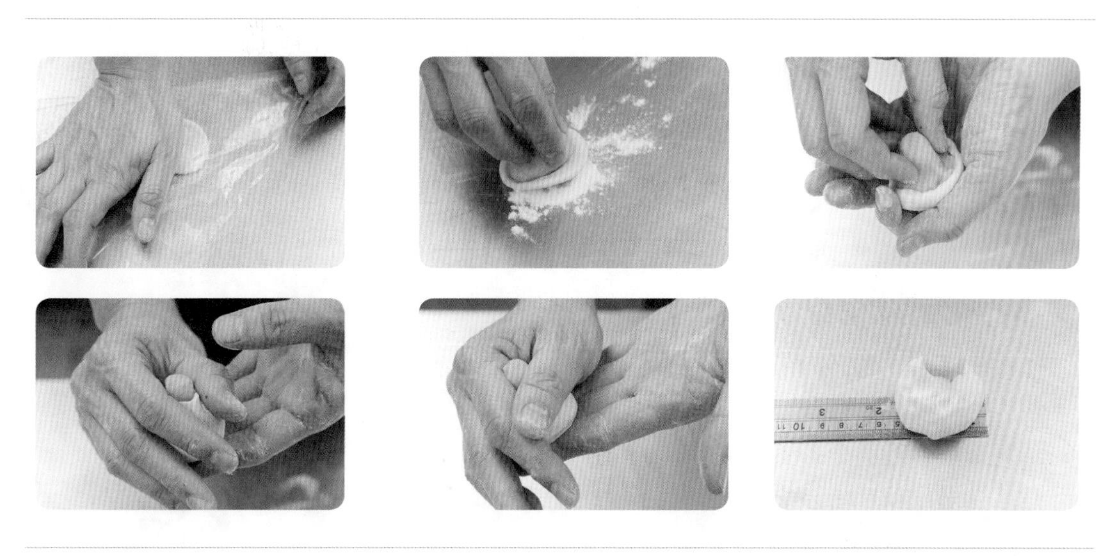

4. 進烤箱，上火180℃／下火210℃，烤約20~25分鐘。

MEMO

5-11 芒果口味桃山餅

1. 製作每個包餡生重50±3公克芒果口味桃山餅（皮：餡＝2：3）48個。
2. 製作每個包餡生重50±3公克芒果口味桃山餅（皮：餡＝2：3）45個。
3. 製作每個包餡生重50±3公克芒果口味桃山餅（皮：餡＝2：3）42個。

特別規定

1. 以桃山皮（粉類含量占豆沙餡重量20%（含）以下）製作，壓模成型，烤焙表皮不上色。
2. 內餡為芒果口味豆沙餡，焙炒前配方制定芒果泥含量需占白豆沙餡重量30%（含）以上，由應檢人自製，軟硬度自行焙炒調整。包餡前須經監評人員測定糖度記錄並蓋確認章。
3. 餡料有顆粒以零分計。
4. 有下列情形之一者，以不良品計：成品表皮著色，或外觀邊緣不平整，或紋路不明顯，或成品表皮裂紋、裂開10%（含）以上，或內餡外溢（外表看到餡）。

使用材料表

項目	材料名稱	規格
1	白豆沙餡	無油，Brix° 70±5
2	芒果泥	國產含糖、不含糖芒果泥
3	鳳片粉	熟糯米粉
4	麵粉	低筋
5	油脂	融點須36℃（含）以下之烤酥油、人造奶油或奶油
6	鹽	精鹽

原料重量計算與步驟操作流程

原料		百分比%	數量		
			48個	45個	42個
糕皮	低筋麵粉	15	125	117	110
	白豆沙	100	840	783	731
	烤酥油（白油）	6	50	47	44
	水	6	50	47	44
	合計	127	1,065	994	929
內餡	白豆沙	100	120	114	106
	芒果果泥	31	377	353	330
	合計	131	497	467	436

計算

成品熟重：50±3公克

計算單個生重50g÷(1-5%)=52.6

計算個別比例生重

52.6÷(2+3)=10.5

皮：2×10.5=21公克

餡：3×10.5=31.5公克

48個：

皮：21×48÷(1-5%)÷127=8.4

餡：31.5×48÷(1-5%)÷131=12

45個：

皮：21×45÷(1-5%)÷127=7.8

餡：31.5×45÷(1-5%)÷131=11.4

42個：

皮：21×42÷(1-5%)÷127=7.3

餡：31.5×42÷(1-5%)÷131=10.6

操作流程

1. 材料秤重，先製作內餡，將白豆沙、芒果果泥拌勻，炒至收乾，冷卻備用。
2. 製作糕皮：將白豆沙、烤酥油（白油）拌勻加水、低筋麵粉拌勻，鬆弛。
3. 分割、取油皮沾粉防黏，包入餡料後搓成圓形。
4. 模型沾粉將包好的餅沾粉，放入模型後壓平，將模型脫模。
5. 進烤箱，上火160℃／下火180℃，烤約20~25分鐘。

製作流程圖

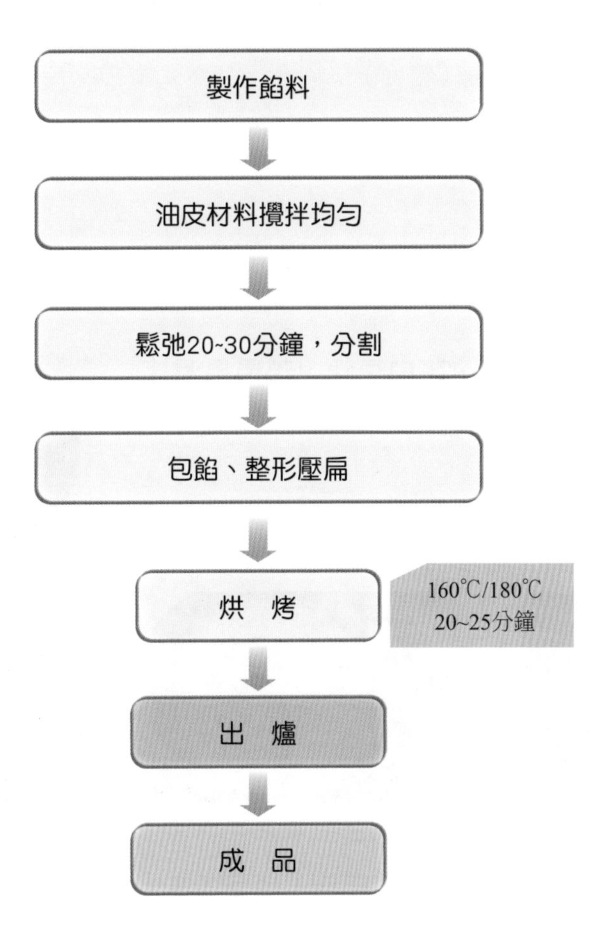

芒果口味桃山餅
製作餡料
油皮材料攪拌均勻
鬆弛20~30分鐘，分割
包餡、整形壓扁
烘　烤
160℃/180℃
20~25分鐘
出　爐
成　品

小技巧與注意事項

1. 秤油脂的時候，可以用塑膠袋包裹派盤秤取。
2. 油皮鬆弛時間要足夠。避免收縮。
3. 餡料製作時要注意軟硬度（糖度），太軟（太低）容易爆餡。

製作條件

- 製作方式：直接法。
- 烤焙溫度：上火160℃／下火180℃。
- 烤焙時間：約20~25分鐘。

製作流程

1. 材料秤重，先製作內餡，將白豆沙、芒果果泥拌勻，炒至收乾，冷卻備用。

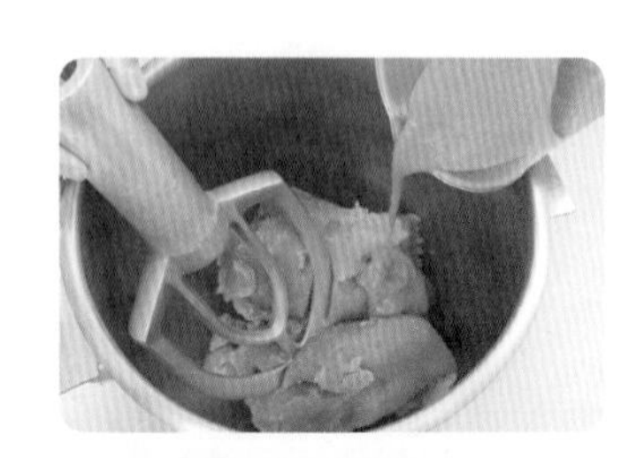

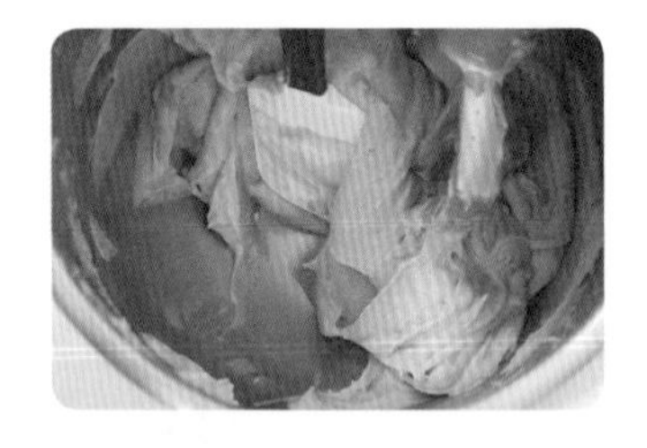

2. 製作糕皮：將白豆沙、烤酥油（白油）拌勻加水、低筋麵粉拌勻，鬆弛。

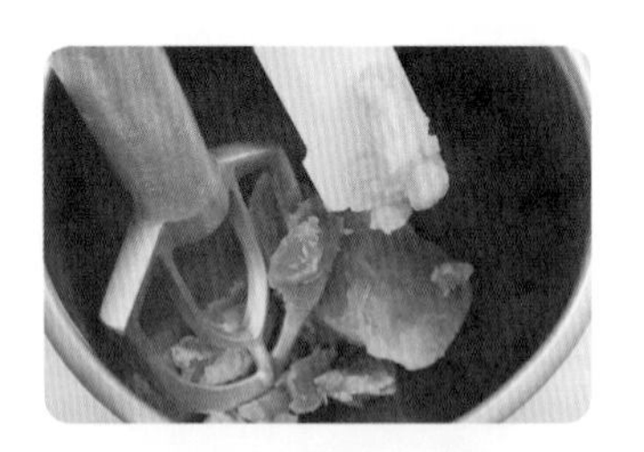

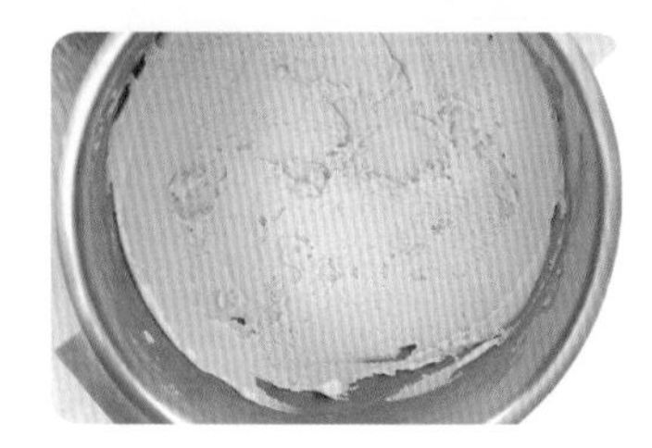

3. 分割（分割重量：油皮21g／餡31.5g）、取糕皮沾粉防黏，包入餡料後搓成圓形。

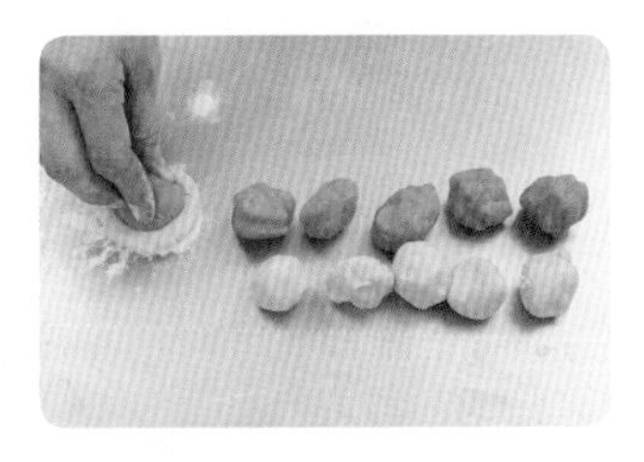
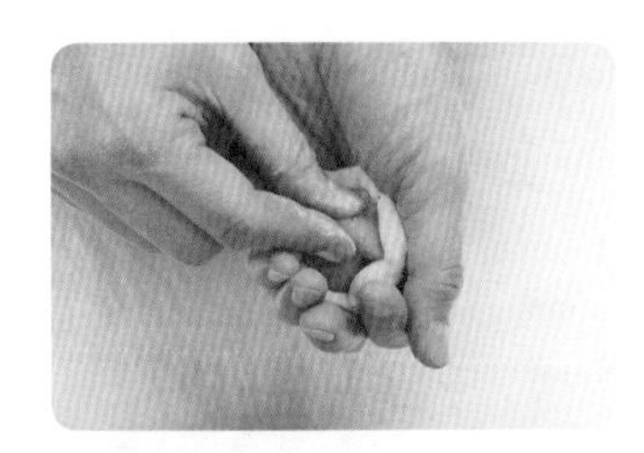
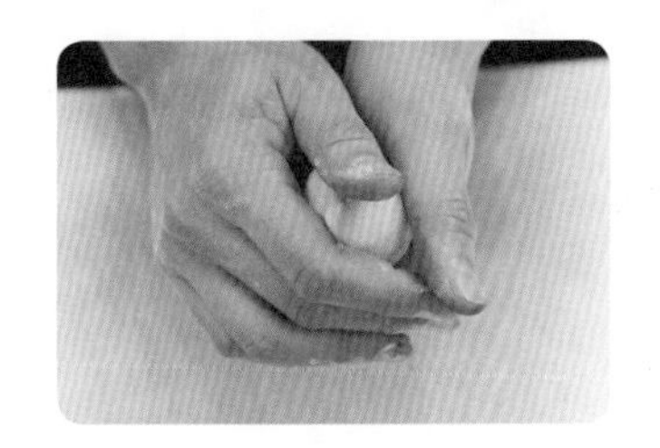

4. 模型沾粉將包好的餅沾粉，放入模型後壓平，將模型脫模。

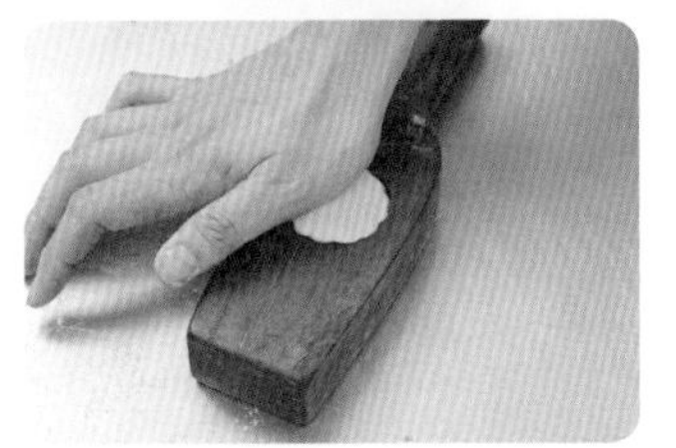

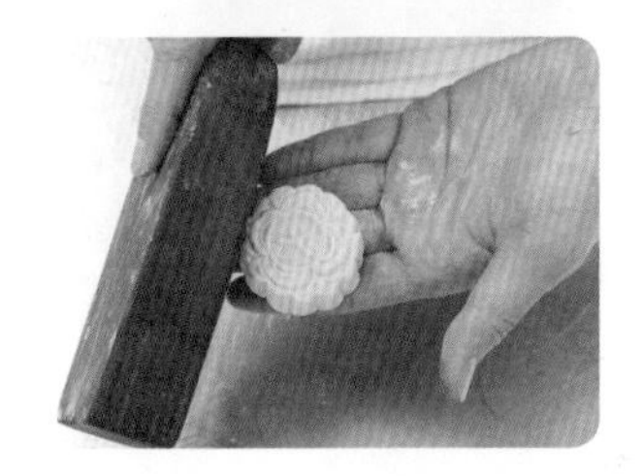

5. 進烤箱，上火160℃／下火180℃，烤約20~25分鐘。

5-12 金桔口味水果餅

1. 製作每個成品重70±5公克，直徑11±0.5公分，厚度0.8±0.1公分，雙面烤焙的金桔口味水果餅（皮：餡＝2：3）30個。
2. 製作每個成品重70±5公克，直徑11±0.5公分，厚度0.8±0.1公分，雙面烤焙的金桔口味水果餅（皮：餡＝2：3）28個。
3. 製作每個成品重70±5公克，直徑11±0.5公分，厚度0.8±0.1公分，雙面烤焙的金桔口味水果餅（皮：餡＝2：3）26個。

特別規定

1. 以水油皮方式製作，壓模成型，烤焙表皮不上色。
2. 內餡為金桔口味地瓜餡，地瓜泥含量需占內餡重量20%（含）以上，且金桔果醬含量需占地瓜泥重量20%（含）以上，軟硬度自行調整。
3. 雙面烤焙需有翻面動作。
4. 有下列情形之一者，以不良品計：成品表皮著色，或成品重量不在規定範圍內，或外觀邊緣、中央不平整，或成品表皮裂開10%（含）以上，或內餡外溢（外表看到餡），或有生粉味。

使用材料表

項目	材料名稱	規格
1	麵粉	高筋、中筋、低筋
2	糖	細砂糖、糖粉
3	黃心地瓜	蒸熟黃地瓜塊2~5公分
4	澱粉	樹薯澱粉或馬鈴薯澱粉
5	油脂	融點須36℃（含）以下之烤酥油或人造奶油或奶油
6	糕仔粉	熟蓬來米穀粉
7	金桔果醬	國產金桔Brix° 70±5
8	麥芽糖	Brix° 75±5
9	鹽	精鹽

原料重量計算與步驟操作流程

原料		百分比%	數量		
			30個	28個	26個
油皮	低筋麵粉	100	550	510	480
	烤酥油（白油）	12.5	69	64	60
	細砂糖	12.5	69	64	60
	水	41	226	211	196
	合計	166	914	849	796
內餡	熟黃地瓜	100	280	260	240
	金桔果醬	30	84	79	73
	細砂糖	155	435	406	377
	糕仔粉	40	112	105	97
	低粉	140	393	367	341
	麥芽糖	30	84	79	73
	合計	495	1,388	1,296	1,201

計算

成品熟重：70±5公克

計算單個生重70g÷(1-5%)=73.7

計算個別比例生重73.7÷(2+3)=14.7

皮：2×14.7=29公克

餡：3×14.7=44公克

30個：

皮：29×30÷(1-5%)÷166=5.5

餡：44×30÷(1-5%)÷495=2.8

28個：

皮：29×28÷(1-5%)÷166=5.1

餡：44×28÷(1-5%)÷495=2.6

26個：

皮：29×26÷(1-5%)÷166=4.8

餡：44×26÷(1-5%)÷495=2.4

操作流程

1. 材料秤重，先製作內餡，將熟黃地瓜、金桔果醬拌勻過篩，炒至收乾，冷卻備用。
2. 製作油皮：將細砂糖、烤酥油（白油）、低筋麵粉、水拌勻，蓋起來鬆弛。
3. 分割、取油皮沾粉防黏，包入餡料後搓成圓形，壓扁擀開至模型大小。
4. 四周戳洞，鋪紙壓烤盤，進烤箱，上火180℃／下火140℃，烤約20~25分鐘。

製作流程圖

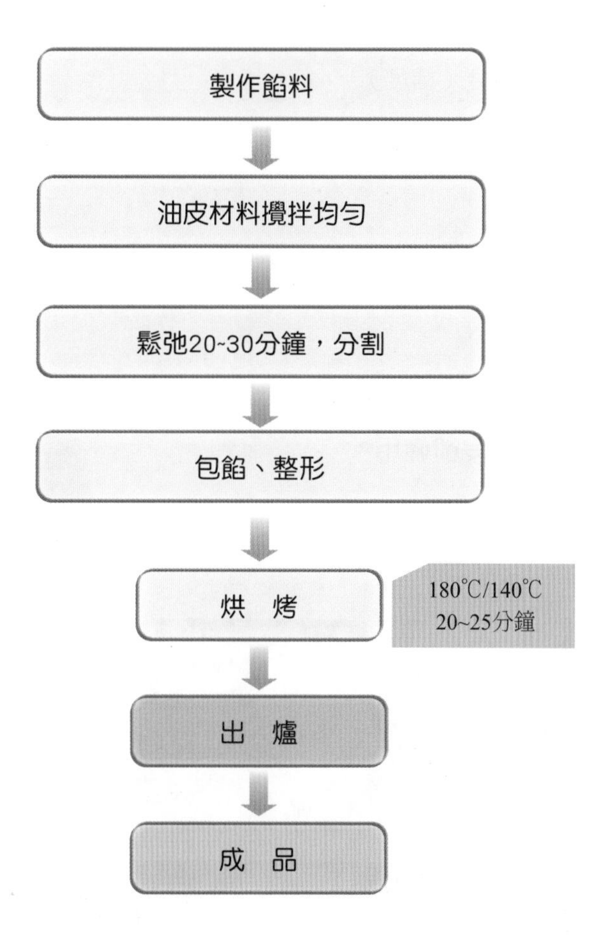
金桔口味水果餅
製作餡料
油皮材料攪拌均勻
鬆弛20~30分鐘，分割
包餡、整形
烘 烤
180℃/140℃
20~25分鐘
出 爐
成 品

小技巧與注意事項

1. 秤油脂的時候，可以用塑膠袋包裹派盤秤取。
2. 油皮鬆弛時間要足夠。避免收縮。
3. 餡料製作時要注意軟硬度（糖度），太軟（太低）容易爆餡。

製作條件

- 製作方式：直接法。
- 烤焙溫度：上火180℃／下火140℃。
- 烤焙時間：約20~25分鐘。

製作流程

1. 材料秤重，先製作內餡，將熟黃地瓜、金桔果醬拌勻過篩，炒至收乾，冷卻備用。

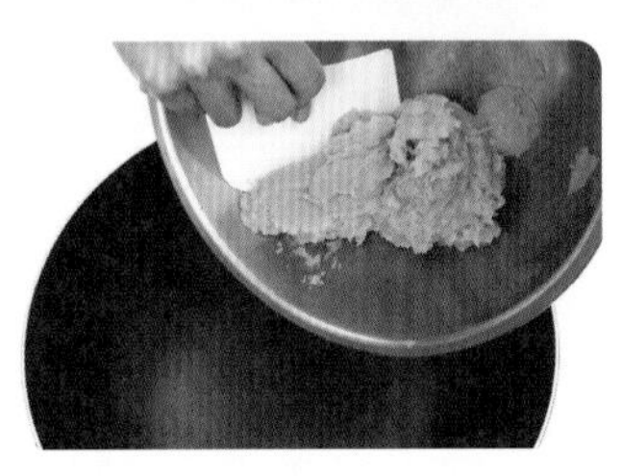

2. 製作油皮：將細砂糖、烤酥油（白油）、低筋麵粉、水拌勻，蓋起來鬆弛。

3. 分割（分割重量：油皮29g／餡44g）、取油皮沾粉防黏，包入餡料後搓成圓形，壓扁擀開至模型大小。

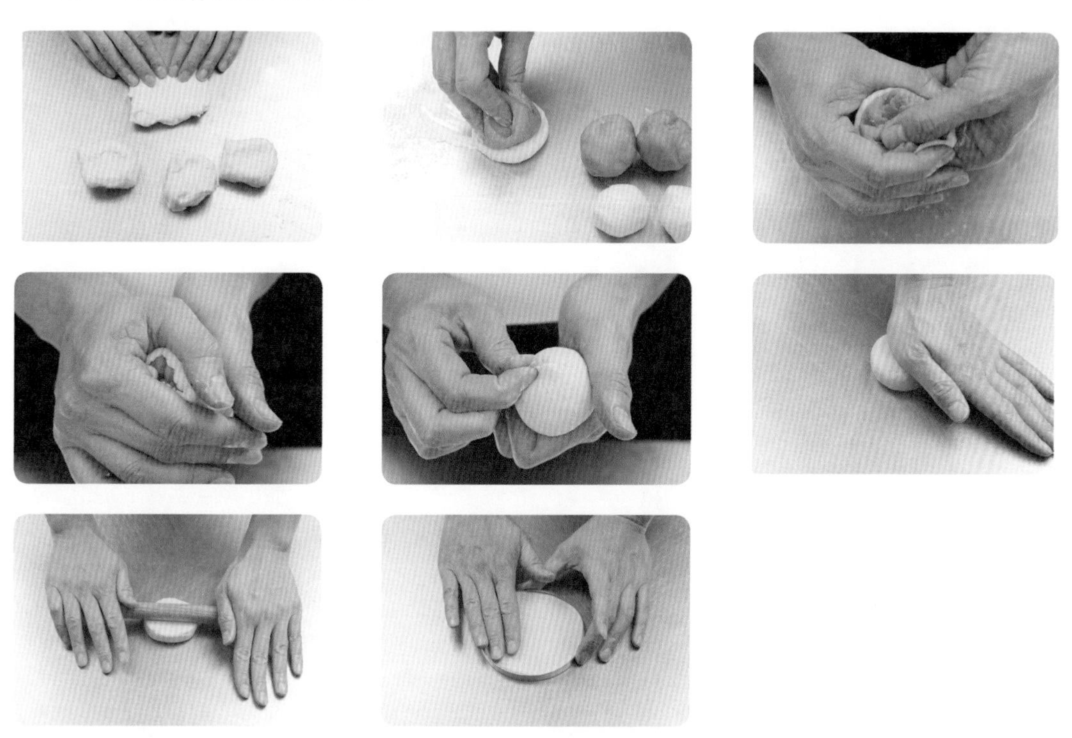

4. 四周戳洞，鋪紙壓烤盤，進烤箱，上火180℃／下火140℃，烤約20~25分鐘。

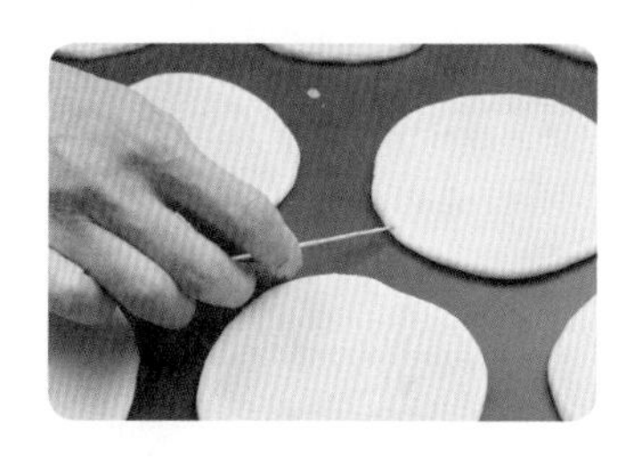
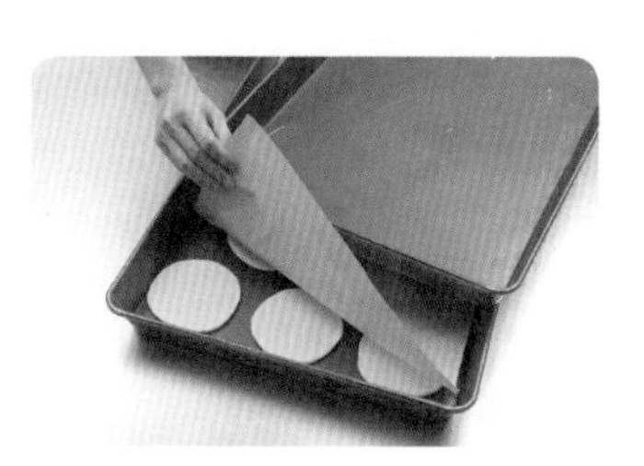

MEMO

學科試題題庫精析

07700 烘焙食品 乙級題庫

07700烘焙食品 乙級題庫

工作項目 01：產品分類

	題目	答案
( )1.	硬式麵包的產品特性為 (1)表皮脆、內部硬 (2)表皮脆、內部軟 (3)表皮硬、內部脆 (4)表皮硬、內部硬。	2
( )2.	下列何種產品配方中不使用油脂？ (1)小西餅 (2)派 (3)蛋黃酥 (4)天使蛋糕。	4
( )3.	下列何者是屬於餅乾類產品 (1)廣式月餅 (2)小西餅 (3)奶油空心餅 (4)台式囍餅。	2
( )4.	含糖比例最高的產品是 (1)水果蛋糕 (2)蘇打餅乾 (3)鬆餅 (4)法國麵包。	1
( )5.	下列何種產品製作時其麵糰(糊)比重最輕 (1)瑪琍餅乾 (2)重奶油蛋糕 (3)奶油空心餅 (4)戚風蛋糕。	4
( )6.	配方中使用塔塔粉，能產生明顯效果的產品是 (1)廣式月餅 (2)天使蛋糕 (3)奶油空心餅 (4)法國麵包。	2
( )7.	配方中之原料百分比：麵粉為100，油脂為80，糖為60，可製作下列何種產品 (1)甜麵包 (2)瑪琍餅乾 (3)冰箱小西餅 (4)海綿蛋糕。	3
( )8.	配方中原料百分比：麵粉為100，油脂為20，糖為20，可製作下列何種產品？ (1)重奶油蛋糕 (2)法國麵包 (3)天使蛋糕 (4)瑪琍餅乾。	4
( )9.	生派皮生派餡的派是屬於 (1)雙皮派 (2)單皮派 (3)油炸派 (4)冷凍戚風派。	2
( )10.	牛奶雞蛋布丁派屬於 (1)生派皮熟派餡 (2)生派皮生派餡 (3)熟派皮熟派餡 (4)熟派皮生派餡。	2
( )11.	花蓮薯的敘述中，何者為非？ (1)創始店「惠比須」是由日本人安富君在花蓮所開設 (2)花蓮薯由安富君與當時店內的師父張房研發而成 (3)在1979年北迴鐵路開通後，花蓮薯迅速成為花蓮特產的代表 (4)安富君開店之初，曾經將日本的蕃薯拿到台灣接枝種植，成為台農57號。	4

( )12.	下列何者屬於明酥型產品 (1)芋頭酥 (2)奶油酥餅 (3)牛舌餅 (4)水果餅。	1
( )13.	下列那些為奧地利點心？ (1)林芝蛋糕(Linzer Torte) (2)沙哈蛋糕(Sacher Torte) (3)核桃塔(Engadiner Nuss Torte) (4)鹿背蛋糕(Belvederre Schnitten)。	124
( )14.	下列那些為法國點心？ (1)瑪德蕾(Madeleines) (2)皇冠泡芙(Brest) (3)提拉米蘇(Tiramisu) (4)嘉烈德(Galette)。	124
( )15.	下列那些為義大利點心？ (1)油炸脆餅(Frappe) (2)提拉米蘇(Tiramisu) (3)年輪蛋糕(Baum-Kuchen) (4)義大利脆餅(Biscotti)。	124
( )16.	下列那些為德國點心？ (1)蘋果酥捲（Apfel strudel） (2)嘉烈德（Galette） (3)年輪蛋糕（Baum-Kuchen） (4)史多倫（Stollen）。	34
( )17.	下列何種產品須經發酵過程製作？ (1)比薩（Pizza） (2)沙巴琳（Savarin） (3)可麗露（Cannles de Badeaux） (4)法式道納斯（France Doughnut）。	12
( )18.	製作產品與使用的麵粉，下列那些正確？ (1)白土司－高筋麵粉 (2)廣式月餅－中筋麵粉 (3)起酥皮－低筋麵粉 (4)義大利麵－杜蘭麵粉。	14
( )19.	下列那些產品屬於麵糊類小西餅？ (1)布朗尼 (2)丹麥小西餅 (3)沙布烈餅乾 (4)指形小西餅。	123
( )20.	下列那些配方為重奶油蛋糕？ (1)麵粉100%、砂糖170%、雞蛋180%、奶油20% (2)麵粉100%、砂糖100%、雞蛋100%、奶油100% (3)麵粉100%、砂糖100%、雞蛋80%、奶油75%、牛奶20%、發粉1% (4)麵粉100%、砂糖80%、雞蛋55%、奶油50%、牛奶40%、發粉4%。	23
( )21.	下列那些產品是以外觀命名？ (1)磅蛋糕 (2)菠蘿麵包 (3)棋格蛋糕 (4)松露巧克力。	234
( )22.	下列那些產品之麵糰是屬於發酵性麵糰 (1)蘇打餅乾 (2)鬆餅（puff pastry） (3)英式司康餅（scone） (4)義大利聖誕麵包（panettone）。	14

( )23. 下列哪些屬於酥油皮產品 (1)竹塹餅 (2)奶油酥餅 (3)芋頭酥 (4)花蓮薯。 23

( )24. 下列產品何者以外觀形狀命名？ (1)菠蘿麵包 (2)核桃塔 (3)牛舌餅 (4)鳳梨酥。 13

工作項目02：原料之選用

( )1. 麵粉俗稱之「統粉」是指 (1)小麥粉心部份的麵粉 (2)粉心外緣的麵粉 (3)小麥全部內胚乳部份 (4)全粒小麥磨出的麵粉。 3

( )2. 一顆小麥中胚芽所佔的重量約為 (1)1.5% (2)2.5% (3)3.5% (4)4.5%。 2

( )3. 麵包添加物用的麥芽粉其主要功用為 (1)增強麵粉筋性 (2)增加液化酵素含量 (3)增加糖化酵素含量 (4)減少蛋白質強度。 2

( )4. 葡萄糖屬於 (1)單醣 (2)雙醣 (3)寡醣 (4)多醣類。 1

( )5. 全脂特級鮮奶，油脂含量最低為 (1)10% (2)8.5% (3)6% (4)3.5%。 4

( )6. 酸性磷酸鈣Ca(H2PO4)2·H2O是用作發粉的原料，由此原料所配製的發粉，其反應是屬於 (1)快速反應 (2)中速反應 (3)慢速反應 (4)與反應速度無關。 1

( )7. 烘焙食品所使用之糖類，下列中何者甜度最高 (1)果糖 (2)麥芽糖 (3)海藻糖 (4)蔗糖。 1

( )8. 製作蛋糕時，發粉的用量與工作地點的海拔高度有密切的關係，海拔每增高一千呎(304.8公尺)，發粉的用量應減少 (1)5% (2)10% (3)12% (4)15%。 2

( )9. 全麥麵粉中麩皮所佔的重量為 (1)11.5% (2)12.5% (3)13.5% (4)14.5%。 2

( )10. 小麥胚芽中含有 (1)15% (2)20% (3)25% (4)30% 的蛋白質。 3

( )11. 麵粉之蛋白質每增加或減少1%，即增加或減少吸水量 (1)0.85% (2)1.85% (3)2.85% (4)3.85%。 2

( )12. 麵糰內糖的用量如超過了 (1)2% (2)3% (3)4% (4)8% ,酵母的醱酵作用即會受到影響。 4

( )13. 蛋糕配方內如韌性原料使用過多,出爐後的成品表皮 (1)很軟 (2)很厚 (3)鬆散 (4)堅硬。 4

( )14. 發粉與蘇打粉的代換比例為 (1)1:1 (2)2:1 (3)3:1 (4)4:1。 3

( )15. 麵包、糕餅類食品可使用的防腐劑為 (1)安息香酸鹽 (2)丙酸鹽 (3)去水醋酸鈉 (4)苯甲酸。 2

( )16. 蛋白的水份含量約為 (1)68% (2)78% (3)88% (4)98%。 3

( )17. 新鮮酵母含水量約為 (1)6~8% (2)30% (3)70% (4)90%。 3

( )18. 我國衛生機構核准使用的紅色色素為 (1)紅色二號 (2)紅色三號 (3)紅色四號 (4)紅色四十號。 4

( )19. 蛋黃中的油脂含量為蛋黃的 (1)5% (2)15% (3)33% (4)50%。 3

( )20. 含酒石酸的發粉其作用是屬於 (1)慢性的 (2)次快性的 (3)快性的 (4)與反應速度無關。 3

( )21. 小西餅的材料中,那一種可以使小西餅在烤爐內產生擴展及裂痕 (1)油 (2)麵粉 (3)細砂糖 (4)水。 3

( )22. 製作麵糊類蛋糕(如水果條),那一種油較易將空氣拌入油脂內 (1)沙拉油 (2)烤酥油(雪白油) (3)豬油 (4)花生油。 2

( )23. 一般奶油蛋糕使用的發粉應選擇 (1)快速反應的 (2)慢速反應的 (3)雙重反應的 (4)與反應速度無關。 3

( )24. 溶解乾酵母的水溫最好採用 (1)20~24℃ (2)25~29℃ (3)30~35℃ (4)39~43℃。 4

( )25. 做好奶油空心餅使用之膨大劑應選 (1)碳酸銨 (2)碳酸氫銨 (3)發粉 (4)小蘇打。 2

( )26. 乳化有兩種情形,所謂油溶於水的乳化是 (1)油為分散相 (2)油為連續相 (3)水為分散相 (4)油包水。 1

( )27. 蛋糕用的麵粉應採用 (1)顆粒細而均勻 (2)顆粒粗而均勻 (3)水份多而顆粒細 (4)水分多而顆粒粗。 1

Chapter 06

(　)28. 可可粉屬於乾性原料，在蛋糕配方中如添加可可粉時其水份應用時添加 (1)與可可粉量相同 (2)可可粉量的1.5倍 (3)可可粉量的2倍 (4)可可粉量的2.5倍。 | 2

(　)29. 冷凍戚風派餡的膠凍原料為 (1)玉米粉 (2)低筋粉 (3)動物膠 (4)洋菜。 | 3

(　)30. 下列何者屬於食品添加物 (1)麵粉 (2)酵母 (3)奶粉 (4)小蘇打。 | 4

(　)31. 製作土司麵包最好選用 (1)特高筋麵粉 (2)高筋麵粉 (3)中筋麵粉 (4)低筋麵粉。 | 2

(　)32. 使用蒸發奶水代替牛奶時，蒸發奶水與水的比例應為 (1)1:1 (2)1:1.5 (3)1:2 (4)1:2.5。 | 1

(　)33. 快速酵母粉的使用量為新鮮酵母的 (1)1/3 (2)1/2 (3)1 (4)2 倍。 | 1

(　)34. 製作戚風蛋糕常加何種食品添加物於蛋白中以降低其pH值 (1)阿摩尼亞 (2)發粉 (3)塔塔粉 (4)小蘇打。 | 3

(　)35. 做麵包的麵粉如果筋性太強，不易攪出麵筋可考慮在配方內添加 (1)氧化劑 (2)還原劑 (3)乳化劑 (4)膨大劑。 | 2

(　)36. 一般使用可可粉製作巧克力產品時，欲使顏色較深可添加 (1)發粉 (2)小蘇打 (3)塔塔粉 (4)磷酸二鈣。 | 2

(　)37. 抗氧化劑一般用在 (1)奶製品 (2)油脂 (3)麵粉 (4)硬水。 | 2

(　)38. 以巧克力取代可可粉時，其配方中材料應調整 (1)油脂 (2)水份 (3)鹽份 (4)發粉。 | 1

(　)39. 一顆小麥中蛋白質含量最高的部份是 (1)麥芒 (2)胚乳 (3)麩皮 (4)胚芽。 | 2

(　)40. 我國國家標準(CNS)對麵粉之分級，高筋麵粉的粗蛋白含量約在 (1)8.5%以下 (2)8.5% (3)11.5%以上 (4)16%以上。 | 3

(　)41. 使用人造奶油取代烤酥油製作重奶油蛋糕時應調整 (1)糖份 (2)水份 (3)麵粉 (4)發粉。 | 2

(　)42. 衛生福利部許可添加防腐劑丙酸鈣的用量對產品以丙酸計其含量限制在 (1)2.5%以下 (2)0.25%以下 (3)25ppm以下 (4)2.5ppm以下。 | 2

( )43. 碳酸氫銨適用於下列那些產品？ (1)法國麵包 (2)白土司 (3)海綿蛋糕 (4)奶油空心餅。 | 4

( )44. 製作戚風蛋糕時，蛋白溫度宜控制在 (1)5~10℃ (2)17~22℃ (3)25~35℃ (4)35℃以上。 | 2

( )45. 製作水果蛋糕麵糊時為防止蜜餞水果下沉宜選用 (1)玉米粉 (2)中筋麵粉 (3)高筋麵粉 (4)低筋麵粉。 | 3

( )46. 以下何者為抗氧化劑 (1)丙酸鈣 (2)丙酸鈉 (3)維生素E (4)鹽。 | 3

( )47. 已經有油耗味的核桃要如何處理? (1)烘烤再用 (2)炸過再用 (3)用水洗 (4)丟棄不用。 | 4

( )48. 在產品包裝上標示的"己二烯酸鉀"是一種 (1)抗氧化劑 (2)著色劑 (3)乳化劑 (4)防腐劑。 | 4

( )49. 下列何者不是烤酥油（雪白油）充氮氣的目的 (1)容易打發 (2)增加穩定性 (3)提高油脂白度 (4)提高硬度。 | 4

( )50. 下列那一種蛋糕以使用多量蛋白做為原料? (1)大理石蛋糕 (2)天使蛋糕 (3)長崎蛋糕 (4)魔鬼蛋糕。 | 2

( )51. 為了使餅乾能長期保存，使用油脂應特別選擇其 (1)保型性 (2)打發性 (3)安定性 (4)乳化性。 | 3

( )52. 高筋麵粉的吸水量約在 (1)62~66% (2)50~55% (3)48~52% (4)40~46%。 | 1

( )53. 下列何者不是造成油脂酸敗的因素？ (1)高溫氧化 (2)水解作用 (3)有金屬離子存在時 (4)低溫冷藏。 | 4

( )54. 由下列何種物理性測定儀器畫出的圖表可以得到麵粉的吸水量、攪拌時間及攪拌耐力？ (1)Amylograph (2)Farinograph (3)Extensograph (4)Viscosmeter。 | 2

( )55. 砂糖的濃度愈高，其沸點也相對的 (1)減低 (2)不變 (3)昇高 (4)無關。 | 3

( )56. 砂糖的溶解度會隨著溫度的昇高而 (1)增加 (2)減低 (3)不變 (4)無關。 | 1

Chapter 06

( )57. 急速冷凍比緩慢冷凍通過冰晶形成帶的時間 (1)長 (2)短 (3)相同 (4)無關。 2

( )58. 牛奶保存於4~10℃的冷藏庫中，生菌數會隨著保存日數的增加而 (1)不變 (2)減少 (3)增加 (4)無關。 3

( )59. 下列那種油脂使用於油炸容易產生肥皂味？ (1)麻油 (2)沙拉油 (3)豬油 (4)椰子油。 4

( )60. 轉化糖漿主要成分是 (1)單醣 (2)雙醣 (3)多醣 (4)乳糖。 1

( )61. 小蘇打配合酸性鹽及其他填充劑，混合而成的物質是 (1)碳酸氫鈉 (2)碳酸銨 (3)碳酸氫銨 (4)發粉。 4

( )62. 可把蔗糖(Sucrose)轉變成葡萄糖(Glucose)和果糖(Fructose)是那一種酵素？ (1)麥芽酵素(Maltase) (2)澱粉酵素(α-Amylase、β-Amylase) (3)轉化糖酵素(Invertase) (4)水解酵素(Hydrolase)。 3

( )63. 有關糖量對麵包品質的影響，下列何者正確？ (1)配方中糖的用量不夠時，產品的四角多呈圓鈍形，烤盤流性差 (2)配方中糖量過多時，產品顆粒粗糙開放 (3)配方中糖用量太多時，表面有淺白色條紋，且顏色蒼白 (4)製作白麵包，糖的用量超過8%，則應減少酵母用量。 1

( )64. 不同鹽量對麵包品質影響，下列何者正確？ (1)無鹽麵包體積最大 (2)無鹽麵包組織粗糙，結構鬆軟，切片時麵包屑較多 (3)鹽使用過量，因韌性較差，以致麵包兩側無法挺立，在烤盤中收縮，使麵包著色不均，各處散佈白色斑點 (4)鹽使用過量，麵包表皮顏色蒼白。 2

( )65. 有關油量對土司麵包品質之影響，下列何者正確？ (1)麵糰的用油量愈多，麵包表皮受熱愈快，顏色愈深 (2)不用油或油量過少，則烤出來的麵包底部平整、四角尖銳、兩側多數無裂痕 (3)配方中用油量愈多，則表皮愈薄，但質地堅韌 (4)用油量增加，麵糰發酵損耗相對增加。 1

( )66. 有關鬆餅(Puff Pastry)的製作，下列何者正確？ (1)使用低筋麵粉製作時，產品體積較大且膨鬆 (2)如果麵糰中所用油量較少，則產品品質較脆，體積較大 (3)選用油脂融點低的裹入油 (4)水的用量約為麵粉量的20~25%。 2

( )67. 下列敘述何者正確？ (1)使用蛋白質含量高的麵粉製作麵包，攪拌時間與發酵時間應該縮短 (2)麵粉所含蛋白質愈高，其麵包表皮顏色愈深 (3)改良劑用量與麵糰之吸水性成正比 (4)使用改良劑，麵包表皮顏色較淺，因其發酵所需時間較長。 2

( )68. 乳酸硬脂酸鈉(SSL，Sodium Stearyl-2-Lactylate)是屬於那一類的食品添加物？ (1)乳化劑 (2)品質改良劑 (3)殺菌劑 (4)防腐劑。 1

( )69. 蛋白質酵素(Protease)的功用是 (1)減少麵糰流動性 (2)增加攪拌時間 (3)降低麵筋強度 (4)與有機酸或酸性鹽中和。 3

( )70. 小麥製粉過程中有一步驟稱為漂白(Bleaching)，其主要的目的是 (1)加水強化麥穀韌性以利分離、軟化或催熟胚乳 (2)分析小麥的蛋白質含量及品質 (3)催熟麵粉中和色澤 (4)利用機械操作除去小麥中的雜質。 3

( )71. 下列那一種小麥其蛋白質含量最高？ (1)硬紅冬麥(Hard Red Winter Wheat) (2)硬紅春麥(Hard Red Spring Wheat) (3)白麥(White Wheat) (4)軟紅冬麥(Soft Red WinterWheat)。 2

( )72. 有關鹽在烘焙產品中的作用，下列何者為非？ (1)減少麵糰的韌性和彈性 (2)控制酵母的發酵 (3)量多時，在含糖量高的產品中可降低甜味 (4)適量的鹽可襯托出烘焙產品中其他原料特有的香味。 1

( )73. 依中國國家標準CNS的定義，硬式麵包及餐包(Hard Bread and Rolls)是指麵包配方中原料使用糖量、油脂量皆為麵粉用量之多少百分比以下？ (1)4% (2)6% (3)8% (4)10%。 1

( )74. 有一配方，純油(100%)用量為200克，今改用含油量80%的瑪琪琳，請問瑪琪琳的用量應為多少克？ (1)160 (2)200 (3)250 (4)300。 3

( )75. 下列何者不是添加氧化劑的主要功用？ (1)強化蛋白質組織 (2)降低麵筋強度 (3)改進麵糰操作性 (4)增加產品體積。 2

( )76. 天然澱粉糊化(Gelatinization)的溫度範圍為何？ (1)25~30℃ (2)35~40℃ (3)55~70℃ (4)85~90℃。 3

( )77. 有關氯氣處理麵粉與普通低筋麵粉的比較，何者正確？ (1)氯氣處理麵粉的酸鹼值(pH)較高 (2)使用氯氣處理麵粉所做的蛋糕體積較小 (3)使用氯氣處理麵粉所做的蛋糕組織較均勻，顆粒細緻 (4)氯氣處理麵粉的吸水性較普通低筋麵粉低。 3

( )78. 活性麵筋(Vital Gluten)對於麵糰的功用，以下何者正確？ (1)延緩老化的作用 (2)減少麵糰吸水量 (3)常添加於全麥或雜糧預拌粉中 (4)節省攪拌時間。 3

( )79. 有關製作冷凍麵糰配方的調整，下列何者正確？ (1)配方中的水份應增多 (2)配方中的酵母用量應增加 (3)配方中油脂用量應減少 (4)配方中糖的用量應減少。 2

( )80. 維生素C除了是營養添加劑，亦可作為 (1)保色劑 (2)漂白劑 (3)抗氧化劑 (4)殺菌劑。 3

( )81. 鹽在麵糰攪拌的後期才加入的攪拌方法－後鹽法(Delayed Salt Method)的優點是 (1)增加攪拌時間 (2)降低麵糰溫度 (3)增加麵糰溫度 (4)使麵筋的水合較慢。 2

( )82. 製作茶餅所使用的綠茶粉，該綠茶是屬於 (1)不發酵茶 (2)部分發酵茶 (3)完全發酵茶 (4)涼茶。 1

( )83. 茶葉的氧化作用也稱為茶葉的發酵，因此製造過程中發生氧化作用越劇烈、發酵程度越高的茶葉，其茶湯的顏色呈現 (1)綠色 (2)白色 (3)粉紅色 (4)紅褐色。 4

( )84. 下列哪一種茶不是台灣生產製作的茶？ (1)蜜香紅茶 (2)普洱茶 (3)凍頂烏龍茶 (4)文山包種茶。 2

( )85. 糖能夠快速地提供人體能量，有單醣與雙醣。不是最常見的單醣有 (1)葡萄糖 (2)果糖 (3)蔗糖 (4)半乳糖。 3

(　)86.	製作桃山皮使用之主要原料為 (1)烏豆沙 (2)紅豆沙 (3)白豆沙 (4)綠豆沙。	3
(　)87.	所謂糕仔粉，其為 (1)熟蓬來米穀粉 (2)熟糯米粉 (3)熟玉米粉 (4)熟麵粉。	1
(　)88.	所謂鳳片粉，其為 (1)熟蓬來米穀粉 (2)熟糯米粉 (3)熟玉米粉 (4)熟麵粉。	2
(　)89.	伴手禮所用油脂如烤酥油或人造奶油、奶油等，最適融點為 (1)12 (2)24 (3)36 (4)44 ℃以下。	3
(　)90.	製作伴手禮餡料所使用麥芽糖最適操作之Brix° 為 (1)55±2 (2)65±2 (3)75±2 (4)85±2 之間。	3
(　)91.	下列何者為香蕉7成熟？ (1)表皮中間呈黃色，頭尾兩端呈綠色，輕壓尾端硬硬 (2)表皮呈黃色，輕壓尾端微軟 (3)表皮黃色有少許褐色斑紋，輕壓果身軟軟 (4)表皮黃褐色斑紋，果身軟，有香氣。	2
(　)92.	適合製作糕餅的香蕉熟度 (1)3分熟 (2)5分熟 (3)7分熟 (4)10分熟。	3
(　)93.	下列膠凍材料的敘述，那些正確？ (1)動物膠、果膠和洋菜主要成份為多醣體 (2)動物膠的膠凝溫度比果膠、洋菜低 (3)動物膠的溶解溫度比果膠、洋菜低 (4)高甲基果膠需有一定量的糖和酸才能形成膠體。	234
(　)94.	下列那些烘焙原料是食品添加物？ (1)紅麴 (2)丙酸鈣 (3)小蘇打 (4)三酸甘油酯。	23
(　)95.	下列蛋的敘述，那些正確？ (1)蛋的熱變性為不可逆 (2)蛋白和蛋黃的凝固溫度不同，開始凝固的溫度蛋白比蛋黃高 (3)蛋的熱凝膠性受糖和酸濃度的影響 (4)安格列斯餡（Anglaise sauce）須煮至85℃。	134
(　)96.	有關丹麥麵包裹入用油脂的性質，下列那些正確？ (1)延展性要好 (2)打發性要好 (3)安定性要好 (4)融點高約44℃。	13

( )97. 下列何種材料，對麵包產品具有增加表皮顏色之功用？ (1)鹽 (2)糖 (3)奶粉 (4)蛋。 234

( )98. 下列液體蛋的敘述，那些正確？ (1)殺菌蛋品是使用較不新鮮的蛋做為原料，所以呈水樣化 (2)殺菌蛋品已經過殺菌，開封後仍可長時間使用 (3)冷凍蛋品會添加砂糖或鹽，以防止膠化 (4)冷凍蛋品應提前解凍後再使用。 34

( )99. 下列那些不是乳化劑在麵包製作上的功能？ (1)增加麵包風味 (2)使麵包柔軟不易老化 (3)防止麵包發黴 (4)促進酵母活力。 134

( )100. 下列有關蛋的打發，那些正確？ (1)蛋白粉的打發性不如殼蛋蛋白 (2)蛋白的黏度高者打發慢，但泡沫穩定性高 (3)蛋白的打發為其所含的蛋白質受機械變性作用形成 (4)蛋白糖(meringue)的體積和穩定度隨著糖比例增加而增加。 123

( )101. 下列那些原料可增加小西餅成品的膨脹度？ (1)發粉 (2)食鹽 (3)銨粉 (4)粉末香料。 13

( )102. 德國名點黑森林蛋糕(Schwarz walder-kirsch torte)裝飾原料中除巧克力外，下列那些為其原料？ (1)黑櫻桃 (2)蘭姆酒 (3)鮮奶油 (4)櫻桃酒。 134

( )103. 製作蛋糕的材料，下列那些屬於柔性材料？ (1)麵粉 (2)油脂 (3)糖 (4)奶粉。 23

( )104. 配方中使用亞硫酸鹽（還原劑）製作延壓式硬質餅乾，下列那些是主要目的？ (1)縮短攪拌時間 (2)降低麵片抗展性 (3)增加風味 (4)漂白作用。 12

( )105. 法國名點聖馬克蛋糕(Saint-Marc)其蛋糕上表面裝飾原料為下列那些原料？ (1)鮮奶油 (2)黃色色素 (3)蛋黃 (4)砂糖。 34

( )106. 製作餅乾，可使用下列那些原料調整麵糰之酸鹼度（pH值）？ (1)油脂 (2)酸性焦磷酸鈉 (3)小蘇打 (4)食鹽。 23

( )107. 下列那些不是鹽在製作天使蛋糕上的主要功能？ (1)增加柔軟性 (2)增加蛋糕體積 (3)使組織較為細緻 (4)增加蛋白韌性。 123

( )	108. 有關膨脹劑，下列那些正確？ (1)魔鬼蛋糕添加小蘇打的目的為提高pH值，增加蛋糕顏色及風味 (2)製作蛋糕用量相同時，小蘇打的膨脹性比發粉小 (3)一般蛋糕製作應選用雙重發粉 (4)阿摩尼亞膨脹力強，但只適用於低水份(2~4%)的產品。	134
( )	109. 下列那些原料兼具調整餅乾麵糰酸鹼度（pH值）及膨脹性？ (1)銨粉 (2)酸性焦磷酸鈉 (3)小蘇打 (4)食鹽。	123
( )	110. 有關天然奶油和人造奶油的比較，下列那些正確？ (1)天然奶油有較佳的烤焙風味 (2)烘烤用人造奶油融點較低 (3)餐桌用人造奶油有較佳的打發性 (4)裹入用人造奶油有較佳可塑性。	14
( )	111. 下列那些正確？ (1)麵粉中的醇溶蛋白可使麵糰具有延展性 (2)麵粉中的蛋白質缺乏甘胺酸，可添加乳品加以補充 (3)麵粉組成分中，含量最多者為澱粉 (4)使用麵糰攪拌特性測定儀(Farinograph)可測得麵粉的吸水量，攪拌時間及攪拌耐力。	134
( )	112. 有關糖的敘述，下列那些錯誤？ (1)砂糖的吸濕性大，可加強產品中水份的保存，延緩產品的老化 (2)葡萄糖漿是澱粉分解而成 (3)砂糖具有還原性 (4)砂糖的成份為果糖與葡萄糖，甜度比果糖高。	34
( )	113. 有關液體糖的敘述，下列那些正確？ (1)轉化糖漿的成份為100%葡萄糖 (2)轉化糖漿的甜度比葡萄糖高 (3)葡萄糖漿是澱粉糖的一種 (4)蜂蜜的主要成份為轉化糖。	234
( )	114. 使用化學膨脹劑的目的有那些？ (1)增加產品的體積 (2)使產品內部有細小孔洞 (3)使產品鬆軟 (4)增加酸味。	123
( )	115. 有關動物膠(gelatin)，下列那些正確？ (1)由動物的皮或骨提煉出來的膠質 (2)溶解溫度約100℃ (3)主要的成份為蛋白質 (4)凝固點在10℃以下。	134
( )	116. 蘇打粉(Sodium Bicarbonate)在有酸及受熱情況下，會作用而分解產生 (1)二氧化碳(CO2) (2)水(H2O) (3)氨(NH3) (4)碳酸鈉(Na2CO3)。	124
( )	117. 發粉所產生的氣體不能低於重量12%，是由那些組成分混合攪拌而成的一種膨脹劑？ (1)玉米澱粉 (2)酸性鹽 (3)碳酸鈣 (4)蘇打粉。	124

Chapter 06

題目	答案
(　)118. 有關全脂奶粉成份中，下列那些正確？ (1)奶油28.7% (2)奶油15% (3)乳糖36.9% (4)乳糖53%。	13
(　)119. 有關麵粉的敘述，下列那些正確？ (1)麵粉的灰份含量(%)是與麵粉的蛋白質含量(%)成正比 (2)麵粉的蛋白質含量(%)與麵粉的水分含量(%)成正比 (3)麵粉的蛋白質含量(%)與麵粉的總固形物含量(%)成正比 (4)麵粉的總水量(%)（麵粉水分含量＋麵粉吸水量）與麵粉的總固形物含量(%)成正比。	34
(　)120. 製作西點蛋糕使用的動、植物性鮮奶油之特性，下列那些錯誤？ (1)植物性鮮奶油有來自乳脂肪獨特口味 (2)動物性鮮奶油打發終點的時間短 (3)植物性鮮奶油作業安定性好 (4)動物性鮮奶油作業安定性好。	14
(　)121. 有關烘焙原料之特性，下列那些正確？ (1)葡萄糖甜度比麥芽糖高 (2)麵包製作時鹽是柔性材料 (3)澱粉經糖化酵素(β-amylase)作用可產生蔗糖 (4)三酸甘油酯就是油脂。	14
(　)122. 下列那些慕斯(Mousse)配方中無動物膠即可完成慕斯產品作業？ (1)水果慕斯 (2)核果慕斯 (3)巧克力慕斯 (4)乳酪慕斯。	34
(　)123. 影響酵母發酵產氣的各種因子有： (1)死的酵母 (2)溫度 (3)滲透壓 (4)小麥種類。	123
(　)124. 下列那些為製作翻糖(Fondant)的原料？ (1)砂糖 (2)水 (3)玉米粉 (4)果糖。	12
(　)125. 關於杏仁膏Marzipan下列那些正確？ (1)可塑性細工用（杏仁1：砂糖1） (2)可塑性細工用（杏仁1：砂糖2） (3)可塑性細工用（杏仁3：砂糖1） (4)餡料用（杏仁2：砂糖1）。	24
(　)126. 有關奶粉對麵包品質影響的敘述，下列那些正確？ (1)具有起泡及打發的特性 (2)可增強麵糰的攪拌韌性 (3)可降低麵糰的發酵彈性 (4)可增加麵包的表皮顏色。	24
(　)127. 有關油脂的敘述，下列那些正確？ (1)油脂是由甘油和脂肪酸酯化而成 (2)黃豆油的不飽合脂肪酸含量高，較為穩定，不容易氧化酸敗 (3)油炸油應選用發煙點高的油脂 (4)脂肪酸的碳鏈越長融點越高。	134

( )128. 麵糰攪拌特性測定儀(Farinograph)可以得知麵糰的那些資訊？(1)擴展時間(Peak time) (2)攪拌彈性(stability) (3)麵糰吸水量 (4)麵粉澱粉酵素的活性。 123

( )129. 下列那些代糖的甜度比砂糖低？ (1)山梨醇 (2)阿斯巴甜 (3)海藻糖 (4)木糖醇。 134

( )130. 老麵微生物中的野生酵母（除商業酵母外之其它酵母）及乳酸菌，下列那些正確？ (1)野生酵母有1500~2800萬 (2)野生酵母6~20億個 (3)乳酸菌1500~2800萬個 (4)乳酸菌6~20億個。 14

( )131. 有關測定麵粉品質的儀器，下列那些正確？ (1)麵糰攪拌特性測定儀(Farinograph)可測出麵粉的吸水量 (2)麵糰拉力特性測定儀(Extensoigraph)可測出麵糰的延展性 (3)麵粉酵素活性測定儀(Amylograph)可測得麵粉的灰份 (4)麵粉沉降係數測定儀(Falling Number)可測定澱粉酵素的強度。 124

( )132. 有關麵粉白度測定(Pekar test)的敘述，下列那些正確？ (1)可測定麵粉的粗蛋白 (2)易受折射光線所產生陰影的影響發生偏差 (3)平板上之麵粉泡水容易發生偏差 (4)麵粉表面經乾燥後，受酵素的影響會發生偏差。

( )133. 某一麵包重90公克，其每100公克之營養分析結果為：蛋白質 8公克、脂肪12公克、飽和脂肪6公克、碳水化合物50公克，下列那些正確？ (1)每100公克麵包熱量為394大卡 (2)每個麵包熱量為306大卡 (3)若每人每日熱量攝取之基準值以2000大卡計，吃一個麵包配一瓶熱量184大卡飲料，熱量攝取佔每日需求24.5% (4)脂肪熱量佔麵包熱量20.6%。 23

( )134. 有關醇溶蛋白(Gliadin)和麥穀蛋白(Glutenin)之比較，下列那些正確？ (1)醇溶蛋白分子較大 (2)醇溶蛋白延展性較好 (3)醇溶蛋白可溶解於酸、鹼或70%酒精溶液 (4)麥穀蛋白較具彈性。 234

( )135. 製作西點蛋糕使用的可可粉種類，下列那些正確？ (1)酸化可可粉 (2)鹼化可可粉 (3)高脂可可粉 (4)低脂可可粉。 234

( )136. 下列那些食品添加物使用於烘焙食品有用量限制？ (1)丁二酸鈉澱粉 (2)維生素B2 (3)乙醯化磷酸二澱粉 (4)丙酸鈉。 124

( )137. 下列那些敘述正確？ (1)麵粉中的澱粉約佔總麵粉重量的70% (2)小麥澱粉含直鏈澱粉(amylose)和支鏈澱粉(amylopectin) (3)糖化酵素(β-amylase)對熱的穩定度比液化酵素(α-amylase)高 (4)澱粉的糊化溫度約為56~60℃。 | 124

( )138. 有關油脂用於蛋糕製作的功能，下列那些正確？ (1)使麵粉蛋白質及澱粉顆粒富有潤滑作用，柔軟蛋糕 (2)油脂於攪拌時能拌入空氣，使蛋糕膨大 (3)可抑制黴菌的滋長 (4)促進氧化還原作用。 | 12

( )139. 下列何者為製作油皮油酥類產品的必要原料 (1)油脂 (2)水 (3)糖 (4)發粉。 | 12

工作項目03：產品製作

( )1. 水果派皮油脂用量應為 (1)25~35% (2)40~80% (3)90~110% (4)不受限制。 | 2

( )2. 土司麵包麵糰重量500公克配方總百分比為180%，其麵粉用量應為 (1)248公克 (2)258公克 (3)268公克 (4)278公克。 | 4

( )3. 麵糊類蛋糕油脂用量應為麵粉的 (1)20~30% (2)45~100% (3)120~140% (4)不受限制。 | 2

( )4. 硬式麵包配方內副原料糖的用量為麵粉的 (1)0~2% (2)3~4% (3)5~6% (4)7~8%。 | 1

( )5. 主麵糰水量為12公斤，自來水溫度20℃，適用水溫5℃，其應用之水量為 (1)1.2公斤 (2)1.4公斤 (3)1.6公斤 (4)1.8公斤。 | 4

( )6. 直接法麵糰理想溫度26℃，室內溫度28℃，麵粉溫度27℃，機器摩擦增高溫度20℃，其適用水溫是 (1)3℃ (2)4℃ (3)5℃ (4)6℃。 | 1

( )7. 葡萄乾麵包若增加葡萄乾的用量則應增加 (1)糖 (2)酵母 (3)油 (4)蛋 的用量。 | 2

( )8. 海綿蛋糕攪拌蛋、糖時，蛋的溫度在 (1)11~13℃ (2)20~21℃ (3)40~42℃ (4)55~60℃ 時，所需攪拌時間較短。 | 3

( )9.	奶油空心餅在烤焙過程中產生小油泡是因為 (1)烤爐溫度太高 (2)烤爐溫度太低 (3)蛋用量太多 (4)麵糊調製時油水乳化情形不良。	4
( )10.	剛擠出來的原料奶用來做麵包時必須先加熱至 (1)30 (2)45 (3)55 (4)85 ℃破壞牛奶蛋白質中所含之活潑性硫氫根(-HS)。	4
( )11.	利用直接法製作麵包，麵糰攪拌後的理想溫度為 (1)36℃ (2)33℃ (3)26℃ (4)20℃。	3
( )12.	製作奶油空心餅（俗稱泡芙）何者為正確 (1)麵粉、油脂、水同時置鍋中煮沸 (2)油脂煮沸即加入水、麵粉拌勻 (3)油脂與水煮沸並不斷地攪拌，加入麵粉後，繼續攪拌煮至麵粉完全膠化 (4)水、油脂煮沸即離火，加入麵粉拌勻。	3
( )13.	天使蛋糕配方中鹽和塔塔粉的總和為 (1)0.4% (2)0.5% (3)1% (4)1.5%。	3
( )14.	法國麵包製作配方內不含糖份，但仍能完成發酵，它是由於 (1)酵母的活性好 (2)澱粉酵素作用轉變麵粉內澱粉為麥芽糖供給酵母養份 (3)麵粉內蛋白質酵素軟化麵筋使酵母更具活力 (4)在嫌氣狀態下，酵母分解蛋白質作為養份。	2
( )15.	海綿蛋糕之理想比重為 (1)0.30 (2)0.46 (3)0.55 (4)0.7。	2
( )16.	殼蛋蛋白拌打時最佳溫度為 (1)15~16℃ (2)17~22℃ (3)23~25℃ (4)26~28℃。	2
( )17.	調製杯子蛋糕欲使中央隆起裂開，烤爐溫度應 (1)較高 (2)較低 (3)與一般普通蛋糕同 (4)烤焙時間稍長。	1
( )18.	原來配方中無水奶油用量為3.2公斤，今改用含油量80%的瑪琪琳，其用量應為 (1)3.6公斤 (2)3.8公斤 (3)4公斤 (4)4.2公斤。	3
( )19.	中種發酵法第一次中種麵糰攪拌後溫度應為 (1)21~23℃ (2)24~26℃ (3)30~32℃ (4)33~37℃。	2
( )20.	配方中，不添加任何油脂的產品是 (1)廣式月餅 (2)魔鬼蛋糕 (3)水果蛋糕 (4)天使蛋糕。	4

	題目	答案
( )21.	製作麵糊類蛋糕，細砂糖用100%，若30%的細砂糖，換成果糖漿，其果糖漿的使用量為 (1)20% (2)30% (3)40% (4)22.5%（果糖漿之固體含量以75%計之）。	3
( )22.	配方中純豬油用量為480公克，擬改為含油量80%的瑪琪琳，則瑪琪琳用量為 (1)500公克 (2)550公克 (3)600公克 (4)650公克。	3
( )23.	製作某種麵包，其配方如下：麵粉100%、水60%、鹽2%、酵母2%、合計164%，假定損耗5%若要製作分割重量為300公克的麵包100條，需要麵粉量為 (1)18.25公斤 (2)19.26公斤 (3)20.35公斤 (4)21.24公斤。	2
( )24.	配方中何種原料，可使餅乾烘烤後產生金黃色之色澤 (1)麵粉 (2)高果糖 (3)玉米澱粉 (4)蛋白。	2
( )25.	原料加水攪拌後，麵糰不可產生麵筋的產品是 (1)麵包 (2)甜餅乾 (3)小西點 (4)蘇打餅乾。	3
( )26.	烤焙後的餅乾表面欲噴油時以何種油脂最適合 (1)鮮奶油 (2)豬油 (3)大豆沙拉油 (4)精製椰子油。	4
( )27.	下列產品出爐後，吸濕性最強的是 (1)蘇打餅乾 (2)小西點 (3)煎餅(wafer) (4)甜餅乾。	3
( )28.	在使用小蘇打加入麵糰攪拌，不可同時混合的原料為 (1)檸檬酸 (2)玉米粉 (3)水 (4)碳酸氫銨。	1
( )29.	配方平衡時，麵糰中含油量最高的是 (1)蘇打餅乾 (2)煎餅(wafer) (3)小西點 (4)甜餅乾。	3
( )30.	配方中麵粉酸度過強時，應以 (1)自來水 (2)小蘇打 (3)塔塔粉 (4)香料 調整。	2
( )31.	為使麵糰在攪拌時，增加水合能力，使成份更平均分佈時，可添加 (1)香料 (2)椰子油 (3)膨鬆劑 (4)乳化劑。	4
( )32.	分割後之麵糰滾圓的目的為 (1)使麵糰不會黏在一起 (2)防止新生氣體之消失 (3)造型 (4)抑制發酵。	2
( )33.	攪拌產生之機器摩擦增高溫度，以何者增加較低？ (1)中種麵糰攪拌 (2)直接法攪拌 (3)主麵糰攪拌 (4)快速法攪拌。	1

( )34.	產品製作，下列何者不受pH值變動影響？ (1)酸鹼度 (2)發酵作用 (3)產品內部顏色 (4)溫度。	4
( )35.	配方中可可粉（油脂含量為12%）用量為10公斤，今改用含油量50%的可可膏時，為維持含可可固形物，若不考慮水份含量時，其可可膏用量應為 (1)2.4kgs (2)4.8kgs (3)8.8kgs (4)17.6kgs。	4
( )36.	烘焙製品之顏色與用糖種類有關，若於同一烤焙溫度操作下，加入何種糖類，其著色最差？ (1)葡萄糖 (2)麥芽糖 (3)乳糖 (4)高果糖。	3
( )37.	為防止麵包老化、抑制乾硬，可在配方中加入 (1)玉米澱粉 (2)吸濕性強之還原糖 (3)高筋度麵粉 (4)香料。	2
( )38.	下列何者對增加麵包中之氣體無關？ (1)增加發酵時間 (2)增加酵母用量 (3)加入適量糖精 (4)加入適量改良劑。	3
( )39.	製作16.6公斤麵包麵糰時需使用10公斤麵粉，其中6.5公斤用於中種麵糰中，請問中種全麵糰所用麵粉比例為 (1)70/30 (2)65/35 (3)60/80 (4)50/50。	2
( )40.	製作霜飾時，需使用下列何種原料，才有膠凝作用？ (1)水 (2)洋菜 (3)香料 (4)油脂。	2
( )41.	奶油空心餅的麵糊在最後階段可以用下列何種原料來控制濃稠度？ (1)沙拉油 (2)麵粉 (3)小蘇打 (4)蛋。	4
( )42.	製作鬆餅，選擇裹入用油脂的必備條件為 (1)液體狀 (2)流動性良好 (3)可塑性良好 (4)愈硬愈好。	3
( )43.	下列何者對奶油空心餅在烤爐中呈扁平狀擴散無關？ (1)麵糊太稀 (2)麵糊太乾 (3)攪拌過度 (4)上火太強。	2
( )44.	下列何者對奶油空心餅產生膨大無關？ (1)水汽脹力 (2)濕麵筋承受力 (3)油脂可塑性 (4)調整風味。	4
( )45.	在烘焙過程中，能使奶油空心餅膨大並保持最大體積的原料 (1)高筋麵粉 (2)低筋麵粉 (3)玉米澱粉 (4)洗筋粉。	1
( )46.	對一般產品而言，下列何者麵糰（糊）配方中不含糖？ (1)奶油蛋糕 (2)瑪琍餅乾 (3)奶油空心餅 (4)廣式月餅。	3

( )47. 下列何者不是砂糖對小西餅製作產生的功能？ (1)賦予甜味 (2)調節硬脆度 (3)著色 (4)調整酸鹼度(pH)。 4

( )48. 下列何者不是使鬆餅缺乏酥片層次的因素？ (1)油脂熔點太低 (2)摺疊操作不當 (3)未刷蛋水 (4)麵糰貯放在爐旁太久。 3

( )49. 海綿蛋糕配方中若蛋的用量增加，則蛋糕的膨脹性 (1)不變 (2)減少 (3)增加 (4)受鹽用量之影響。 3

( )50. 麵糊類蛋糕的配方，低筋麵粉100%、糖100%、鹽2%、白油40%、蛋44%、奶水71%、發粉5%，依此配方應採用何種攪拌方法較適當？ (1)直接法 (2)麵粉油脂拌合法 (3)糖油拌合法 (4)兩步拌合法。 3

( )51. 低成分麵糊類蛋糕之配方其糖之用量 (1)低 (2)高 (3)2倍 (4)3倍於麵粉之用量。 1

( )52. 糖漿煮至121℃，其性狀是屬於 (1)濃糖漿 (2)軟球糖漿 (3)硬球糖漿 (4)脆糖。 3

( )53. 裝飾用不含糖的鮮奶油(Whipped Cream)當鮮奶油為100%時細砂糖的用量應為 (1)10~15% (2)20~25% (3)30~35% (4)40~45%，則攪拌出來的成品會比較堅實。 1

( )54. 傳統長崎蛋糕之製作依烘焙百分比當麵粉用量為100%時，砂糖的用量為 (1)90~100% (2)110~120% (3)130~140% (4)180~200%。 4

( )55. 長崎蛋糕的烘焙以下列何者正確？ (1)進爐後持續以高溫（240℃以上）至烘焙完成才可出爐 (2)進爐後持續以低溫（150℃以下）至烘焙完成才可出爐 (3)進爐後，大約烤3分鐘後，必須拉出於表面噴水霧，並做消泡動作 (4)進爐後，大約烤3分鐘後，必須拉出於表面噴油霧，並做消泡動作。 3

( )56. 水果蛋糕若水果沈澱於蛋糕底部與下列何者無關？ (1)水果切得太大 (2)爐溫太低 (3)油脂用量不足 (4)水果未經處理。 3

( )57. 海綿蛋糕在烘焙過程中收縮與下列何者無關？ (1)配方內糖的用量太多 (2)蛋糕在爐內受到震動 (3)麵粉用量不夠 (4)油脂用量不夠。 4

( )58. 製作鬆餅時，攪拌時所加入的水，宜用 (1)熱水(80℃) (2)溫水(40℃) (3)冷水(20℃) (4)冰水(2℃)。 | 4

( )59. 下列何者蛋糕出爐後，必須翻轉冷卻？ (1)重奶油蛋糕 (2)輕奶油蛋糕 (3)戚風蛋糕 (4)水果蛋糕（麵糊類）。 | 3

( )60. 下列何者蛋糕出爐後，不須翻轉冷卻？ (1)戚風蛋糕 (2)海綿蛋糕 (3)天使蛋糕 (4)輕奶油蛋糕。 | 4

( )61. 長崎蛋糕於烘焙之前，必須有消泡動作，其目的 (1)降低爐溫 (2)使蒸氣之大量水蒸氣散逸 (3)將攪拌時產生的汽泡破壞 (4)使氣泡細緻、麵糊溫度均衡 ，如此才可得到平坦膨脹的產品。 | 4

( )62. 製作奶油空心餅時，下列何種原料可以不加？ (1)蛋 (2)油脂 (3)水 (4)碳酸氫銨 依然可以得到良好的產品。 | 4

( )63. 製作奶油空心餅時，蛋必須在麵糊溫度為 (1)100℃~95℃ (2)80℃~75℃ (3)65℃~60℃ (4)40℃~30℃ 時加入。 | 3

( )64. 派皮缺乏酥片之主要原因 (1)麵粉筋度太高 (2)水份太多 (3)使用多量之含水油脂 (4)麵皮攪拌溫度過高。 | 4

( )65. 奶油空心餅之麵糊，在加蛋時油水分離之原因為 (1)麵糊溫度太低 (2)油脂在麵糊中充分乳化 (3)加入麵粉時攪拌均勻 (4)麵糊充分糊化。 | 1

( )66. 奶油空心餅烤焙時應注意之事項，何者不正確？ (1)烤焙前段不可開爐門 (2)爐溫上大下小，至膨脹後改為上小下大 (3)若底火太大則底部有凹洞 (4)麵糊進爐前噴水，以助膨大。 | 2

( )67. 欲使小西餅增加鬆酥程度，須如何調整？ (1)增加砂糖用量 (2)提高油和蛋量 (3)增加水量 (4)增加麵粉量。 | 2

( )68. 下列玉米粉之特性何者為非？ (1)冷水中會溶解 (2)65℃以上會吸水膨脹成膠黏狀 (3)膠體加熱至30℃會再崩解→水解作用 (4)膠體無還原性。 | 1

( )69. 下列何者非為動物膠之特性？ (1)遇酸會分解而失去一部份膠體 (2)加熱會增加其凝固力 (3)冷水中可吸水膨脹不會溶解 (4)60℃熱水溶解為佳，時間不可太長。 | 2

Chapter 06

(　)70. 麵糰經過積層機折疊麵皮對產品品質不會產生影響的是 (1)甜餅乾 (2)小西餅 (3)蘇打餅乾 (4)硬質鹹餅乾。 2

(　)71. 連續式隧道烤爐，對烘烤甜餅乾之產品結構有固定作用的是 (1)第一區 (2)第二區 (3)第三區 (4)第四區。 3

(　)72. 餅乾烤焙時，表面產生氣泡現象的原因，與以下何者無關 (1)配方平衡 (2)膨脹劑種類 (3)香料 (4)烤爐溫度。 3

(　)73. 餅乾表面若欲噴油時，對使用油脂特性不需考慮的是 (1)包裝型態 (2)風味融合性 (3)安定性 (4)化口性。 1

(　)74. 在生產條件不變的情況下，由於每批麵粉特性之差異，餅乾配方中不可作修改的是 (1)香料用量 (2)碳酸氫銨 (3)水量 (4)攪拌條件。 1

(　)75. 連續式隧道烤爐，對餅乾製作而言，排氣孔絕對不能打開的是 (1)第一區 (2)第二區 (3)第三區 (4)第四區。 1

(　)76. 攝氏零下40℃等於華氏 (1)40°F (2)-40°F (3)104°F (4)-25°F。 2

(　)77. 乾濕球濕度計的溫度差愈大則相對濕度 (1)愈大 (2)愈小 (3)不一定 (4)與溫度無關。 2

(　)78. 今欲做60公克甜麵包30個，已知配方總%為200，則麵粉用量最少為 (1)800公克 (2)850公克 (3)900公克 (4)1200公克。 3

(　)79. 下列何種製法容易造成麵包快速老化？ (1)快速直接法 (2)正常中種法 (3)正常直接法 (4)基本中種法。 1

(　)80. 在以直接法製作麵包的配方中，已知水的用量為640克，適用水溫8℃，自來水溫20℃，則應用冰量為 (1)77克 (2)108克 (3)154克 (4)200克。 1

(　)81. 圓烤盤直徑20公分，高5公分，則其容積為 (1)500立方公分 (2)1020立方公分 (3)1570立方公分 (4)2000立方公分。 3

(　)82. 製作木材硬質麵包其總加水量約為多少 (1)25% (2)35% (3)55% (4)64%。 2

(　)83. 配方總百分比為185%時，其麵粉係數為 (1)0.45 (2)0.54 (3)0.6 (4)0.65。 2

( )84. 麵糊類（奶油）蛋糕，常使用的攪拌方法除麵粉油脂拌合法外，還有 (1)直接法 (2)中種法 (3)糖油拌合法 (4)二步法。 3

( )85. 下列海綿蛋糕，在製作時那一種最容易消泡？ (1)咖啡海綿蛋糕 (2)巧克力海綿蛋糕 (3)香草海綿蛋糕 (4)草莓海綿蛋糕。 2

( )86. 下列那一種麵糊攪拌後比較不容易消泡？ (1)SP海綿蛋糕 (2)香草海綿蛋糕 (3)戚風蛋糕 (4)長崎蛋糕。 1

( )87. 蛋糕裝飾用的霜飾，下列那一種霜飾在操作時比較不容易受到溫度限制？ (1)動物性鮮奶油 (2)奶油霜飾 (3)巧克力 (4)植物性鮮奶油。 2

( )88. 裝飾在蛋糕表面的水果刷上亮光液的目的，下列何者為非？ (1)增加光澤 (2)防止水果脫水 (3)增加水果保存期限 (4)防止蟲咬。 4

( )89. 快速酵母粉於夏天使用時 (1)先溶於冰水 (2)溶於與體溫相似的水 (3)溶於50℃以上溫水 (4)與糖先行混勻。 2

( )90. 下列何種油脂含有約3%的鹽？ (1)豬油 (2)酥油 (3)瑪琪琳 (4)雪白油。 3

( )91. 下列何物對促進酵母發酵沒有幫助？ (1)食鹽 (2)銨鹽 (3)糖 (4)塔塔粉。 4

( )92. 以瑪琪琳代替白油時下列那種材料需同時改變？ (1)糖與奶水 (2)奶水與鹽 (3)糖與鹽 (4)酵母與糖。 2

( )93. 下列何種成分與麵包香味無關？ (1)油脂 (2)雞蛋 (3)酒精 (4)二氧化碳。 4

( )94. 海綿蛋糕為了降低蛋糕之韌性且使組織柔軟在配方中可加入適量之 (1)固體油脂 (2)液體油脂 (3)黃豆蛋白 (4)塔塔粉。 2

( )95. 供蛋糕霜飾用的油脂不宜採用 (1)雪白油 (2)奶油 (3)酥油 (4)葵花油。 4

( )96. 製作海綿蛋糕，若配方中之蛋和糖要隔水加熱，其加熱之溫度勿超過 (1)20℃ (2)30℃ (3)40℃ (4)50℃。 4

( )97. 輕奶油蛋糕之配方中含有較多之化學膨脹劑，因此在製作時通常與重奶油蛋糕較不同點是 (1)烤焙溫度高低 (2)麵糊軟硬度 (3)攪拌時間 (4)蛋含量高低。 1

( )98. 海綿或戚風蛋糕的頂部呈現深色之條紋係因 (1)烤焙時間太久 (2)上火太大 (3)麵糊攪拌不足 (4)麵糊水分不足。 | 2

( )99. 製作蛋糕時為促進蛋白之潔白性及韌性，打發蛋白時可加入適量 (1)塔塔粉 (2)石膏粉 (3)小蘇打粉 (4)太白粉。 | 1

( )100. 製作巧克力蛋糕使用天然可可粉時，可在配方中加入適量的 (1)碳酸氫銨(NH4HCO3) (2)碳酸氫鈉(NaHCO3) (3)氯化鈣(CaCl2) (4)硫酸鎂(MgSO4)。 | 2

( )101. 裝飾蛋糕用之奶油霜飾，其軟硬度的調整通常不使用 (1)奶水 (2)果汁 (3)糖漿 (4)全蛋。 | 4

( )102. 水果派餡的調製，下列何者為非？ (1)糖的濃度會降澱粉的膠凝性，所以糖加入太多，派餡不易凝固 (2)煮好的派餡應立即放入冰箱以幫助凝膠 (3)用酸性較強的水果調製派餡會影響膠凝性 (4)澱粉的用量應隨糖水的用量增加而增加。 | 2

( )103. 下列何者不是使用冰水調製派皮的目的？ (1)避免油脂軟化 (2)保持麵糰硬度 (3)防止麵筋形成 (4)防止破皮。 | 4

( )104. 酵母道納斯（油炸甜圈餅）最後發酵的條件為 (1)35~38℃，50~60%RH (2)35~38℃，65~75%RH (3)15~20℃，75%RH (4)35~38℃，85%RH。 | 2

( )105. 有關油炸油使用常識下列何者是對? (1)使用固體油炸油比液體油炸油炸出的成品較乾爽 (2)油炸油不用時也要保持於180℃，以免油炸油溫度變化太大而影響油脂品質 (3)油炸油應每星期過濾一次 (4)應選擇不飽和脂肪酸多的油脂作為油炸油。 | 1

( )106. 蛋糕道納斯(油炸甜圈餅)配方的油量以不超過 (1)15% (2)25% (3)35% (4)45% 為宜。 | 2

( )107. 牛奶雞蛋布丁餡主要膠凍材料為 (1)牛奶 (2)雞蛋 (3)玉米粉 (4)動物膠。 | 2

( )108. 鬆餅麵糰配方中加蛋的目的為 (1)增加膨脹力 (2)增加麵糰韌性 (3)增加產品顏色與風味 (4)增加產品酥鬆感。 | 3

( )109. 鬆餅不夠酥鬆過於硬脆，乃因 (1)爐溫過高 (2)折疊操作不當 (3)裹入用油比例太高 (4)使用太多低筋麵粉。 | 2

( )110. 製作脆皮比薩，整型後應 (1)立即入爐烤焙 (2)鬆弛60分鐘後烤焙 (3)鬆弛50分鐘後烤焙 (4)鬆弛30分鐘後烤焙。 1

( )111. 下列何種乳酪具有拉絲的特性，常作為比薩餡料？ (1) Parmenson Cheese (2)Cream Cheese (3)Cheddar Cheese (4) Mozzerella Cheese。 4

( )112. 烤餅乾隧道烤爐使用下列何者熱源不會使餅乾產品著色？ (1)電力 (2)微波 (3)瓦斯 (4)柴油。 2

( )113. 下列何者不是烤餅乾隧道烤爐的傳熱方式？ (1)傳導 (2)比熱 (3)輻射 (4)對流。 2

( )114. 製作小西餅下列何種膨大劑不適合使用？ (1)發粉(B.P.) (2)碳酸氫銨 (3)酵母 (4)小蘇打。 3

( )115. 為增加小西餅口味的變化，下列那種原料不能添加？ (1)巧克力 (2)核果 (3)椰子粉 (4)發粉。 4

( )116. 製作餅乾為減少麵糰筋性常使用的酵素為 (1)液化酵素 (2)糖化酵素 (3)蛋白質酵素 (4)脂肪分解酵素。 3

( )117. 蘇打餅乾常適合胃酸多的人吃是因其pH值為 (1)強酸 (2)強鹼 (3)弱酸 (4)弱鹼。 4

( )118. 一般製作奶油蘇打餅乾經過積層作用(Lamination)會增加其鬆酥性，其積層的層次常為 (1)4層以下 (2)6~12層 (3)20~30層 (4)千層以上。 2

( )119. 下列何者不是小西餅機器成型方式？ (1)輪切 (2)擠出 (3)推壓 (4)線切。 1

( )120. 製作墨西哥麵包的外皮原料使用比率為麵粉：砂糖：奶油：蛋＝ (1)1:1:1:1 (2)1:1:2:1 (3)2:1:1:1 (4)1:2:1:1。 1

( )121. 麵粉1：油脂1：水1：蛋2，此配方為那種產品？ (1)小西餅 (2)派 (3)奶油蛋糕 (4)泡芙。 4

( )122. 調煮糖液時，水100cc，砂糖100g在20℃狀態其糖度約為 (1)30% (2)40% (3)50% (4)60%。 3

Chapter 06

( )123. 製作德國名點黑森林蛋糕內餡的水果為 (1)黃杏桃 (2)南梅 (3)葡萄 (4)櫻桃。 | 4

( )124. 製作調溫型巧克力時，巧克力溫度應先升高至 (1)35℃ (2)45℃ (3)55℃ (4)65℃ 左右再行其他作業工作。 | 2

( )125. 何者膠凍原料不宜製作酸性水果果凍？ (1)洋菜 (2)動物膠 (3)果膠 (4)鹿角菜膠。 | 1

( )126. 製作英式白土司配方中砂糖及油脂對麵粉比率為 (1)2~4% (2)6~8% (3)10~12% (4)15~20%。 | 1

( )127. 製作舒弗蕾(Souffle)產品所使用的模型為 (1)鐵製 (2)鋁製 (3)銅製 (4)陶瓷。 | 4

( )128. 製作法國麵包時其烤焙損耗一般設定為 (1)5~10% (2)15~20% (3)21~25% (4)26~30%。 | 2

( )129. 麵包製作時添加微量維生素C，最主要是給予麵包的 (1)營養 (2)膨脹 (3)風味 (4)柔軟。 | 2

( )130. 那一種糖類對發酵沒有直接影響？ (1)乳糖 (2)麥芽糖 (3)葡萄糖 (4)蔗糖。 | 1

( )131. 麵糰發酵的目的下列何者為錯誤？ (1)酸化的促進 (2)生成氣體 (3)麵筋的形成 (4)改變麵糰的伸展性。 | 3

( )132. 製作法國麵包配方中的麥芽酵素主要添加理由為 (1)糖分的補給，促進酵母活性化 (2)因液化酵素(α-Amylase)的作用促進酵母活性化 (3)因糖化酵素(β-Amylase)的作用促進酵母活性化 (4)產品外皮增厚。 | 2

( )133. 使用硬水製作麵包時避免 (1)增加酵母量 (2)增加食鹽量 (3)增加水量 (4)將麵糰溫度上昇。 | 2

( )134. 攪拌麵糰時促使麵筋形成最重要的是 (1)S-S結合 (2)水素結合 (3)鹽的結合 (4)水分子之間的水素結合。 | 1

( )135. 製作傳統維也納沙哈蛋糕(Sacher Torte)其條件需要那三種東西 (1)巧克力淋醬-嘉納錫(Ganache)，黃杏桃果醬，蛋糕體內含純黑巧克力 (2)巧克力翻糖(Schokoladan Konserveglasur)，黃杏桃果醬，蛋糕體內含純巧克力 (3)巧克力淋醬-嘉納錫，柳橙果醬，蛋糕體內含純黑巧克力 (4)巧克力翻糖，黃杏桃果醬，蛋糕體內含可可粉。 2

( )136. 咕咕洛夫(Kouglof)其產品名稱是來自 (1)創造者名 (2)地名 (3)模型名 (4)配方名。 3

( )137. 製作義大利蛋白糖其糖液需加熱至 (1)125~130℃ (2)115~120℃ (3)100~105℃ (4)90~99℃ 為宜。 2

( )138. 攪拌麵糰時最能使麵筋形成的水溫為 (1)10℃以下 (2)11~20℃ (3)25~35℃ (4)40℃以上。 3

( )139. 一般硬式麵包其最後發酵箱溫度為 (1)20~25℃ (2)26~30℃ (3)35~38℃ (4)40~45℃。 2

( )140. 墨西哥麵包表皮的配方類似 (1)重奶油蛋糕 (2)海綿蛋糕 (3)酥硬性小西餅 (4)脆硬性小西餅 的配方。 1

( )141. 製作口袋麵包(Pita Bread)的膨脹特性是來自 (1)澱粉糊化效應 (2)酵母發酵效應 (3)油脂擴散效應 (4)麵筋膨化效應 所得。 4

( )142. 軟性小西餅適合 (1)擠出成形 (2)切割成形 (3)推壓成形 (4)平搓成形 作業。 1

( )143. 製作泡芙時，下列何者不是必要的材料？ (1)麵粉 (2)鹽 (3)水 (4)油脂。 2

( )144. 製作海綿蛋糕時，下列何者不是必要的材料？ (1)麵粉 (2)蛋 (3)砂糖 (4)油脂。 4

( )145. 使用動物膠（吉利丁）製作果凍時，其凝固膠凍能力不受 (1)酸 (2)熱 (3)糖 (4)酒精 影響而變弱。 3

( )146. 一般製作拉糖，其糖液需加熱至 (1)120~125℃ (2)126~135℃ (3)140~145℃ (4)150~160℃。 4

( )147. 製作法國名點可莉露(Canneles)內含的酒類為 (1)白蘭地 (2)伏特加 (3)櫻桃蒸餾酒 (4)蘭姆酒。 4

( )148. 製作布里歐秀(Brioche)其製程需冷藏、冷凍下列那一項不是理由? (1)抑制發酵 (2)以利整形 (3)促進風味生成 (4)以利烤焙。 4

( )149. 下列何者是導致水果奶油蛋糕之水果蜜餞下沉原因? (1)麵筋強韌 (2)膨大劑過量 (3)充分攪拌均勻 (4)水果蜜餞充分瀝乾。 2

( )150. 在溫度2℃以下，使用同量的水分及砂糖，下列何者膠凍原料用量需要最多，才能使其產品凍結凝固? (1)動物膠 (2)果膠 (3)洋菜 (4)鹿角菜膠。 1

( )151. 製作法式西點時常使用的材料「T.P.T.」是指 (1)杏仁粉2：糖粉1 (2)核桃粉2：糖粉1 (3)玉米粉1：糖粉1 (4)杏仁粉1：糖粉1。 4

( )152. 海綿蛋糕製作時為使組織緊密可增加 (1)蛋黃 (2)砂糖 (3)澱粉 (4)膨大劑 的用量。 3

( )153. 製作下列何者產品可以先行完成攪拌作業，靜置半天再整形? (1)海綿蛋糕 (2)戚風蛋糕 (3)泡芙 (4)天使蛋糕。 3

( )154. 酥油皮產品的特性，下列何者為非? (1)會形成間隔與分層現象 (2)使產品產生脆硬特性 (3)可包覆油酥 (4)可保留氣體。 2

( )155. 油酥的特性，下列何者為非? (1)無法形成麵筋 (2)不能單獨製作產品 (3)可塑性強 (4)使產品具有脆硬性。 4

( )156. 油皮與油酥，下列何者為非? (1)比例依產品特性調整 (2)軟硬可不相同 (3)油酥太多會造成 捲過程易破皮 (4)油皮太多會造成產品層次不清。 2

( )157. 關於小包酥敘述，下列何者為非? (1)大小一致 (2)層酥分明 (3)速度快 (4)油皮不易破裂。 3

( )158. 餡料製作時，使用熟麵粉的目的為何? (1)適當添加可使餡料易於成糰 (2)使餡料變軟 (3)調整餡料變成鬆散 (4)可無限量添加。 1

( )159. 關於油皮、油酥產品製作，下列何者為非 (1)油皮、油酥的軟硬度，要配合室溫及產品特性調整 (2)操作過程中，要預防表面結皮 (3)包餡前一定要鬆弛，比較不易漏餡 (4) 捲的圈數越多，產品層次越多越好。 4

( )160. 枕頭式包裝機封口不良與下列何者無關？ (1)產品大小 (2)運轉速度 (3)包材品質 (4)封口溫度。 | 1

( )161. 下列所述何者不是使用隧道爐主要功能？ (1)產能提高 (2)溫度穩定 (3)節約人工 (4)空間使用。 | 4

( )162. 旋轉爐台車進入爐內時，爐內溫度會 (1)下降 (2)上升 (3)不升不降 (4)先上升再下降。 | 1

( )163. 220V三相電源攪拌機啟動時，發現攪拌方向錯誤，應先將電源關閉，然後 (1)改變110V伏特電源 (2)電源線內綠色線與其它紅白黑線任何一條線對調即可 (3)電源線內除綠色線外其它紅白黑線任何兩條線對調即可 (4)退貨原廠商。 | 3

( )164. 無段變速攪拌機傳動方式為 (1)齒輪傳動 (2)皮帶傳動 (3)齒輪皮帶相互搭配 (4)鋼帶傳動。 | 2

( )165. 華式溫度要換算攝式溫度為 (1)5/9(℉-32) (2)9/5(℃+32) (3)5/9(℉+32) (4)9/5(℃-32)。 | 1

( )166. 有某項產品烤焙溫度為200℃烤焙時間為10分鐘，若以隧道爐烤焙（烤焙量可以完全供應烤爐）請問下列那一個隧道爐長度產量最大？ (1)8公尺 (2)12公尺 (3)16公尺 (4)10公尺。 | 3

( )167. 台車式熱風旋轉爐烤焙，上下層色澤不均勻需要調整 (1)爐溫 (2)燃燒器 (3)出風口間隙 (4)溫度顯示器。 | 3

( )168. 攪拌機開始攪拌作業時應該 (1)由低速檔至高速檔 (2)由高速檔至低速檔 (3)高低速檔都可以 (4)關閉電源。 | 1

( )169. 傳統立式電熱烤爐最佳的烤焙方式為 (1)由高溫產品烤焙至低溫產品 (2)由低溫產品烤焙至高溫產品 (3)高低溫產品交叉烤焙 (4)無一定烤焙溫度之設定。 | 1

( )170. 若以鋼帶式隧道爐自動化生產小西餅，擠出成型機(Depositor)有18個擠出花嘴，生麵糰長度為6公分寬度為3公分，餅與餅之橫向距離為3公分，擠出成型機之r.p.m.為40次/分，該項小西餅烘焙時間為10分鐘，鋼帶兩邊應各保留9公分之空白，請問隧道爐之鋼帶寬度最適當為 (1)105公分 (2)108公分 (3)123公分 (4)126公分。 | 3

Chapter 06

( )171. 以直立式攪拌機製作戚風蛋糕，其蛋白部分之打發步驟應選用何種拌打器？ (1)槳狀 (2)鉤狀 (3)網狀 (4)先用鉤狀再用槳狀。 3

( )172. 製作長形麵包，使用整形機作壓延捲起之整形，若整形出之麵糰形成啞鈴狀（兩端粗，中間細），則為 (1)壓板調太緊，應調鬆作改善 (2)壓板調太鬆，應調緊作改善 (3)上滾輪間距太寬，應調窄作改善 (4)下滾輪間距太寬，應調窄作改善。 1

( )173. 使用直接法製作法國麵包，已知攪拌後麵糰溫度28℃，當時室溫25℃，麵粉溫度24℃，水溫23℃，則該攪拌機之機械摩擦增高溫度(Friction Factor)為 (1)10℃ (2)11℃ (3)12℃ (4)13℃。 3

( )174. 現欲製作5條葡萄乾土司，每條成品重520公克，若配方烘焙總百分比為249.5%，損耗率為10%，則需要的麵糰總重量及麵粉的用量應為： (1)麵糰總重量應為2778公克 (2)麵糰總重量應為2889公克 (3)麵粉用量應為1165公克 (4)麵粉用量應為1158公克。 24

( )175. 麵包依配方中糖、油含量比率特性，下列那些正確？ (1)硬式麵包為低糖、低油 (2)軟式麵包（土司麵包）為高糖、低油 (3)甜麵包為低糖、高油 (4)美式甜麵包為高糖、高油。 14

( )176. 烘焙食品或食品添加物有下列情形之一者，不得製造 (1)腐敗者 (2)成熟者 (3)有毒或異物者 (4)染有病原菌者。 134

( )177. 麵包製作方法中，直接法與中種法比較之優、缺點，下列那些正確？ (1)直接法發酵味道比較好 (2)中種法體積比較好 (3)直接法攪拌耐性比較好 (4)中種法發酵耐性比較好。 234

( )178. 使用快發酵母粉製作麵包，下列那些錯誤？ (1)直接和麵粉拌勻再加入其他材料攪拌 (2)先用4~5倍的熱水溶解，再使用 (3)先用4~5倍冰水溶解，再使用 (4)和新鮮酵母一樣直接使用。 234

( )179. 製作慕斯(Mousse)產品需要冷凍，冷凍應注意事項 (1)使用急速冷凍凍結法 (2)最大冰結晶生成帶－1~－5℃ (3)最短時間之內通過最大冰結晶生成帶 (4)使用一般冷凍凍結法。 13

( )180. 麵包攪拌功能中，下列那些正確？ (1)使配方中所有的材料混合均勻分散於麵糰中 (2)加速麵粉吸水形成麵筋 (3)使麵筋擴展 (4)使麵糰減少吸水。 123

(　)181. 有關天使蛋糕的製作，下列那些錯誤？ (1)蛋白的溫度應在17~22℃ (2)蛋白攪拌至乾性發泡 (3)模型不可塗油 (4)出爐後應趁熱脫模。　24

(　)182. 製作麵包有直接法和中種法，各有其優點和缺點，下列那些是中種法的優點？ (1)減少麵糰發酵損耗 (2)省人力及設備 (3)產品體積較大，內部結構與組織較細密柔軟 (4)有較佳的發酵容忍度。　34

(　)183. 麵糰攪拌時間的影響因素，下列那些正確？ (1)水的量和溫度 (2)水的酸鹼度（pH值） (3)水中的礦物質含量 (4)室溫。　1234

(　)184. 下列那些可做為慕斯餡(Mousse)的膠凍材料？ (1)動物膠(gelatin) (2)玉米粉 (3)巧克力 (4)洋菜(agar-agar)。　123

(　)185. 製作水果蛋糕時蜜餞水果泡酒的目的，下列那些正確？ (1)增加產量 (2)降低成本 (3)平衡蜜餞水果和麵糊的水分 (4)使蛋糕更濕潤柔軟。　134

(　)186. 下列那些方式可改善瑪琍牛奶餅乾麵糰的延展性，並降低麵糰的抗展性？ (1)使用法定還原劑 (2)添加蛋白質分解酵素 (3)延長攪拌時間 (4)增加配方中麵粉的比例。　123

(　)187. 麵包在正常製作下，麵糰基本發酵下列那些正確？ (1)直接法體積為原來2~3倍 (2)發酵室溫度為28~29℃，相對濕度為75% (3)發酵室溫度為38℃，相對濕度為85% (4)發酵時間和配方中酵母用量成反比。　124

(　)188. 有關慕斯餡(mousse)的製作，下列那些正確？ (1)一般以果膠為膠凍材料 (2)選用殺菌蛋品製作，衛生品質較有保障 (3)需經冷凍處理 (4)片狀動物膠使用量須比粉狀動物膠多。　23

(　)189. 奧地利銘點沙哈蛋糕(Sacher Torte)，下列那些為作業要點？ (1)含有巧克力的蛋糕體 (2)巧克力翻糖披覆蛋糕體 (3)杏桃果醬披覆蛋糕體 (4)嘉納錫披覆蛋糕體。　123

(　)190. 有關重奶油蛋糕的敘述，下列那些正確？ (1)發粉用量隨著油脂用量增加而減少 (2)發粉用量隨著油脂用量增加而增加 (3)屬於麵糊類蛋糕 (4)屬於乳沫類蛋糕。　13

(	)191. 麵包製作，影響發酵速度的因素下列那些正確？ (1)來自高糖含量的滲透壓 (2)溫度高低 (3)添加防腐劑 (4)酸鹼度（pH值）。	1234
(	)192. 輕奶油蛋糕體積膨脹的主要來源為 (1)油脂 (2)膨脹劑 (3)砂糖 (4)水蒸氣。	124
(	)193. 麵包烤焙過程，麵糰的內部從38℃升至99℃，在熱交換過程也伴隨著很多物理的、化學的變化，下列那些正確？ (1)殺死酵母和部份酵素不活化 (2)蛋白質不會變性 (3)揮發性物質和水分蒸發 (4)糖和蛋白質產生梅納反應。	134
(	)194. 食品的乾燥方法有自然乾燥及人工乾燥，在乾燥過程會產生那些變化？ (1)蛋白質的變化 (2)澱粉的變化 (3)酵素的變質 (4)非酵素的變質梅納反應(Maillard reaction)。	1234
(	)195. 下列那些產品，須完成打蛋白糖霜後再和其他原料拌合？ (1)馬卡龍(Macaron) (2)指形小西餅(Fingers) (3)義大利脆餅(Biscotti) (4)鏡面餅乾(Miroir)。	14
(	)196. 糖漬蜜餞，加糖的主要目的有那些？ (1)滲透壓上升 (2)水活性降低 (3)抑制微生物生長 (4)增加甜味。	123
(	)197. 手工小西餅配方為低筋麵粉100%、奶油50%、糖粉50%、雞蛋25%，以糖油拌合法攪拌，可配合下列何種成形方法完成產品作業？ (1)擠出成形法 (2)推壓成形法 (3)割切成形法 (4)手搓成形法。	234
(	)198. 手工小西餅配方為低筋麵粉100%、奶油66%、糖粉33%、雞蛋20%，以糖油拌合法攪拌，可配合下列何種成形方法完成產品作業？ (1)擠出成形法 (2)推壓成形法 (3)割切成形法 (4)手搓成形法。	14
(	)199. 下列那些正確？ (1)歐美俗稱的磅蛋糕(Pound cake)是屬於麵糊類蛋糕 (2)塔塔粉在天使蛋糕中最主要的功能是降低蛋白的鹼性 (3)海綿蛋糕的基本配方原料為麵粉、糖、發粉、水 (4)理想海綿蛋糕麵糊比重約為0.46。	124

(　)200. 蛋糕在烤爐中受熱過程會膨脹，下列那些正確？ (1)攪拌時拌入空氣，受熱時空氣膨脹 (2)配方中所含的乳化劑，因受熱而產生氣體膨脹 (3)配方中所含的化學膨大劑，因酸鹼中和而產生氣體膨脹 (4)麵糊中水份受熱變成水蒸汽膨脹。 134

(　)201. 製作麵包時，在所有條件不變之下，若將配方中麵糰加水量較正常情況減少5%（烘焙百分比），下列那些正確？ (1)麵糰捲起時間較快 (2)捲起後至麵糰完成擴展之攪拌時間較短 (3)最後發酵時間縮短 (4)最終麵包含水量會較低。 14

(　)202. 手工小西餅配方為低筋麵粉100%、奶油33%、糖粉66%、雞蛋20%，以糖油拌合法攪拌，可配合下列何種成形方法完成產品作業？ (1)擠出成形法 (2)推壓成形法 (3)割切成形法 (4)手搓成形法。 234

(　)203. 有關奶油空心餅的製作，下列那些正確？ (1)在油脂與水煮沸後，加入麵粉繼續攪拌加熱使麵粉糊化 (2)可添加碳酸氫銨 (3)產品外殼太厚是因為蛋用量不足所致 (4)體積不夠膨大，為添加蛋時麵糊溫度太低所致。 124

(　)204. 蛋糕攪拌的重點是打發拌入空氣，而拌入空氣便會改變麵糊的比重，下列那些正確？ (1)麵糊類的比重在0.35~0.38之間 (2)海綿類在0.40~0.45之間 (3)天使類在0.35~0.38之間 (4)麵糊類的比重在0.82~0.85之間。 234

(　)205. 有關巧克力，下列那些錯誤？ (1)融化巧克力的溫度不可超過50℃ (2)操作巧克力的室溫宜維持在28℃ (3)可可脂的融點約32~35℃ (4)避免水蒸氣，融化時宜直接在瓦斯爐上加熱。 24

(　)206. 製作麵包時，對於麵糰配方與攪拌的關係，下列那些正確？ (1)柔性材料越多，捲起時間越長 (2)柔性材料越多，麵糰攪拌時間越短 (3)韌性材料多，麵筋擴展時間縮短 (4)增加鹽的添加量可縮短麵糰攪拌時間。 13

(　)207. 下列何者產品須二階段烤焙（入烤箱後，產品出爐冷卻後再進烤箱烤焙）？ (1)義大利脆餅（Biscotti） (2)馬卡龍（Macaron） (3)嘉烈德（Galette） (4)鏡面餅乾（Miroir）。 14

( )208. 有關派的製作，下列那些正確？ (1)製作檸檬布丁派使用雞蛋作為主要膠凍原料 (2)派皮整型前，需放入冰箱中冷藏的目的為使油脂凝固，易於整型 (3)製作生派皮生派餡派使用玉米澱粉做為膠凍原料 (4)派皮配方中油脂用量太少會使派皮過度收縮。 24

( )209. 以直接法製作麵包，對於「翻麵」的步驟下列那些正確？ (1)使麵糰溫度均勻 (2)使麵糰發酵均勻 (3)排出麵糰內因發酵產生的二氧化碳，減緩發酵速度 (4)促進麵筋擴展。 124

( )210. 下列何者產品，須經二種不同加熱方式，才能完成產品作業？ (1)貝果(Bagel) (2)可麗露(canelés de Badeaux) (3)沙巴琳(Savarin) (4)泡芙(Pâte à choux)。 1234

( )211. 下列那些是造成麵包體積過小之原因？ (1)配方糖量太多 (2)麵糰攪拌不足 (3)烤焙時烤爐溫度較低 (4)最後發酵時間較短。 124

( )212. 下列小西餅名稱須兩種不同配方組合，並一同烤焙？ (1)嘉烈德(Galette) (2)鏡面餅乾(Miroir) (3)羅米亞(Romias) (4)煙卷(Cigarette)。 23

( )213. 下列那些正確？ (1)以攪拌機攪拌吐司麵糰時，應先以快速攪拌使所有原料混合均勻，再以最慢速攪拌使麵筋結構緩慢形成 (2)包裝機之熱封溫度與包裝機之速度有關，若速度變動，熱封溫度亦需作調整，以確保包裝封口之完整性 (3)攪拌機的轉速與攪拌所需時間有關，所以為求最快之攪拌時間，攪拌機轉速的選擇愈高愈好 (4)齒輪傳動之攪拌機，調整轉速時一定要先把攪拌機停止，再調整排檔，起動開關。 24

( )214. 為節省作業程式，以奶油100%、砂糖100%、雞蛋50%拌勻成半成品後，再添加適當麵粉即可轉變成下列那些產品使用？ (1)墨西哥皮 (2)起酥皮 (3)菠蘿皮 (4)塔皮。 34

( )215. 有關麵糊類蛋糕的製作，下列那些正確？ (1)理想的麵糊比重為0.45~0.5 (2)輕奶油蛋糕的麵糊比重比重奶油蛋糕輕 (3)一般裝盤量約八分滿 (4)重奶油蛋糕出爐後應趁熱脫模。 34

( )216. 製作水果奶油蛋糕，下列那些錯誤？ (1)水果量多，宜採用糖油拌合法製作 (2)相同裝盤量，水果量越多，體積越大 (3)水果量多，宜選用高筋麵粉製作，以防水果下沉 (4)水果量越多，可增加發粉用量，使蛋糕更鬆軟。 124

( )217. 下列那些正確？ (1)麵糊類（奶油）蛋糕中油脂為麵粉含量80%時視為重奶油，對麵粉含量35%時視為輕奶油 (2)配方平衡時，配方中之水量，輕奶油蛋糕較重奶油蛋糕多 (3)欲使蛋糕組織緊密，可酌量減少韌性原料用量 (4)塔塔粉在蛋糕製作時其主要功能是調整酸鹼度。 124

( )218. 以天然酵母(nature yeast)培養的老麵，也稱為複合酵母，是將自然界的微生物培養成適合製作麵包的菌種，其中含有那些微生物？ (1)野生酵母 (2)商業酵母 (3)醋酸菌 (4)乳酸菌。 134

( )219. 下列那些正確？ (1)海綿蛋糕與天使蛋糕同屬麵糊類蛋糕，並使用發粉作為膨脹劑 (2)發粉是屬於柔性材料 (3)蛋糕配方中之總水量，蛋量不包含在內 (4)重奶油蛋糕之配方中，蛋是主要的濕性原料。 24

( )220. 添加老麵製作的產品，其特色有那些？ (1)延緩老化 (2)體積較大 (3)增加產品咬感 (4)增加風味。 134

( )221. 製作重奶油蛋糕配方中含有杏仁膏，為使其分散均勻，攪拌作業可先和下列那些原料拌合，再和其他原料拌合？ (1)奶油 (2)砂糖 (3)雞蛋 (4)低筋麵粉。 13

( )222. 製作法國麵包採用後鹽法攪拌麵糰其功能有那些？ (1)降低麵筋韌性 (2)促進麵筋伸展 (3)加強麵筋網狀結構 (4)提前水合作用。 234

( )223. 製作德式裸麥麵包時配方中標示TA(Teig Ausbeute)180時，其標示為下列那些材料之間的關係？ (1)裸麥麵粉100 (2)糖80 (3)油脂100 (4)水80。 14

( )224. 巧克力調溫的目的，是使巧克力表面有光澤，易脫模，保存性好，防止產生油脂霜斑(Fat Bloom)產生，將巧克力加熱至45~50℃，再冷卻到27~28℃，再把溫度提升到30℃左右，調溫過程要得到的晶核，下列那些錯誤？ (1)α晶核 (2)β晶核 (3)γ晶核 (4)δ晶核。 134

( )225. 麵包烤焙時其麵糰之物理反應有那些？ (1)生成二氧化碳 (2)梅納反應 (3)表皮薄膜化形成 (4)酒精昇華。 34

( )226. 麵包烤焙時其麵糰之化學反應有那些？ (1)生成二氧化碳 (2)梅納反應 (3)表皮薄膜化形成 (4)酒精昇華。 12

( )227. 下列那些因素可造成烘焙產品在烤焙過程中發生膨脹作用？ (1)麵糊攪拌時拌入空氣 (2)麵糰中之水汽 (3)麵糊添加多磷酸鈉 (4)重奶油蛋糕添加塔塔粉。 12

( )228. 製作硬式麵包採蒸氣烤焙的功能有那些？ (1)促使麵糰表皮薄膜化 (2)增進麵糰表面張力使其膨脹 (3)增進麵糰吸濕性並降低麵包成本 (4)促使麵糰受熱降低焦化作用。 12

( )229. 有關蛋在烘焙產品的功能，下列那些正確？ (1)增加烘焙產品的營養價值 (2)作為產品的膨大劑 (3)蛋黃的卵磷脂可提供乳化作用 (4)可增加麵筋的韌性。 123

( )230. 製作德式裸麥麵包時酸麵種TA180為標準值，下列那些正確？ (1)超過則增進乳酸生成 (2)超過則增進醋酸生成 (3)降低則增進乳酸生成 (4)降低則增進醋酸生成。 14

( )231. 麵包製作時，食鹽在麵糰攪拌之功能，下列那些正確？ (1)促進水合作用 (2)增進麵糰機械耐性 (3)阻礙水合作用 (4)延長攪拌時間。 234

( )232. 麵包製作時，食鹽在麵糰發酵之功能，下列那些正確？ (1)促進酸化作用 (2)增進麵糰膨脹性 (3)阻礙麵糰氣體生成 (4)抑制麵糰發酵。 34

( )233. 麵包製作時，下列那些正確？ (1)分割機是依重量進行分割 (2)後鹽法可縮短攪拌時間 (3)添加脫脂奶粉可以促進發酵 (4)分割機是依容量進行分割。 124

( )234. 甜麵包麵糰配方制定時，下列那些正確？ (1)添加多量的葡萄乾，應增加酵母用量 (2)糖量20%以上，可採用高糖酵母 (3)為縮短基本發酵時間，可以增加脫脂奶粉用量 (4)為增加麵包烤焙彈性，可提高蛋黃用量。 124

( )235.	製作法國麵包烤焙前的作業條件，下列那些正確？ (1)攪拌完成時麵糰理想溫度22~24℃ (2)基本發酵：27℃、75%R.H. (3)最後發酵：38℃、85%R.H. (4)刀割表面以30~40度角切入。	124
( )236.	烘焙產品在烤焙過程中發生膨脹作用，促使膨脹之要素為 (1)空氣 (2)水氣 (3)化學膨脹劑 (4)酵母。	1234
( )237.	有關鹿港牛舌餅的敘述，下列何者正確？ (1)為油皮油酥包餡製作而成 (2)為糕皮包餡製作而成 (3)產品質地硬脆 (4)產品質地鬆酥，有層次。	14

工作項目04：品質鑑定

( )1.	麵包最後發酵不足其內部組織 (1)顆粒粗糙 (2)鬆弛 (3)多孔洞 (4)孔洞大小不一。	1
( )2.	麵包表皮有小氣泡，可能是產品的 (1)最後發酵濕度太大 (2)最後發酵濕度太低 (3)麵糰太硬 (4)糖太少。	1
( )3.	海綿蛋糕體積不足的因素很多，其中那一項錯誤？ (1)攪拌不當 (2)蛋攪拌不足 (3)應放發粉但未放發粉 (4)膨大材料過多。	4
( )4.	那一項不會影響海綿蛋糕出爐後的過份收縮？ (1)麵粉筋度太強 (2)麵糊較乾 (3)出爐應倒扣未倒扣 (4)烤盤擦油太多。	2
( )5.	烘焙產品烤焙的焦化程度與下列那項無關？ (1)奶粉 (2)糖 (3)香料 (4)烤焙溫度。	3
( )6.	圓頂吐司出爐後兩頭低垂是 (1)基本發酵不夠 (2)基本發酵過度 (3)最後發酵不足 (4)最後發酵過度。	1
( )7.	麵包體積大小是否適中，一般以體積比來表示，所謂體積比是 (1)麵包的體積除以麵包的重量 (2)麵包的重量除以麵包的體積 (3)麵包的體積除以麵糰的重量 (4)麵糰的重量除以麵包的體積。	1
( )8.	攪拌過度的麵包麵糰會 (1)表面濕而黏手 (2)表面乾而無光澤 (3)麵糰用手抓時易斷裂 (4)麵糰彈性奇佳。	1
( )9.	標準的水果派皮性質應該 (1)具鬆酥的片狀組織 (2)具脆而硬的特質 (3)酥軟的特質 (4)酥硬的特質。	1

( )10. 奶油空心餅在175℃的爐溫下烘烤出爐後向四週擴張而不挺立其原因為 (1)爐火太大 (2)蛋的用量太多 (3)爐溫不夠 (4)鹽的用量太多。 2

( )11. 基本發酵不足的麵包外表顏色 (1)紅褐色 (2)金黃色 (3)淺黃色 (4)乳白色。 1

( )12. 烤焙後派皮過度收縮是因為 (1)油脂用量太少 (2)油脂用量太多 (3)麵粉筋度太低 (4)水量不足。 1

( )13. 標準不加蓋白麵包的體積(毫升),應約為此麵包重量(公克)的 (1)2倍 (2)3倍 (3)4倍 (4)6倍。 4

( )14. 出爐後之瑪琍餅乾如表面發生裂痕可能是下列何種原因 (1)冷卻溫度太高 (2)冷卻溫度太低 (3)餅乾內油的熔點太低 (4)使用糖的顆粒太細。 2

( )15. 蛋糕表面有白斑點是 (1)糖的顆粒太細 (2)糖的顆粒太粗 (3)油脂的熔點太低 (4)油脂的熔點太高。 2

( )16. 海綿蛋糕下層接近底部處如有黏實的麵糊或水線,其原因為 (1)配方內水分用量太少 (2)底火太強 (3)攪拌時未能將油脂拌勻 (4)配方內使用氯氣麵粉。 3

( )17. 蛋糕中央部份有裂口其原因為 (1)爐溫太高 (2)攪拌均勻 (3)麵粉用量太少 (4)筋度太弱。 1

( )18. 海綿蛋糕出爐後收縮,其原因為 (1)配方內糖或油的用量過多 (2)配方內水分太少 (3)麵粉選用低筋粉 (4)配方內油太少。 1

( )19. 蛋糕內水果下沈的原因為 (1)麵糊太乾 (2)配方中的糖用量太少 (3)發粉用量太多 (4)配方中油量太少。 3

( )20. 麵糊類蛋糕體積膨脹不足其原因為 (1)配方中柔性原料適量 (2)選用液體蛋 (3)麵糊溫度過高或過低 (4)烤模墊紙。 3

( )21. 下列那項不是造成海綿蛋糕內部有大洞的原因 (1)蛋攪拌不夠發或過發 (2)底火太強 (3)麵糊攪拌太久 (4)麵糊太溼。 4

( )22. 海綿蛋糕在烤焙過程中收縮其原因之一為 (1)蛋糕在爐內受到振動 (2)蛋攪拌前加熱至42℃ (3)蛋在攪拌時拌打不夠 (4)配方中採用細砂糖。 1

( )23. 海綿蛋糕過份收縮，下列那一項不是其原因 (1)烤盤擦油太多 (2)出爐後未立即從烤盤中取出或未倒置覆轉 (3)裝盤麵糊數量不夠 (4)配方中麵粉用一部份玉米粉取代。 4

( )24. 戚風蛋糕出爐後底部常有凹入部份其原因為 (1)蛋糕在攪拌時拌入太多空氣 (2)發粉使用過量 (3)蛋白打至濕性發泡 (4)配方內選用高筋麵粉。 4

( )25. 烤焙鬆餅體積不大，膨脹性小其原因為 (1)裹入用油熔點太低 (2)切割時層次分明 (3)摺疊後鬆弛10～15分鐘 (4)爐溫採用高溫烤焙(220～230℃)。 1

( )26. 鬆餅表面起不規則氣泡或層次分開，下列那一項不是其原因 (1)大型產品整形後未予穿刺 (2)未刷蛋水或刷的不均勻黏合處未壓緊 (3)摺疊時多餘的乾粉未予掃淨 (4)使用壓麵機摺疊操作。 4

( )27. 派皮過度收縮其原因為 (1)派皮中油脂用量太多 (2)整形時揉捏過多 (3)使用中筋或低筋麵粉 (4)配方中採用冰水。 2

( )28. 派皮缺乏應有的酥片其原因為 (1)油脂選用酥片瑪琪琳 (2)油脂熔點太低 (3)摺疊次數適當 (4)避免麵糰溫度過高，使用冰水代替水。 2

( )29. 麵包表皮顏色太深其可能的原因為 (1)糖量太多 (2)烤爐溫度太低 (3)最後發酵溫度太高 (4)酵母太多。 1

( )30. 奶油空心餅中蛋的最少用量不能低於多少百分比，否則會影響其體積 (1)80% (2)90% (3)100% (4)125%。 3

( )31. 土司麵包使用麵粉筋度過強會產生何種影響 (1)表皮顏色太深 (2)風味較佳 (3)麵包體積變小 (4)麵包內部顆粒粗大。 3

( )32. 麵包表皮顏色太深其可能的原因為 (1)使用過多的手粉 (2)最後發酵濕度太高 (3)中間發酵時間太長 (4)麵粉筋度太高。 2

( )33. 葡萄乾麵包因葡萄乾含多量的果糖，為使表皮不致烤黑應用 (1)高溫(220℃～240℃) (2)中溫(180℃～200℃) (3)低溫(140℃～160℃) (4)不受溫度影響。 2

( )34. 影響法國麵包品質最大的因素是 (1)攪拌 (2)整形 (3)發酵 (4)水份。 3

( )35.	麵糊類（奶油）蛋糕，在烤爐內體積漲很高，出爐後中央凹陷，有可能是下列那種情形 (1)麵糊量過多 (2)麵粉過量 (3)發粉過量 (4)油不足。	3
( )36.	下列那一種方法可防止乳沫類、戚風類蛋糕收縮劇烈 (1)出爐倒扣，完全冷卻再脫模 (2)出爐平放，完全冷卻再脫模 (3)出爐倒扣，稍冷卻即脫膜 (4)出爐平放，稍冷卻即脫模。	3
( )37.	下列何種材料不是製作蛋糕奶油霜飾必備的材料 (1)乳化油脂 (2)糖漿 (3)麵粉 (4)奶水。	3
( )38.	下列那個項目不是好的蛋糕條件 (1)式樣正確 (2)質地柔軟 (3)黏牙 (4)組織細緻、均勻。	3
( )39.	戚風蛋糕若底部發生凹陷是因為 (1)麵糊攪拌不足 (2)麵糊攪拌過度 (3)底火太低 (4)麵粉筋性太低。	2
( )40.	海綿蛋糕出爐後若發生嚴重凹陷時下列何者是原因之一？ (1)爐溫太高 (2)烤焙時間太久 (3)麵糊攪拌過度 (4)烤焙不足。	4
( )41.	切開水果蛋糕，若水果四週呈現大孔洞且蛋糕切片時水果容易掉落之原因為 (1)麵糊水分不足 (2)水果太乾 (3)水果過度濡濕 (4)麵糊攪拌不足。	2
( )42.	蛋糕在烤焙時呈現麵糊急速膨脹或溢出烤模，致使成品中央下陷組織粗糙，是因為： (1)麵糊攪拌不足 (2)上火太高 (3)配方中膨脹劑用量過多 (4)麵糊攪拌後放置太久才進爐烤焙。	3
( )43.	海綿蛋糕在烤焙時間一定時，若爐溫太高，下列那一種不是其特徵？ (1)蛋糕頂部下陷 (2)蛋糕頂部破裂 (3)蛋糕表皮顏色過深 (4)蛋糕容易收縮。	1
( )44.	派皮過於堅韌，下列原因何者錯誤？ (1)麵粉筋度太高 (2)使用太多回收麵皮 (3)水份太少 (4)麵糰揉捏過度。	3
( )45.	國家標準酥脆類餅乾成品的水分依規定需在 (1)8% (2)6% (3)3% (4)1% 以下。	2
( )46.	製作小西餅時，配方中糖含量高，油脂含量較低，成品呈 (1)鬆酥 (2)脆硬 (3)鬆軟 (4)酥硬。	2

( )47. 巧克力慕斯內餡，下列那一項不是嚴重缺點？ (1)內餡分離 (2)內餡不凝固 (3)有顆粒狀巧克力 (4)內餡光滑爽口。 4

( )48. 土司麵包內部有大孔洞，下列那一項不是其可能原因？ (1)中種麵糰溫度太高 (2)延續發酵時間太長 (3)中種麵糰發酵時間不足 (4)改良劑用量過多。 3

( )49. 下列那一項不是導致奶酥麵包內餡和麵糰分開的可能原因？ (1)麵糰太硬 (2)餡太軟 (3)攪拌過度 (4)基本發酵過度。 3

( )50. 下列那一項不是導致甜麵包底部裂開的可能原因？ (1)麵糰太硬 (2)改良劑用量過多 (3)麵糰溫度太高 (4)最後發酵箱濕度太高。 4

( )51. 下列那一項不是導致甜麵包表面產生皺紋的可能原因？ (1)麵粉筋性太低 (2)後發酵時間太久 (3)攪拌過度 (4)酵母用量太多。 1

( )52. 下列那一項不是導致丹麥麵包烤焙不容易著色的可能原因？ (1)手粉使用過量 (2)冷凍保存時間太久 (3)裹油及摺疊操作不當 (4)烤焙溫度過高。 4

( )53. 丹麥麵包烤焙時會漏油，下列那一項不是其可能原因？ (1)最後發酵室溫度太高 (2)操作室溫太高 (3)油脂融點太高 (4)裹油及摺疊操作不當。 3

( )54. 會引起小西餅組織過於鬆散，下列那一項不是其可能原因？ (1)攪拌不正確 (2)油量太少 (3)化學膨大劑過多 (4)油量過多。 2

( )55. 下列那一項不是導致小西餅容易黏烤盤的可能原因？ (1)攪拌不正確 (2)糖量太少 (3)烤盤擦油不足 (4)烤盤不乾淨。 2

( )56. 攪拌奶油霜飾，常發現有顆粒殘留，其可能原因是 (1)煮糖溫度太低 (2)未使用奶油 (3)雪白油和奶油軟硬度不一致 (4)沒有加糖粉。 3

( )57. 下列那一項不是導致三層乳酪慕斯派餅乾底鬆散的原因？ (1)油脂使用量不足 (2)餅乾屑顆粒太粗 (3)未加糖粉 (4)攪拌不均勻。 3

( )58. 製作鮮奶油蛋糕時，發覺鮮奶油粗糙不光滑，下列那一項不是其可能原因？ (1)打發過度 (2)鮮奶油放置太久 (3)室溫太高 (4)打發不足。 4

(　)59.	常見的糖含量檢測方法，下列何者為非 (1)高效液相層析法(HPLC) (2)高效陰離子交換層析法(HPAEC) (3)凱氏法(Kjeldahl method) (4)手持式糖度計法(Brix)等方式。	3
(　)60.	糖度計是利用光線偏折的程度，與不同濃度的蔗糖水溶液的數值進行比較，推估出大概的含糖量，下列哪一種敘述錯誤？ (1)簡單快速 (2)會受食物中的其他成分影響 (3)越高越準確 (4)有手持式及電子式糖度計。	3
(　)61.	花蓮薯不良品中不包括 (1)皮餡分離 (2)餡含白豆沙 (3)表皮裂開 (4)表皮皺縮。	2
(　)62.	地瓜茶餅不良品中不包括 (1)內餡外溢 (2)緣紋路不清晰 (3)表皮裂開 (4)餅皮含米穀粉。	4
(　)63.	一片整形好的鬆餅麵糰，在進爐烘烤後至少膨脹至原來體積的 (1)1 (2)2 (3)3 (4)4 倍大。	4
(　)64.	製作糕漿皮時，如果糖量使用過度時 (1)麵糰易流散 (2)顏色淺 (3)花紋立體清晰 (4)麵糰易結糰。	1
(　)65.	餡料於產品中的特性，下列何者為非？ (1)呈現風味 (2)改變外型 (3)無關售價 (4)口感軟硬。	3
(　)66.	關於糕漿皮產品製作，下列何者為非？ (1)糕漿皮需攪拌至光滑 (2)包餡前需要充分鬆弛 (3)整型後皮的厚薄度要上薄下厚，比較不易爆餡 (4)糕漿皮軟硬度，要配合室溫及產品特性。	3
(　)67.	下列那些因素是造成餅乾成品在貯存時破裂現象(checking)的原因？ (1)烘焙不當 (2)表面噴油 (3)成品內部水分不平均 (4)烘焙後急速冷卻。	134
(　)68.	下列那些方式可使餅乾產品外觀紋路更為清晰？ (1)配方中增加用水量 (2)配方中使用部分玉米粉取代麵粉 (3)延長攪拌時間 (4)配方中改用液體油脂。	23
(　)69.	蛋糕的水活性是 (1)為該食品中結合水之表示法 (2)為該食品中自由水之表示法 (3)為該食品之水蒸汽壓與在同溫度下純水飽和水蒸汽壓所得之比值 (4)為該食品中微生物不能利用的水。	23

( )70. 製作蒸烤乳酪蛋糕時，常發現乳酪沉底，其可能的原因為那些？ (1)蛋白打發不夠 (2)乳酪麵糊溫度太低 (3)蛋白和乳酪麵糊攪拌過度 (4)蛋白和乳酪麵糊攪拌不勻。 1234

( )71. 麵包烤焙後體積比較小，下列那些正確？ (1)麵糰溫度太低 (2)攪拌不足 (3)糖量太少 (4)酵母超過保存期限。 124

( )72. 麵包烤焙後烤焙顏色太淺，下列那些正確？ (1)糖量太少 (2)發酵不足 (3)發酵過度 (4)爐溫太低。 134

( )73. 蛋糕烤焙後體積膨脹不足的原因，下列那些正確？ (1)化學膨大劑添加太少 (2)化學膨大劑添加太多 (3)麵糊打發不足 (4)麵糊打發過度。 13

( )74. 烤焙中蛋糕收縮原因，下列那些正確？ (1)麵粉使用不適當 (2)化學膨大劑使用過多 (3)打發不足 (4)打發過度。 124

( )75. 下列那些因素會造成麵包在烤焙時體積比預期小？ (1)麵糰攪拌不足，造成麵筋未擴展，保氣力不足 (2)麵糰溫度過低，發酵不足 (3)烤爐溫度較低，無法立即使酵母失活 (4)將高筋麵粉誤用為低筋麵粉。 124

( )76. 下列那些正確？ (1)麵包最後發酵不足，烤焙時可提高爐溫，加速麵包膨脹，避免產品體積過小 (2)麵粉的破損澱粉含量增加，麵粉的吸水率隨之降低 (3)不帶蓋圓頂土司烤焙後一側有整齊裂痕是正常現象 (4)中種麵糰的基本發酵，其損耗的主要部份為水份及醣類。 34

( )77. 下列那些正確？ (1)土司麵包最後發酵不足，重量較一般正常麵包重 (2)為使麵包品質最佳，應使用剛磨好的麵粉 (3)麵包烤焙時中心溫度應達100℃且維持3分鐘，以確保麵包柔軟好吃 (4)使用中種法製作麵包，酵母使用量比快速直接法少。 14

( )78. 配方中不同鹽量對麵包製作之影響，下列那些正確？ (1)超量的鹽使麵糰筋性增加，韌性過強 (2)未使用鹽，麵包表皮顏色蒼白 (3)未使用鹽的麵包組織粗糙，結構鬆軟 (4)鹽的用量越多，麵糰的發酵損耗越多。 123

(　)79. 配方中不同油量對帶蓋土司麵包製作之影響，下列那些正確？(1)未使用油脂，麵包體積甚小，離標準體積相差甚遠 (2)未使用油脂之麵包底部大多不平整，頂部兩端低垂 (3)油量使用越多，麵包外皮受熱慢，顏色較淺 (4)油量使用越多，麵包表皮越厚，質地越柔軟。 124

(　)80. 不同基本發酵時間對土司麵包製作之影響，下列那些正確？ (1)基本發酵時間超過標準時，進爐後缺乏烤焙彈性 (2)基本發酵時間超過標準時，麵包表皮顏色成蒼白，體積較小 (3)基本發酵時間低於標準時，麵糰整形後烤盤流性極佳，四角及邊緣尖銳整齊 (4)基本發酵時間超過標準時，麵糰中剩餘糖量太多，麵包底部有不均勻的黑色斑點。 123

(　)81. 下列那些是麵包內部品質評分項目？ (1)表皮質地 (2)內部顏色 (3)香味與味道 (4)組織與結構。 234

(　)82. 下列那些是麵包外部品質評分項目？ (1)體積 (2)表皮顏色 (3)表皮質地 (4)組織。 123

(　)83. 奶油酥餅外皮之鬆酥與下列何者有關 (1)油脂的種類 (2)油酥比例 (3)油脂的打發性 (4)油脂的比例。 124

(　)84. 下列何者會影響酥油皮成品層次 (1)油皮油酥比例 (2) 捲次數 (3)油脂種類 (4)烤焙時間。 123

(　)85. 下列何者是造成油皮油酥破酥的原因？ (1)油皮油酥軟硬不一致 (2)油皮太軟油酥太硬 (3) 捲太少 (4)鬆弛不夠。 124

工作項目05：烘焙食品之包裝

(　)1. 一般蛋糕、麵包機械包裝最常用的包裝材料是 (1)聚乙烯(PE) (2)結晶化聚丙烯(CPP) (3)延伸性聚丙烯(OPP) (4)聚氯乙烯(PVC)。 2

(　)2. 延展性最好的材料是 (1)聚乙烯(PE) (2)結晶化聚丙烯(CPP) (3)延伸性聚丙烯(OPP) (4)聚氯乙烯(PVC)。 1

(　)3. 耐熱性高但在低溫下會有脆化現象的包裝材料是 (1)鋁箔 (2)聚乙烯(PE) (3)聚丙烯(PP) (4)泡沫塑膠。 3

( )4. 可耐120℃殺菌處理的包裝材料 (1)低密度聚乙烯 (2)中密度聚乙烯 (3)高密度聚乙烯 (4)聚苯乙烯。 | 3

( )5. 本身無法加熱封密，必須在其表面塗佈可熱封性的材料是 (1)延伸性聚乙烯(OPP) (2)鋁箔 (3)聚丙烯(PP) (4)泡沫塑膠。 | 2

( )6. 餅乾類食品為了長期保存，最好的包裝材料是 (1)聚乙烯(PE) (2)結晶化聚丙烯(CPP) (3)鋁箔積層 (4)聚氯乙烯(PVC)。 | 3

( )7. 烘焙食品包裝材料透氣性最小的是 (1)鋁箔 (2)聚乙烯(PE) (3)聚丙烯(PP) (4)玻璃紙。 | 1

( )8. 食品自動機械包裝不使用聚乙烯(PE)是因為其 (1)透氣性 (2)透明度 (3)延展性 (4)安全性 不適合機械自動操作。 | 3

( )9. 密封包裝之食品可不標示 (1)品名 (2)售價 (3)內容物之成份重量 (4)製造廠名及地址。 | 2

( )10. 積層包裝材料的熱封性常來自 (1)聚苯乙烯(PS) (2)延伸性聚丙烯(OPP) (3)聚乙烯(PE) (4)聚氯乙烯(PVC)。 | 3

( )11. 鋁箔使用於熱封包裝時，鋁箔最好先經過 (1)塗腊 (2)塗聚氯乙烯(PVC) (3)塗聚乙烯(PE) (4)塗聚苯乙烯(PS) 處理。 | 3

( )12. 為了適應包裝需要，包裝材料常須做積層加工例：KOP/AL/PE其所代表的是 (1)一層 (2)二層 (3)三層 (4)四層 的積層材料。 | 3

( )13. 耐腐蝕性，隔絕性佳的包裝材料是 (1)玻璃紙 (2)鋁箔積層 (3)聚乙烯(PE) (4)牛皮紙。 | 2

( )14. 具有粘著性耐低溫，但很難直接印刷的包裝材料是 (1)牛皮紙 (2)玻璃紙 (3)聚乙烯 (4)鋁箔。 | 3

( )15. 烘焙食品包裝使用脫氧劑時，須選用氧氣透過率低的包裝質料，即氧氣透過率（cc/每平方公尺、1氣壓、24小時）不得超過 (1)20cc (2)30cc (3)40cc (4)50cc。 | 1

( )16. 下列敘述何者錯誤？ (1)光對油脂之劣化會產生影響 (2)PE(聚乙烯)比鋁箔之防止色素劣化效果佳 (3)紫色光及可見光均會對色素劣化有影響 (4)食品包裝材料已漸趨使用低污染包材為方向。 | 2

( )17. 不耐低溫的包材是 (1)聚丙烯(PP) (2)耐龍(PA) (3)聚乙烯(PE) (4)保麗龍。 | 1

	題目	答案
(　)18.	為減少保存蛋糕時受空氣之影響，常於包裝時利用 (1)脫氧劑 (2)乾燥劑 (3)抗氧化劑 (4)防腐劑。	1
(　)19.	下列何種不適奶粉包裝？ (1)鋁箔積層 (2)透明玻璃 (3)積層牛皮紙 (4)馬口鐵罐。	2
(　)20.	依衛生福利部製定的食品器具、容器、包裝衛生、塑膠類材料材質的重金屬鉛、鎘含量合格標準為 (1)10 (2)50 (3)100 (4)200 ppm以下。	1
(　)21.	食品經過良好的包裝，下列何者不是在包材可防止變質的原因？ (1)生物性 (2)化學性 (3)物理性 (4)生產方式。	4
(　)22.	配合物流倉儲運輸作業，下列何者不是紙箱品質選擇之主要考慮因素？ (1)成本 (2)破裂強度 (3)美觀性 (4)耐壓強度。	3
(　)23.	下列何者包裝材質適於使用脫氧劑的包裝？ (1)延伸性聚丙烯/聚乙烯(OPP/PE) (2)聚偏二氯乙烯塗佈延伸性聚丙烯/聚乙烯(KOP/PE) (3)聚乙烯(PE) (4)聚丙烯(PP)。	2
(　)24.	充氣包裝中有抑菌效果的氣體是 (1)氧(O2) (2)一氧化碳(CO) (3)二氧化碳(CO2) (4)二氧化氮(NO2)。	3
(　)25.	使用脫氧劑包裝主要是抑制 (1)酵母菌 (2)金黃色葡萄球菌 (3)肉毒桿菌 (4)黴菌。	4
(　)26.	一般市售甜麵包不宜使用何種材質之包裝袋？ (1)延伸性聚丙烯(OPP) (2)聚丙烯(PP) (3)聚氯乙烯(PVC) (4)聚乙烯(PE)。	3
(　)27.	下列何者不是衛生主管機關營養標示法所規定的項目？ (1)熱量 (2)蛋白質量 (3)鈣含量 (4)鈉含量。	3
(　)28.	枕頭式包裝機要包裝時 (1)開機就可直接包裝 (2)只要縱封溫度達設定溫度後即可包裝 (3)橫封縱封溫度達到設定溫度後等溫度穩定後再包裝 (4)只要橫封溫度達設定溫度後即可包裝。	3

工作項目06：食品保存

( )1. 巧克力儲存時其相對濕度應保持在 (1)50~60% (2)65~70% (3)70~75% (4)80~85%。 1

( )2. 麵粉之貯存時間長短與脂肪分解酵素有密切關係，它主要存在 (1)糊粉層 (2)胚芽 (3)內胚乳 (4)麩皮。 1

( )3. 椰子粉於良好貯存條件下即 (1)溫度(10~15℃)相對濕度60%以下 (2)溫度(10~15℃)相對濕度50%以下 (3)溫度(27~32℃)相對濕度60%以下 (4)溫度(32~38℃)相對濕度70%以下，可貯藏數月不變質。 2

( )4. 下列奶製品中，最容易變質的是 (1)布丁 (2)奶粉 (3)煉乳 (4)保久乳。 1

( )5. 布丁派應貯存在 (1)7℃ (2)10℃ (3)12℃ (4)15℃ 以下冷藏櫃內。 1

( )6. 椰子粉應貯藏於 (1)清潔、乾淨、高溫之處 (2)清潔、低溫、陽光直射之處 (3)清潔、乾淨、低溫陽光不易照射之處 (4)到處可以存放。 3

( )7. 抽取的香料需貯藏於密閉容器中，而且溫度最好在 (1)0℃以下 (2)4~10℃ (3)20~30℃ (4)40℃以上。 2

( )8. 下列何種乳製品可不需冷藏 (1)乳酪 (2)鮮奶 (3)奶粉 (4)布丁。 3

( )9. 葡萄乾貯存時，應 (1)避免將盒子拆封，放置於22℃乾燥之處 (2)將盒子拆封，放置於40℃高溫之處 (3)避免將盒子拆封，放置於60℃乾燥之處 (4)不必考慮貯存條件。 1

( )10. 冷凍食品應保存在攝氏 (1)0℃以下 (2)-10℃以下 (3)-12℃以下 (4)-18℃以下。 4

( )11. 快速乾燥酵母粉在製造時須用真空包裝，以隔絕空氣及水氣，不開封在室溫下可貯放一年，但封口拆開，則須在 (1)21~30天 (2)15~20天 (3)10~14天 (4)3~5天 內用完。 4

( )12. 新鮮酵母容易死亡，必須貯藏在冰箱(3~7℃)中，通常保存期限不宜超過 (1)1~2年 (2)6~9月 (3)3~4月 (4)3~4星期。 4

( )13. 熱藏食品之保存溫度為 (1)30℃ (2)40℃ (3)50℃ (4)65℃ 以上。 4

( )14. 為防止麵包老化常在製作時加入 (1)抗氧化劑 (2)乳化劑 (3)膨大劑 (4)酸鹼中和劑。 2

( )15. 使用食品添加物時要考慮以下那一點 (1)品質可用 (2)必須有食品添加物許可證 (3)價格便宜 (4)進口者。 2

( )16. 儲存食品或原料的場所 (1)可以與寵物共處一處 (2)不可養豬狗等寵物 (3)若空間太小可以考慮共用 (4)不可養狗，但可養貓以便捉老鼠。 2

( )17. 能於常溫保存之製品，其容器包裝之材質應具 (1)低透光性低透氣性 (2)高透光性高透氣性 (3)低透光性高透氣性 (4)高透光性低透氣性。 1

( )18. 食品放置大氣中，不會因下列何者因素而引起變質？ (1)生物性 (2)化學性 (3)物理性 (4)操作性。 4

( )19. 乳化劑可使產品 (1)膨大 (2)增加貯藏性 (3)增加韌性 (4)增加色澤。 2

( )20. 工作場所裝置紫外線燈 (1)可防止微生物污染，可直接照射人之眼睛 (2)可防止微生物污染，不可直接照射人之眼睛 (3)不可防止微生物污染，可直接照射人之眼睛 (4)不可防止微生生物污染，不可直接照射人之眼睛。 2

( )21. 冷凍麵糰應貯存在下列何者條件下？ (1)-4~-5℃ (2)-6~-10℃ (3)-11~-15℃ (4)-20℃以下。 4

( )22. 製作乳酪蛋糕的乳酪(Cream Cheese)宜儲存在 (1)-10~-20℃ (2)-10~-1℃ (3)0~5℃ (4)5~15℃。 3

( )23. 片裝巧克力最佳貯存溫度為 (1)35℃ (2)20℃ (3)0℃ (4)-18℃。 2

( )24. 為了維持天然鮮奶油(Whipping Cream)之鮮度及最佳起泡性，應將其儲存在 (1)20~25℃ (2)10~15℃ (3)4~7℃ (4)-15~-18℃。 3

( )25. 烘焙後之產品若要採取冷凍保存，為了得到解凍後最佳的品質，應將產品先行以 (1)-40℃ (2)-30℃ (3)-25℃ (4)-20℃ ，急速冷凍後再進入一般冷凍庫保存。 1

( )26. 蒸烤乳酪蛋糕，在銷售時應儲存在 (1)室溫 (2)4~7℃ (3)-18℃ (4)-40℃ 櫃子展售，以維持產品的鮮度與好吃。 2

( )27. 高水活性的烘焙食品，為了使產品品嚐時，具有濕潤感及鮮美，應將其儲放在 (1)高溫、高濕 (2)高溫、低濕 (3)低溫、高濕 (4)低溫、低濕。 3

( )28. 倉庫貯藏物品，距離牆壁地面應在 (1)3公分以上 (2)5公分以上 (3)30公分以上 (4)50公分以上 ，以利空氣流通及物品之搬運。 2

( )29. 市售之液體全蛋，未經殺菌處理，若貯存時間在8小時以下，應放置在 (1)7.2℃以下 (2)10.5℃以下 (3)15.8℃以下 (4)23℃以下之環境存放。 1

( )30. 食品保存的目的是 (1)加速品質低落 (2)減緩變壞或腐敗 (3)延長可食期限 (4)保存產量過剩的產品。 234

( )31. 引起食物中毒病菌－沙門氏菌(Salmonella)的生長溫度： (1)最低溫度0℃ (2)最低溫度6℃ (3)最適溫度43℃ (4)最高溫度46℃。 234

( )32. 加熱殺菌方法有殺菌(pasteurization)和滅菌(sterilization)二種，下列那些敘述錯誤？ (1)殺菌是高溫，使用120℃（一大氣壓）15磅蒸汽的溫度，15~20分鐘會將孢子和所有微生物殺死 (2)殺菌是低溫，使用63℃、30分鐘，或瞬間殺菌71℃、8~15秒鐘 (3)滅菌是低溫，使用63℃、30分鐘，或瞬間殺菌71℃、8~15秒鐘 (4)滅菌是高溫，使用120℃（一大氣壓）15磅蒸汽的溫度，15~20分鐘會將孢子和所有微生物殺死。 13

( )33. 對鮮奶的殺菌方法有一般殺菌、HTST（高溫短時）殺菌、UHT（超高溫）殺菌，下列那些正確？ (1)一般殺菌溫度62~65℃，時間30分 (2)HTST殺菌溫度72℃以上，時間15秒 (3)UHT殺菌溫度120~150℃以上，時間1~3秒 (4)UHT殺菌溫度120℃以上，時間15秒。 123

( )34. 殺菌液蛋衛生要求有那些？ (1)總生菌數要降到5000個以下 (2)沙門氏菌為陰性 (3)大腸桿菌為10 (4)使用傳統包裝在4.4℃可保存7~14天。 124

( )35. 有關麵粉貯存的敘述，下列那些正確？ (1)貯存的場所必須乾淨且有良好的通風設備 (2)溫度在35~45℃ (3)相對濕度維持在55~65% (4)放置麵粉時可緊靠牆壁堆疊，以節省空間。 13

( )36. 完整包裝之烘焙食品應以中文及通用符號顯著標示下列那些事項？ (1)品名 (2)生產者姓名 (3)內容物名稱及重量 (4)食品添加物名稱。 134

( )37. 改變食品貯藏環境（包括包裝內）的氣體成份，抑制食品品質劣變的方法有那些？ (1)真空包裝 (2)充氮包裝 (3)充氧包裝 (4)添加脫氧劑。 124

工作項目07：品質管制

( )1. 一般所用之品質管制都是利用 (1)檢驗品管 (2)統計品管 (3)隨機品管 (4)製造品管 ，而達品管目的。 2

( )2. 品質管制之循環為 (1)P-A-C-D (2)A-C-D-P (3)P-D-C-A (4)C-P-D-A。 3

( )3. 統計上所謂全距R是指 (1)最大值－最小值／2 (2)最大值－最小值 (3)最大值÷最小值 (4)最大值＋最小值。 2

( )4. 常態分配下，平均值±3個標準差(M±3σ)之機率為 (1)68.27% (2)95.44% (3)99.73% (4)100%。 3

( )5. 品質管制的工作是 (1)生產製造人員 (2)檢驗人員 (3)販賣人員 (4)全體員工 之責任。 4

( )6. P管制圖代表 (1)不良數管制圖 (2)不良率管制圖 (3)缺點數管制圖 (4)平均值管制圖。 2

( )7. 要做好品質管制最基本的是 (1)要建立各項標準 (2)要做好檢驗 (3)要做好包裝 (4)要訓練人員。 1

( )8. 為對問題尋求解決方案常常利用腦力激盪，其原則為 (1)絕不批評 (2)互相批評 (3)事先安排好發言人 (4)觀念愈少愈好。 1

( )9. 品質保證之目的為 (1)使顧客買到滿意的產品 (2)使顧客買到便宜產品 (3)使顧客很容易購買 (4)使顧客要多少就能買多少。 1

( )10. 當一個基層幹部，部屬有不同意見時要 (1)盡力說服 (2)不理其意見 (3)請同事說明 (4)傾聽後再詳細說明。 4

( )11. 原物料之購買時要 (1)考慮價格就好 (2)選擇注重品質之有信用供應商 (3)找相關朋友 (4)由老闆決定。 2

( )12. 將收集之數據依照班別或日期別、機台別分開歸納處理之品管手法稱為 (1)特性要因分析 (2)相關迴歸 (3)散佈圖 (4)層別。 4

( )13. 管制循環中之P-D-C-A之C代表 (1)查核 (2)教育訓練 (3)採取行動 (4)標準化。 1

( )14. 掌握問題所應用的"A.B.C.圖"指的是 (1)直方圖 (2)柏拉圖 (3)散佈圖 (4)統計圖。 2

( )15. 何者不屬於計量值管制圖？ (1) (2) (3) (4)。 4

( )16. 柏拉圖是用來解決多少不良原因的圖表？ (1)10~20% (2)30~40% (3)70~80% (4)100%。 3

( )17. 管製圖呈常態分配±3σ時，檢驗1000次中，約有幾次出現在界限外，仍屬於管制狀態中？ (1)5次 (2)0.3次 (3)3次 (4)30次。 3

( )18. 下列那些是管製圖之主要用途？ (1)決定方針用 (2)圖示看板 (3)交貨檢查用 (4)製程解析管制用。 24

( )19. 一般在製造的過程中，品質特性一定都會變動，無法做成完全一致的產品，下列那些是引起變動的異常（非機遇）原因？ (1)新機器設備 (2)設備投資遷移至新環境 (3)不遵守正確程式 (4)不良原物料。 34

( )20. 下列那些是品管活動統計手法上，一般所謂的「QC（品管）七大手法」？ (1)甘特圖 (2)管製圖 (3)柏拉圖 (4)矩陣圖。 23

( )21. 有關烘焙食品業者對於主管機關檢驗結果有異議者，下列那些錯誤？ (1)得於收到有關通知後十日內，向原抽驗機關申請複驗 (2)受理複驗機關應於十日內就其餘存檢體複驗之 (3)但檢體已變質者，不得申請複驗 (4)申請複驗以一次為限，並應繳納檢驗費。 12

( )22. 企業採行抽檢的主要原因中，下列那些正確？ (1)避免賠償 (2)顧客對品質的要求仍未達到必須全檢的地步 (3)全數檢驗費用或檢驗時間不符經濟效益 (4)產品無法進行全檢。 234

( )23. 下列那些敘述正確？ (1)組織的品質水準必須予以持續的量測與監控 (2)過程量測與監控的目的在於提早發現問題並避免不合格品的大量出現 (3)一般而言製程檢查是比產品的檢查來的容易許多 (4)過程有時被稱為流程，但在製造業裡被稱為製程。 124

( )24. 下列那些是計量值管製圖？ (1)不良率管製圖 (2)缺點數管製圖 (3)平均數與全距管製圖 (4)多變數管製圖。 34

( )25. 下列那些是計量值品質特性？ (1)重量 (2)良品數 (3)溫度 (4)缺點數。 13

( )26. 下列那些是用來評估製程能力的指標？ (1)客戶 (2)規格 (3)良率 (4)實用要求。 23

( )27. 關於拒收貨品的處理對策，下列那些正確？ (1)篩選 (2)折價 (3)退貨 (4)報廢。 134

( )28. 下列那些是品質管理的應用範圍？ (1)企業策略 (2)營運計劃 (3)品質政策之擬定 (4)品質改善之推行。 34

( )29. 下列那些是品質成本？ (1)預防成本 (2)行銷成本 (3)鑑定成本 (4)原料成本。 13

( )30. 下列那些不是顧客申訴及產品在保證使用年限內的免費服務等費用的歸屬？ (1)預防成本 (2)鑑定成本 (3)內部失敗成本 (4)外部失敗成本。 123

( )31. 精度或準度不足的量測儀器應避免使用，須經過下列那些作業後方得使用？ (1)檢查 (2)外校 (3)稽核 (4)內校。 24

(　)32. 下列那些是建立標準檢驗程式的主要目的？ (1)降低檢驗作業的錯誤機率 (2)降低檢驗的誤差與變異 (3)提升檢驗效率與避免爭議 (4)在產品不良時採取矯正與預防對策。 123

(　)33. 下列那些是製程能力分析常用的方法？ (1)對製程直接測定，如溫度 (2)間接測定，如6標準差（6σ）之概念 (3)製程變數與產品結果之相關分析 (4)成本分析。 123

(　)34. 下列那些敘述正確？ (1)管製圖使用前應完成標準化作業 (2)使用規格值製作管製圖 (3)管製圖使用前應先決定管制項目 (4)管制項目與使用之管製圖種類無關。 13

(　)35. 對異常現象所採取的處置或改善措施，下列那些正確？ (1)憑經驗法則去決定問題 (2)使用柏拉圖把握問題點 (3)根據主觀判斷問題原因 (4)利用統計方法解析問題。 24

(　)36. 有關特性要因圖的敘述，下列那些正確？ (1)敘述原因與結果之間的關係 (2)又稱為魚骨圖 (3)原因可依製程別或4M（人、機械、材料、方法）分類 (4)使用○△×等記號作為數據的紀錄。 123

(　)37. 下列那些是品質管制的正確觀念？ (1)提高品質必然增加成本 (2)提供最適當品質給客戶或消費者 (3)品質與價格無關，與價值有關 (4)品質是品管部門之責任。 23

(　)38. 下列那些是QC工程圖（製程管制方案）之內容？ (1)管制項目 (2)現場作業人數 (3)標準工時 (4)檢查頻率。 14

(　)39. 下列那些為製程能力分析之用途？ (1)提供資料給設計部門，以現有製程能力設計新產品 (2)設定一適當之中心值，以獲得最經濟之生產 (3)提供資料給行銷部門，以供通路策略使用 (4)考核及篩選合格之作業員。 12

工作項目08：成本計算

( )1. 以下小西餅配方為成本計算用配方（依烘焙百分比列述），若每一鍋所投入之原料總重為23.2公斤，請問此鍋小西餅總原料成本為多少元？ (1)523 (2)623 (3)723 (4)823 元。 4

A.原料、單價、固形率

原料名稱	單價 元／kg	固形率 (%)	原料名稱	單價 元／kg	固形率 (%)	原料名稱	單價 元／kg	固形率 (%)
低筋麵粉	11	86	全蛋（液體蛋）	40	25	鮮奶油	180	56
中筋麵粉	12	86	蛋白（液體蛋）	40	12.5	發粉	50	0
高筋麵粉	13	86	蛋黃（液體蛋）	90	50	小蘇打	13	0
無鹽奶油	90	84	細粒特砂	29	98	脫脂奶粉	60	96
烤酥油 Shortening	50	100	糖粉	31	98	全脂奶粉	65	96
沙拉油	40	100	玉米澱粉	12	96			
轉化糖漿	30	80	精鹽	10	96			
玉米糖漿	30	80	鮮奶	35	13			

B.小西餅配方：

原料名稱	%	原料名稱	%	原料名稱	%	原料名稱	%	%
無鹽奶油	50	糖粉	50	精鹽	0.8	全蛋（液體蛋）	15	
鮮奶	10	低筋麵粉	100	玉米澱粉	5	發粉	1.2	合計232

(　)2.　以下西餅配方為成本計算用配方（依烘焙百分比列述），若每一鍋所投入之原料總重為116公斤，請問此鍋小西餅總原料成本為多少元？ 2,165 (2)2,865 (3)3,865 (4)4,115 元。

4

A.原料、單價、固形率

原料名稱	單價 元／kg	固形率 (%)	原料名稱	單價 元／kg	固形率 (%)	原料名稱	單價 元／kg	固形率 (%)
低筋麵粉	11	86	全蛋（液體蛋）	40	25	鮮奶油	180	56
中筋麵粉	12	86	蛋白（液體蛋）	40	12.5	發粉	50	0
高筋麵粉	13	86	蛋黃（液體蛋）	90	50	小蘇打	13	0
無鹽奶油	90	84	細粒特砂	29	98	脫脂奶粉	60	96
烤酥油 Shortening	50	100	糖粉	31	98	全脂奶粉	65	96
沙拉油	40	100	玉米澱粉	12	96			
轉化糖漿	30	80	精鹽	10	96			
玉米糖漿	30	80	鮮奶	35	13			

B.小西餅配方：

原料名稱	%	原料名稱	%	原料名稱	%	原料名稱	%	%
無鹽奶油	50	糖粉	50	精鹽	0.8	全蛋（液體蛋）	15	
鮮奶	10	低筋麵粉	100	玉米澱粉	5	發粉	1.2	合計232

Chapter 06

(　)3. 如下表，小西餅配方為成本計算用配方（依烘焙百分比列述），若每一鍋所投入之原料總重為23.2公斤，烘焙後此小西餅之含水率為2%，製造之損耗率為3%，請問此小西餅每公斤成品之原料成本為多少元？ (1)36 (2)46 (3)56 (4)66 元。 2

A.原料、單價、固形率

原料名稱	單價 元／kg	固形率 (%)	原料名稱	單價 元／kg	固形率 (%)	原料名稱	單價 元／kg	固形率 (%)
低筋麵粉	11	86	全蛋（液體蛋）	40	25	鮮奶油	180	56
中筋麵粉	12	86	蛋白（液體蛋）	40	12.5	發粉	50	0
高筋麵粉	13	86	蛋黃（液體蛋）	90	50	小蘇打	13	0
無鹽奶油	90	84	細粒特砂	29	98	脫脂奶粉	60	96
烤酥油 Shortening	50	100	糖粉	31	98	全脂奶粉	65	96
沙拉油	40	100	玉米澱粉	12	96			
轉化糖漿	30	80	精鹽	10	96			
玉米糖漿	30	80	鮮奶	35	13			

B.小西餅配方：

原料名稱	%	原料名稱	%	原料名稱	%	原料名稱	%	%
無鹽奶油	50	糖粉	50	精鹽	0.8	全蛋（液體蛋）	15	
鮮奶	10	低筋麵粉	100	玉米澱粉	5	發粉	1.2	合計232

(　)4.　如下表，小西餅配方為成本計算用配方（依烘焙百分比列述），現今由於無鹽奶油缺貨，公司政策性決定以烤酥油代替，烤酥油之使用百分比為？ (1)50 (2)48.5 (3)46 (4)42。　4

A.原料、單價、固形率

原料名稱	單價 元／kg	固形率 (%)	原料名稱	單價 元／kg	固形率 (%)	原料名稱	單價 元／kg	固形率 (%)
低筋麵粉	11	86	全蛋（液體蛋）	40	25	鮮奶油	18	56
中筋麵粉	12	86	蛋白（液體蛋）	40	12.5	發粉	50	0
高筋麵粉	13	86	蛋黃（液體蛋）	90	50	小蘇打	13	0
無鹽奶油	90	84	細粒特砂	29	98	脫脂奶粉	60	96
烤酥油 Shortening	50	100	糖粉	31	98	全脂奶粉	65	96
沙拉油	40	100	玉米澱粉	12	96			
轉化糖漿	30	80	精鹽	10	96			
玉米糖漿	30	80	鮮奶	35	13			

B.海棉蛋糕配方：

原料名稱	%	原料名稱	%	原料名稱	%	原料名稱	%
全蛋	140	鹽	2	發粉	2	水	35
細粒特砂	116	低筋麵粉	100	奶粉（全脂）	5	合計	400

(　)5. 以下小西餅配方為成本計算用配方（依烘焙百分比列述），現今由於鮮奶保存不易，想調整配方，但不希望風味及口感上有太大的變化，應如何修訂此配方 (1)以脫脂奶粉9%對水91%混合調配 (2)以全脂奶粉9%對水91%混合調配 (3)以全脂奶粉13%對水87%混合調配 (4)以脫脂奶粉12%對水88%混合調配。　3

A.原料、單價、固形率

原料名稱	單價 元／kg	固形率 (%)	原料名稱	單價 元／kg	固形率 (%)	原料名稱	單價 元／kg	固形率 (%)
低筋麵粉	11	86	全蛋（液體蛋）	40	25	鮮奶油	180	56
中筋麵粉	12	86	蛋白（液體蛋）	40	12.5	發粉	50	0
高筋麵粉	13	86	蛋黃（液體蛋）	90	50	小蘇打	13	0
無鹽奶油	90	84	細粒特砂	29	98	脫脂奶粉	60	96
烤酥油 Shortening	50	100	糖粉	31	98	全脂奶粉	65	96
沙拉油	40	100	玉米澱粉	12	96			
轉化糖漿	30	80	精鹽	10	96			
玉米糖漿	30	80	鮮奶	35	13			

B.小西餅配方：

原料名稱	%	原料名稱	%	原料名稱	%	原料名稱	%	%
無鹽奶油	50	糖粉	50	精鹽	0.8	全蛋（液體蛋）	15	
鮮奶	10	低筋麵粉	100	玉米澱粉	5	發粉	1.2	合計232

(　)6.　以下小西餅配方為成本計算用配方（依烘焙百分比列述），現今由於鮮奶缺貨，廠內僅有脫脂奶粉及無水奶油可供利用，請問如何修訂此配方，使儘量符合原配方之品質 (1)以10%脫脂奶粉對87%的水和3%無水奶油 (2)以9%脫脂奶粉對90%的水和1%無水奶油 (3)以9%全脂奶粉對88%的水和3%無水奶油 (4)以10%全脂奶粉對88%的水和2%無水奶油。　1

A.原料、單價、固形率

原料名稱	單價元／kg	固形率(%)	原料名稱	單價元／kg	固形率(%)	原料名稱	單價元／kg	固形率(%)
低筋麵粉	11	86	全蛋（液體蛋）	40	25	鮮奶油	180	56
中筋麵粉	12	86	蛋白（液體蛋）	40	12.5	發粉	50	0
高筋麵粉	13	86	蛋黃（液體蛋）	90	50	小蘇打	13	0
無鹽奶油	90	84	細粒特砂	29	98	脫脂奶粉	60	96
烤酥油 Shortening	50	100	糖粉	31	98	全脂奶粉	65	96
沙拉油	40	100	玉米澱粉	12	96			
轉化糖漿	30	80	精鹽	10	96			
玉米糖漿	30	80	鮮奶	35	13			

B.小西餅配方：

原料名稱	%	原料名稱	%	原料名稱	%	原料名稱	%	%
無鹽奶油	50	糖粉	50	精鹽	0.8	全蛋（液體蛋）	15	
鮮奶	10	低筋麵粉	100	玉米澱粉	5	發粉	1.2	合計232

(　)7.　無鹽奶油每一箱重25磅市價1200元，請問每公斤多少元 (1)48 (2)58 (3)106 (4)126 元。　3

(　)8.　海綿蛋糕若採用全蛋攪拌法時，其基本配方為麵粉100%、糖166%、蛋166%、鹽3%、沙拉油25%時，所使用之攪拌鍋容積為60公升時，蛋之用量大約為多少公斤最適合 (1)3.5 (2)4.5 (3)5.5 (4)6.5 公斤。　4

Chapter 06

( )9. 以下海綿蛋糕配方為成本計算用配方（依烘焙百分比列述），依下述配方做20個8×1.5英吋之圓型烤模，每個模子內裝麵糊240公克，則麵粉的用量應為 (1)1,200 (2)1,300 (3)1,400 (4)1,500 公克。 1

A.原料、單價、固形率

原料名稱	單價元／kg	固形率(%)	原料名稱	單價元／kg	固形率(%)	原料名稱	單價元／kg	固形率(%)
低筋麵粉	11	86	全蛋（液體蛋）	40	25	鮮奶油	18	56
中筋麵粉	12	86	蛋白（液體蛋）	40	12.5	發粉	50	0
高筋麵粉	13	86	蛋黃（液體蛋）	90	50	小蘇打	13	0
無鹽奶油	90	84	細粒特砂	29	98	脫脂奶粉	60	96
烤酥油 Shortening	50	100	糖粉	31	98	全脂奶粉	65	96
沙拉油	40	100	玉米澱粉	12	96			
轉化糖漿	30	80	精鹽	10	96			
玉米糖漿	30	80	鮮奶	35	13			

B.海棉蛋糕配方：

原料名稱	%	原料名稱	%	原料名稱	%	原料名稱	%
全蛋	140	鹽	2	發粉	2	水	35
細粒特砂	116	低筋麵粉	100	奶粉（全脂）	5	合計	400

(　)10. 以下海綿蛋糕配方為成本計算用配方（依烘焙百分比列述），若本配方想做每個麵糊重65公克之小海綿蛋糕20個，則全蛋之用量應為 (1)280 (2)380 (3)430 (4)455 公克。　4

A.原料、單價、固形率

原料名稱	單價 元／kg	固形率 (%)	原料名稱	單價 元／kg	固形率 (%)	原料名稱	單價 元／kg	固形率 (%)
低筋麵粉	11	86	全蛋（液體蛋）	40	25	鮮奶油	18	56
中筋麵粉	12	86	蛋白（液體蛋）	40	12.5	發粉	50	0
高筋麵粉	13	86	蛋黃（液體蛋）	90	50	小蘇打	13	0
無鹽奶油	90	84	細粒特砂	29	98	脫脂奶粉	60	96
烤酥油 Shortening	50	100	糖粉	31	98	全脂奶粉	65	96
沙拉油	40	100	玉米澱粉	12	96			
轉化糖漿	30	80	精鹽	10	96			
玉米糖漿	30	80	鮮奶	35	13			

B.海棉蛋糕配方：

原料名稱	%	原料名稱	%	原料名稱	%	原料名稱	%
全蛋	140	鹽	2	發粉	2	水	35
細粒特砂	116	低筋麵粉	100	奶粉（全脂）	5	合計	400

(　)11. 以下海綿蛋糕配方為成本計算用配方（依烘焙百分比列述），依下述配方做10個8×1.5英吋之圓型烤模，每個模子內裝麵糊240公克，則每個蛋糕之原料成本應為多少元？ (1)3.3 (2)6.3 (3)12.6 (4)25.2 元。　2

Chapter 06

(　)12. 以下海綿蛋糕配方為成本計算用配方（依烘焙百分比列述），依下述配方每，依下述配方每日做100個10.5英吋之圓型烤模，需3位操作人員，每位員工日薪為600元則每個蛋糕應負擔多少人工費用 (1)1.8 (2)6 (3)18 (4)36 元。 　3

A.原料、單價、固形率

原料名稱	單價 元／kg	固形率 (%)	原料名稱	單價 元／kg	固形率 (%)	原料名稱	單價 元／kg	固形率 (%)
低筋麵粉	11	86	全蛋（液體蛋）	40	25	鮮奶油	18	56
中筋麵粉	12	86	蛋白（液體蛋）	40	12.5	發粉	50	0
高筋麵粉	13	86	蛋黃（液體蛋）	90	50	小蘇打	13	0
無鹽奶油	90	84	細粒特砂	29	98	脫脂奶粉	60	96
烤酥油 Shortening	50	100	糖粉	31	98	全脂奶粉	65	96
沙拉油	40	100	玉米澱粉	12	96			
轉化糖漿	30	80	精鹽	10	96			
玉米糖漿	30	80	鮮奶	35	13			

B.海棉蛋糕配方：

原料名稱	%	原料名稱	%	原料名稱	%	原料名稱	%
全蛋	140	鹽	2	發粉	2	水	35
細粒特砂	116	低筋麵粉	100	奶粉（全脂）	5	合計	400

( )13. 以下海綿蛋糕配方為成本計算用配方（依烘焙百分比列述），依下述配方做100個10.5英吋之圓烤盤，每個原料成本為50元，需3位操作人員，每位員工日薪為600元，製造費3000元，包裝材料費用每個50元，銷售管理費用每個20元，公司所需利潤佔售價之20%，則每個應賣多少元才合理？ (1)168 (2)180 (3)210 (4)280 元。 3

A.原料、單價、固形率

原料名稱	單價 元／kg	固形率 (%)	原料名稱	單價 元／kg	固形率 (%)	原料名稱	單價 元／kg	固形率 (%)
低筋麵粉	11	86	全蛋（液體蛋）	40	25	鮮奶油	18	56
中筋麵粉	12	86	蛋白（液體蛋）	40	12.5	發粉	50	0
高筋麵粉	13	86	蛋黃（液體蛋）	90	50	小蘇打	13	0
無鹽奶油	90	84	細粒特砂	29	98	脫脂奶粉	60	96
烤酥油 Shortening	50	100	糖粉	31	98	全脂奶粉	65	96
沙拉油	40	100	玉米澱粉	12	96			
轉化糖漿	30	80	精鹽	10	96			
玉米糖漿	30	80	鮮奶	35	13			

B.海棉蛋糕配方：

原料名稱	%	原料名稱	%	原料名稱	%	原料名稱	%
全蛋	140	鹽	2	發粉	2	水	35
細粒特砂	116	低筋麵粉	100	奶粉（全脂）	5	合計	400

( )14. 某麵粉含水分13%、蛋白質12%、吸水率63%、灰分0.5%，則固形物百分比為 (1)88 (2)87 (3)37 (4)99.5 %。 2

( )15. 某麵粉含水13%、蛋白質13.5%、吸水率66%，經過一段時間儲存後，水分降至10%，則其蛋白質含量變為 (1)13.97 (2)12.52 (3)11.63 (4)10.75 %。 1

( )16. 某麵粉含水12.5%、蛋白質13.0%、吸水率60%、灰分0.48%，儲存一段時間後，水分降至10%，則其吸水率為 (1)62.6 (2)63.6 (3)64.6 (4)65.6 %。 3

( )	17.	下列四種麵粉，那一種最便宜 (1)A麵粉，含水10.9%，每100公斤，價格為1180元 (2)B麵粉，含水11.5%，每100公斤，價格為1160元 (3)C麵粉，含水12.2%，每100公斤，價格為1140元 (4)D麵粉，含水13.0%，每100公斤，價格為1120元。	4
( )	18.	本公司高筋麵粉規格水分為12.5%，與廠商談妥，價格為每公斤11.8元，這一批交貨50噸，取樣分析水分為13.8%，本公司損失多少錢？（以固形物計算，求小數點到第一位） (1)8,765元 (2)9,000元 (3)10,800元 (4)11,200元。	1
( )	19.	假設麵粉的密度為400公斤／立方公尺，今有10噸的散裝麵粉，則需要多少空間來儲存？ (1)20 (2)22 (3)25 (4)28 立方公尺。	3
( )	20.	某容器淨重400公克，裝滿水後的重量為900公克，裝滿麵糊的重量為840公克，請問此麵糊的比重為多少？ (1)1.34 (2)0.93 (3)0.88 (4)0.82。	3
( )	21.	某蛋糕攪拌機，其攪拌缸容積為60公升，今欲攪拌某麵糊9分鐘，使麵糊比重為0.85，請問下列那一種麵糊最有效益而不溢流？（不計攪拌器的容積） (1)30 (2)40 (3)51 (4)55 公斤。	2
( )	22.	經過一天的生產後，產生的不良麵包有33條，佔總產量的1.5%（不良率）請問一共生產多少條麵包？ (1)1,600 (2)1,800 (3)2,000 (4)2,200。	4
( )	23.	葡萄乾今年的價格是去年的120%，今年每公斤為48元，去年每公斤應為 (1)40 (2)42 (3)44 (4)46 元。	1
( )	24.	蛋殼所佔全蛋之比例為 (1)6~8% (2)10~12% (3)15~18% (4)18~20%。	2
( )	25.	產品售價包含直接人工成本15%，如果烘焙技師月薪（工作天為30天）連食宿可得新台幣21,000元，則其每天需生產產品的價值為 (1)4,666元 (2)3,840元 (3)3,212元 (4)2,824元。	1
( )	26.	無水奶油每公斤新台幣160元，含水奶油（實際油量80%）每公斤140元，依實際油量核算則含水奶油每公斤比無水奶油每公斤 (1)貴15元 (2)相同 (3)便宜15元 (4)便宜20元。	1
( )	27.	麵包廠創業貸款400萬元，年利率12%，每月應付利息為 (1)3萬元 (2)4萬元 (3)5萬元 (4)6萬元。	2

( )28. 帶殼蛋每公斤38元，但帶殼蛋的破損率為15%，連在蛋殼上的蛋液有5%，蛋殼本身佔全蛋的10%，因此帶殼蛋真正可利用的蛋液，每公斤的價格應為 (1)45.6元 (2)50.6元 (3)52.3元 (4)62.5元。 3

( )29. 某廠專門生產土司麵包，雇用男工3人，月薪25,000元，女工2人，月薪15,000元，每年固定發2個月獎金，一個月生產25天，每天生產8小時，每小時生產300條，則每條人工成本為 (1)1.95 (2)2.04 (3)2.58 (4)3.12 元／條。 2

( )30. 新建某麵包廠，廠房投資2400萬元，設備機器投資2400萬元，假定廠房折舊以40年分攤，設備機器折舊以10年分攤，則建廠初期的每月折舊費用為 (1)20 (2)25 (3)30 (4)35 萬元／月。 2

( )31. 某廠專門生產土司麵包，麵糰重900公克／條，配方及原料單價如下：麵粉100%,12元／公斤、糖5%,24元／公斤、鹽2%,8.5元／公斤、酵母2.5%,30元／公斤、油4%,40元／公斤、奶粉4%,60元／公斤、改良劑0.5%,130元／公斤、水62%（不計價），合計180%，則每條土司的原料成本為 (1)9.24元 (2)9.385元 (3)10.15元 (4)10.56元。 2

( )32. 製作某麵包其配方及原料單價如下：麵粉100%；單價12元／公斤、水60%、鹽2%；單價8元／公斤、油2%；單價40元／公斤、酵母2%；單價14元／公斤，合計166%，假定損耗5%，則分割重量300公克／條之原料成本為 (1)2.52 (2)3.02 (3)3.52 (4)3.88 元／條。 1

( )33. 若某烘焙食品公司其銷貨毛利為40%，但其營業利益只有5%，請問何種費用偏高所引起的？ (1)原料費用與製造費用 (2)包裝材料費用與管理費用 (3)銷售費用與管理費用 (4)銷售費用與直接人工成本。 3

( )34. 欲製作900公克的麵糰之土司5條，若損耗以10%計，則總麵糰需要 (1)4500公克 (2)5000公克 (3)5500公克 (4)6000公克。 2

( )35. 已知實際百分比麵粉為20%白油為10%，則白油的烘焙百分比為 (1)30% (2)40% (3)50% (4)60%。 3

( )36. 已知烘焙總百分比為200%糖用量為12%，則麵糰總量為3000公克時糖用量為 (1)100公克 (2)150公克 (3)180公克 (4)240公克。 3

( )37. 以含水量20%的瑪琪琳代替白油時，若白油使用量為80%則使用瑪琪琳宜改成 (1)70% (2)80% (3)90% (4)100%。 4

( )38. 製作8吋圓型戚風蛋糕5個，每個麵糊重為500公克，配方百分比之總和為510%，烘烤損耗率若為10%，若配方中之砂糖量為120%，每公斤砂糖30元，則每個蛋糕之砂糖成本約為 (1)3元 (2)4元 (3)5元 (4)6元。 2

( )39. 某蛋糕西點公司製作某一種蛋糕原料成本佔售價1/3，其原料成本為80元，則其售價應為 (1)200元 (2)240元 (3)300元 (4)350元。 2

( )40. 兩種蛋糕配方，一種以烘焙百分比計算，另一種以實際百分比計算，若原料總重量同樣為5公斤，其中麵粉重量同為1公斤，蛋分別以60%添加，則蛋之重量 (1)烘焙百分比者高較高 (2)實際百分比者較高 (3)兩者相等 (4)兩者無關。 2

( )41. 天然奶油今年價格降低2成，若今年每公斤為90元，則去年每公斤為 (1)112.5元 (2)110元 (3)108元 (4)106.5元。 1

( )42. 欲生產50個酵母道納斯（油炸甜圈餅），每個麵糰重50公克，則應準備麵粉 (1)1736.1公克 (2)1718.8公克 (3)1640公克 (4)1562.5公克 （配方中麵粉係數為0.625）。 4

( )43. 攪拌一次餅乾麵糰要8袋麵粉，若每小時攪拌4次，請問一天工作7.5小時需多少麵粉 (1)200袋 (2)220袋 (3)240袋 (4)260袋。 3

( )44. 製作夾心餅乾，若成品夾心餡為30%，今有1.5公噸餅乾半成品需多少夾心餡？ (1)0.53公噸 (2)0.64公噸 (3)0.45公噸 (4)1.0公噸。 2

( )45. 椰子油每公斤70元，今有一批餅乾噴油前400公斤，若成品噴油率為10%，則需花在椰子油的成本為 (1)1000元 (2)2800元 (3)4000元 (4)3111元。 4

( )46. 假設法國麵包之發酵及烘焙損耗合計為10%，以成本每公斤18元之麵糰製作成品重180公克之法國麵包150個，則所需之原料成本為 (1)486元 (2)510元 (3)540元 (4)1500元。 3

( )47. 製作可鬆麵包(Croissant)，其中裹入油佔未裹油麵糰重之50%，已知未裹油之麵糰每公斤成本12元，裹入油每公斤78元，假設製作可鬆麵包之損耗為15%，現欲製作每個80公克之可鬆麵包，其每個產品成本為 (1)2.7元 (2)3.2元 (3)5.0元 (4)7.2元。 2

( )48. 製作奶油空心餅，其配方及原料單價如下：麵粉100%，11.7元／公斤；全蛋液180%，40元／公斤；油72%，50元／公斤；鹽3%，10元／公斤；水125%（不計價）。假設生產損耗及不良品率合計為20%，則生產麵糊重20公克之奶油空心餅10000個，所需之原料成本為 (1)5000元 (2)6250元 (3)50000元 (4)62500元。 2

( )49. 欲製作每個成品重90公克之奶油蛋糕，若烘焙損耗假設為10%，則使用每公斤成本40元之麵糊生產，其每個產品之原料成本應為 (1)3.6元 (2)3.8元 (3)4.0元 (4)4.2元。 3

( )50. 已知海綿蛋糕烘焙總百分比為400%，其中全蛋液佔150%，每公斤全蛋液單價為40元，若改用每公斤30元之帶殼蛋取代（假設蛋殼及敲蛋損耗合計為20%），則生產每個麵糊重100公克之蛋糕10000個，原料成本可節省 (1)375元 (2)937.5元 (3)2500元 (4)3750元。 2

( )51. 某工廠生產蘇打餅乾之原、物料（包材）成本合計每包6元，假設每個產品包材費1.5元，佔售價之6%，今該工廠作促銷，產品打八折，則原料成本佔售價之比率變為 (1)18% (2)22.5% (3)24% (4)30%。 2

( )52. 製作土司麵包，其烘焙總百分比為200%，其中水60%。今為提升產品品質，配方修改為水40%，鮮乳20%，若水不計費用，鮮乳每公斤50元，則製作每條麵糰重900克之土司，每條土司原料成本將增加 (1)4.5元 (2)9元 (3)13.5元 (4)45元。 1

( )53. 某麵包店為慶祝週年慶，全產品打八折促銷。已知產品銷售之平均毛利率原為50%，則打折後平均毛利率變為 (1)32.5% (2)35% (3)37.5% (4)40%。 3

( )54. 某工廠專門生產土司麵包，其每小時產能900條。若每條土司麵糰為900克，烘焙總百分比200%，該工廠每天生產16小時，則需使用麵粉 (1)810公斤 (2)2592公斤 (3)6480公斤 (4)12960公斤。 | 3

( )55. 製作紅豆麵包，每個麵包麵糰重60克，餡重30克，假設麵糰與餡每公斤成本相同，產品原料費佔售價之30%，今因紅豆餡漲價30%，則原料費佔售價比率變為 (1)31% (2)32% (3)33% (4)34%。 | 3

( )56. 生產油炸甜圈餅（道納司、doughnuts），其每個油炸甜圈餅油炸後吸油5克。若每生產30000個油炸甜圈餅需換油500公斤，另因產品吸油需再補充加油100公斤。若油炸油每公斤40元，則平均每個油炸甜圈餅分攤之油炸油成本為 (1)0.67元 (2)0.8元 (3)0.87元 (4)1.0元。 | 2

( )57. 假設某甜麵包之烘焙總百分比為200%，今若改作冷凍麵糰，水份減少2%，酵母增加1%，且增加使用改良劑1%，則生產每個重100克之冷凍麵糰成本增加多少元？（假設水不計費，酵母每公斤80元，改良劑每公斤200元。） (1)0.14元 (2)0.2元 (3)0.28元 (4)0.8元。 | 1

( )58. 某生產土司之工廠，其生產線製程效率瓶頸在烤爐之速度，已知烤爐滿爐可烤200盤，每盤3條土司，烤焙時間40分鐘，則該工廠每小時最多可生產多少條土司？ (1)600條 (2)900條 (3)1200條 (4)1500條。 | 2

( )59. 每個菠蘿麵包之原、物料費為5.5元，已知佔售價之25%，若人工費用每個2.2元，製造費用每個1.6元，則下列那些正確？ (1)麵包售價為 25元 (2)人工費率為10% (3)製造費率為8% (4)毛利率57.7%。 | 24

( )60. 製作雙色花樣冰箱小西餅，使用每公斤成本30元之白色麵糰及每公斤成本40元之巧克力麵糰，假設白色麵糰與巧克力麵糰之使用量為2：3，製作每個麵糰重10公克之雙色花樣冰箱小西餅，若製造損耗為10%，下列那些正確？ (1)每個原料成本為0.4 元 (2)製作1500個小西餅需使用6公斤白色麵糰 (3)製作2000個小西餅需使用12公斤黑色麵糰 (4)白色麵糰佔總成本33.3%。 | 14

( )61.	製作每個麵糰300公克、售價100元之法國麵包，假設配方為麵粉100%、新鮮酵母3%、鹽2%、水64%、改良劑1%。若不考慮損耗，下列那些正確？ (1)A牌酵母每公斤100元，若改用每公斤117元之B牌酵母則每個麵包成本增加0.09元 (2)A牌酵母每公斤100元，若改用每公斤150元之C牌酵母但只需使用2.5%，則使用A牌酵母成本較高 (3)若麵粉價格由每公斤27.5元降價至23.25元，則產品毛利率增加0.75% (4)每天銷售800個麵包，若因原料價格波動造成毛利率降低 2.5%，則每天會少賺 200元。	13
( )62.	葡萄乾吐司依實際百分比葡萄乾佔20%，葡萄乾每磅價格為50元。若製作每條1200公克之吐司50條，下列那些正確？（1磅約0.454公斤，元以下四捨五入） (1)購買葡萄乾之金額為1156元 (2)葡萄乾使用量為10.5公斤 (3)若葡萄乾價格每磅調漲10元，則成本增加264元 (4)若葡萄乾佔比增加至25%，則購買葡萄乾之金額為1652元。	34
( )63.	某麵包店每月固定支出店租 10萬元，人事費 35萬元，水、電、瓦斯 5萬元，其他支出10萬元，若原、物料費用佔售價40%，下列那些正確？ (1)要達到損益兩平，每月營業額應達100萬元 (2)若營業額每月達150萬元，則店利益有50萬元 (3)若每月營業額為50萬元，則店淨損20萬元 (4)若某月促銷，全產品打8折，要達到損益兩平，營業額應達120萬元。	14
( )64.	糖粉每公斤60元，若使用每公斤30元之砂糖自行磨粉，其人工成本每公斤12元，製造成本每公斤3元，生產損耗10%，下列那些正確？ (1)每月使用1.5噸自磨糖粉，成本降低22500元／月 (2)若糖粉及砂糖價格都下跌20%，則自磨糖粉成本仍較低 (3)若每月使用增加至3噸，但增加人員加班費每公斤5元，自磨糖粉可降低成本30000元／月 (4)若投入新磨粉設備，人工成本降至每公斤11元，且無損耗，但設備折舊每月固定增加2萬元，又糖粉及砂糖價格都下跌20%，則當每月使用量達2噸以上時，自磨糖粉成本仍較低。	24

(　)65. 為滿足市場消費者需求及公司利潤要求，今欲開發一個售價500元，原、物料成本佔售價30%之生日蛋糕。下列那些正確？ (1)若包材每單個產品成本30元，則每個蛋糕之原料費需控制在120元 (2)若每個原料費為100元，則包材成本佔售價8% (3)若促銷打8折，但原、物料價格不變，則原、物料成本佔售價比為40% (4)若原、物料價格調漲至180元，為維持原、物料成本佔售價30%，則售價需調漲至600元／個。 14

(　)66. 下列那些正確？ (1)某工廠開發出一新產品，已知原、物料費用為3.5元，人工、製造費佔售價之30%，產品毛利率35%，則產品之售價為10元 (2)製作海綿蛋糕，使用之全蛋液每公斤30元，今全蛋液缺貨，改使用每公斤50元之蛋黃與每公斤20元之蛋白來取代，則可降低成本 (3)每個菠蘿麵包之原料費為2.5元，已知佔售價之25%，若人工費每個0.7元，則人工費率為7% (4)麵粉會因儲存場所之濕度不同而改變重量，若將麵粉存放於相對濕度較高的環境，使重量增加，可降低成本。 13

(　)67. 下列那些正確？ (1)麵粉中蛋白質含量會影響麵粉之吸水量，所以任何烘焙產品皆要要求麵粉供應商提供最高蛋白質含量的麵粉，以提高產品吸水量，可降低成本 (2)製作白吐司麵包，以烘焙百分比計算，全脂奶粉佔2%，今若改用全脂鮮乳取代，則應使用4%鮮乳，且水份應減少2% (3)製作成品90公克之紅豆麵包，製作及烘焙損耗總計10%，紅豆餡：麵糰重=2：3，紅豆餡120元／公斤，麵糰28元／公斤，則每個麵包原料成本為6.48元 (4)某麵包原料成本佔售價42%，若原料價格由12.6元提高至14.4元，則原料成本佔售價變為48%。 34

(　)68. 某麵包工廠生產每個麵糰60公克售價20元的麵包，各工段設備最大能力：麵糰攪拌為 300公斤／時，分割機 8000個／時，人工整型5680個／時，最後發酵9500個／時，烤焙滿爐可烤1200個麵包，烤焙時間15分鐘，生產線共有員工18人，平均薪資320元／時，若不考量各工段生產損耗，全線連續生產不中斷及等待，下列那些正確？ (1)每個麵包人工成本為1.5元 (2)若某天三人辭職，造成加班，平均薪資增加40元/時，每個麵包人工成本可降低0.075元 (3)若要降低人工費率 3%，則可訓練人工整型速度提升3%，至5850個／時 (4)若工廠改善製程將烤焙時間縮短為12分鐘，則人工費率為 5.76%。 24

工作項目09：食品良好衛生規範準則

( )1. 充餡裝飾的調理加工廠屬 (1)一般作業區 (2)清潔作業區 (3)普通作業區 (4)準清潔作業區。 2

( )2. 食品調配混合廠(攪拌區)應屬 (1)一般作業區 (2)非食品處理區 (3)準清潔作業區 (4)普通作業區。 3

( )3. 原料處理場的工作檯面應保持 (1)50 (2)100 (3)150 (4)220 米燭光以上的亮度。 4

( )4. 檢查作業的檯面應保持在 (1)240 (2)340 (3)440 (4)540 米燭光以上的亮度。 4

( )5. 地下水源應與污染源保持 (1)20 (2)15 (3)10 (4)5 公尺以上的距離，以防止污染。 2

( )6. 下列何種水龍頭，無法防止已清洗及消毒的雙手再污染？ (1)肘動式 (2)手動式 (3)電眼式 (4)自動式。 2

( )7. 清潔作業區的室內，若有窗台且超過2公分，則應有適當的斜度，其檯面與水平應形成 (1)15° (2)25° (3)35° (4)45° 以上的斜角。 4

( )8. 使用非自來水的食品廠，應指定專人 (1)每日 (2)每週 (3)每月 (4)每年 測定有效氯殘留量，並作紀錄以備查核。 1

( )9. 成品包裝後放置在 (1)棧板或台架上 (2)墊紙的地上 (3)直接置地面 (4)墊布的地上 較佳。 1

( )10. 貯存時應使物品距離地面至少 (1)0 (2)5 (3)20 (4)50 公分以上，可利空氣的流通及物品的搬運。 2

( )11. 食品製造過程中，應減低微生物的污染，但控制 (1)配方 (2)酸鹼度 (3)溫度 (4)水活性 無法達到此一目的。 1

( )12. 工廠對食品良好作業規範所規定有關的紀錄，至少應保存至該批成品 (1)賣完以後 (2)有效期限 (3)有效期限後一個月 (4)有效期限後兩個月。 3

( )13. 利用pH值高低來防止食品有害微生物生長者，pH值應維持在 (1)10.6 (2)8.6 (3)6.6 (4)4.6 以下。 4

( )14. 包裝的標示不須具備 (1)品名 (2)食品添加物名稱 (3)製法 (4)淨重。 3

( )15. 廠區若設置圍牆，距離地面至少 (1)100 (2)80 (3)50 (4)30 公分以下部份應採用密閉性材料結構。 4

( )16. 試驗室中，下列那一場所應嚴格加以隔間？ (1)物理試驗場 (2)化學試驗場 (3)病原菌操作場 (4)微生物試驗場。 3

( )17. 冷藏食品中心溫度應保持在 (1)15℃以下 (2)10℃以下 (3)7℃以下 (4)3℃以下 ，凍結點以上。 3

( )18. 食品工廠之員工應每 (1)三個月 (2)六個月 (3)一年 (4)二年 ，至少作一次健康檢查。 3

( )19. 原材料的品質驗收標準應由 (1)食品衛生管理人員 (2)食品衛生檢驗人員 (3)品質管制設計人員 (4)作業員 訂定之。 3

( )20. 品質異常時得要求工廠停止生產或禁止出貨之權限應屬 (1)品質管制部門 (2)生產部門 (3)衛生管理部門 (4)倉儲部門。 1

( )21. 下列何項不須貯存於上鎖的固定位置，並派專人管理 (1)清潔劑 (2)消毒劑 (3)麵粉 (4)食品添加劑。 3

( )22. 洗手消毒室應緊鄰 (1)品管室 (2)一般作業區 (3)倉庫 (4)包裝區設置，並應獨立隔開。 4

( )23. 下列何種為洗手消毒室的最合理動線 (1)洗手台→烘乾機→消毒器 (2)消毒器→洗手台→烘乾機 (3)消毒器→烘乾機→洗手台 (4)洗手台→消毒器→烘乾機。 1

( )24. 包裝食品之內包裝工作室應屬於 (1)一般作業區 (2)清潔作業區 (3)準清潔作業區 (4)非管制作業區。 2

( )25. 烘焙後之產品，其中心溫度應降至 (1)30℃ (2)40℃ (3)50℃ (4)60℃ 以下，才可以包裝。 1

( )26. 為使產品銷售時可據以追蹤品質與經歷資料需建立產品之 (1)品名 (2)批號 (3)箱數 (4)重量 以利銷後追蹤。 2

( )27. 在人事與組織中，生產製造負責人不得相互兼任的是 (1)衛生管理 (2)品質管制 (3)安全管理 (4)人事管理 部門。 2

( )28. 下列何者不是烘焙食品工廠視需要應具備之基本設備？ (1)秤量設備 (2)攪拌混合設備 (3)封罐設備 (4)烤焙設備。 3

( )29. 沒有洗手消毒室泡鞋池，使用氯化合物消毒劑時，其餘氯濃度應經常保持在 (1)10ppm (2)50ppm (3)100ppm (4)200ppm 以上。 4

( )30. 製造作業場所中有液體或以水洗方式清洗作業之區域，地面之排水斜度應在 (1)1/100 (2)1/50 (3)1/20 (4)1/10 以上。 1

( )31. 依食品良好衛生規範規定，廁所應於明顯處標示 (1)如廁前請換鞋 (2)如廁時勿吸煙 (3)如廁後請沖水 (4)如廁後請洗手。 4

( )32. 高水活性食品是指成品之水活性在多少以上之食品？ (1)0.80 (2)0.85 (3)0.90 (4)0.95。 2

( )33. 以奶油、布丁、果凍、餡料等裝飾或充餡之蛋糕、派等，應貯存於何條件下保存？ (1)7℃以下冷藏 (2)18℃恒溫 (3)25℃之室溫 (4)65℃以上。 1

( )34. 下列何項不屬於衛生標準操作程序(SSOP)之項目？ (1)用水 (2)員工健康狀況之監控與衛生教育 (3)危害管制點分析 (4)蟲鼠害防治。 3

( )35. 製作三明治調理加工用之器具，因與食品直接接觸，為避免交叉污染，器具使用前採用乾熱殺菌法，則需以溫度110℃以上之乾熱加熱 (1)5分鐘 (2)10分鐘 (3)20分鐘 (4)30分鐘。 4

( )36. 未包裝之烘焙產品販賣時應備有清潔之器具供顧客選用產品，其器具若使用煮沸殺菌法處理，應於100℃之沸水中加熱 (1)1分鐘 (2)2分鐘 (3)4分鐘 (4)5分鐘 以上。 1

( )37. 為符合工業安全馬達之絕緣等級以何者為宜? (1)A級 (2)B級 (3)E級 (4)F級。 4

( )38. 常用馬達過載保護器可保護 (1)短路 (2)欠相 (3)電壓過低 (4)不斷電。 2

( )39. 機械之基本保養工作由何者擔任較佳？ (1)主管 (2)工務人員 (3)操作員 (4)原廠技師。 3

(　)40. 熱風旋轉爐設計良好計時器裝置設計之功能為 (1)全機停止 (2)停止加熱電鈴響餘繼續動作 (3)停止送風加熱繼續動作 (4)停止加熱送風。 2

(　)41. 使用金屬檢測機最大的目的是 (1)剔除遭異物污染的產品 (2)找出污染源防止再度發生 (3)應付檢查 (4)偵測金屬物之強度。 2

(　)42. 攪拌作業時攪拌桶邊緣會沾附一些原料 (1)不用停機用手把桶壁沾附的原料撥入桶內 (2)停機以刮刀將沾附原料刮入桶內再開機作業 (3)等攪拌完成再將沾附原料刮入桶內 (4)為了安全可不以理會。 2

(　)43. 若以鋼帶式隧道爐自動化生產小西餅，擠出成型機(Depositor)有18個擠出花嘴，生麵糰長度為6公分寬度為3公分，餅與餅之縱向距離為3公分，擠出成型機之r.p.m.為40次／分，該項小西餅烘焙時間為10分鐘，請問隧道爐之長度為 (1)18公尺 (2)24公尺 (3)30公尺 (4)36公尺。 4

(　)44. 麵糰分割機使用之潤滑油因會與麵糰接觸，需使用 (1)食品級潤滑油 (2)全合成機油 (3)礦物油 (4)普通黃油。 1

(　)45. 依食品業者良好衛生規範，食品作業場所之廠區環境應符合下列那些規定？ (1)地面不得有塵土飛揚 (2)排水系統不得有異味 (3)禽畜應予管制，並有適當的措施以避免污染食品 (4)可畜養狗以協助廠區安全管理。 123

(　)46. 食品良好衛生規範準則，煮沸殺菌法下列那些正確？ (1)使用溫度80℃之熱水 (2)使用溫度100℃之沸水 (3)毛巾、抹布煮沸時間3分鐘以上 (4)毛巾、抹布煮沸時間5分鐘以上。 24

(　)47. 依食品業者良好衛生規範，食品作業場所建築與設施應符合下列那些規定？ (1)牆壁、支柱與地面不得有納垢、侵蝕或積水等情形 (2)食品暴露之正上方樓板或天花板有結露現象 (3)出入口、門窗、通風口及其他孔道應設置防止病媒侵入設施 (4)排水系統不得有異味，排水溝應有攔截固體廢棄物之設施，並應設置防止病媒侵入之設施。 134

( )48. 餐飲業者良好衛生規範之有效殺菌，乾熱殺菌法下列那些正確？ (1)使用溫度80℃以上之乾熱 (2)使用溫度110℃以上之乾熱 (3)餐具加熱時間20分鐘以上 (4)餐具加熱時間30分鐘以上。 24

( )49. 依食品良好衛生規範準則，食品作業場所建築與設施應符合下列那些規定？ (1)工作台面應保持一百米燭光以上 (2)配管外表應定期清掃或清潔 (3)通風口應保持通風良好，無不良氣味 (4)對病媒應實施有效之防治措施。 234

( )50. 依食品良好衛生規範準則，食品作業場所建築與設施應符合下列那些規定？ (1)凡清潔度要求不同之場所，應加以有效區隔及管理 (2)蓄水池每年至少清理一次並做成紀錄 (3)工作台面應保持二百米燭光以上 (4)發現有病媒出沒痕跡，才實施有效之病媒防治措施。 123

( )51. 依食品業者良好衛生規範，廁所應符合下列那些規定？ (1)設置地點應防止污染水源 (2)可設在食品作業場所 (3)應保持整潔，不得有不良氣味 (4)應於明顯處標示『如廁後應洗手』之字樣。 134

( )52. 依食品業者良好衛生規範，用水應符合下列那些規定？ (1)凡與食品直接接觸之用水應符合飲用水水質標準 (2)應有足夠之水量及供水設施 (3)地下水源應與化糞池至少保持十公尺之距離 (4)飲用水與非飲用水之管路系統應明顯區分。 124

( )53. 依食品業者良好衛生管理基準，設備與器具之清洗衛生應符合下列那些規定？ (1)食品接觸面應保持平滑、無凹陷或裂縫 (2)設備與器具使用前應確認其清潔，使用後應清洗乾淨 (3)設備與器具之清洗與消毒作業，應防止清潔劑或消毒劑污染食品 (4)已清洗與消毒過之設備和器具，隨處存放即可。 123

( )54. 依食品業者良好衛生規範，從業人員應符合下列那些規定？ (1)新進從業人員應先經衛生醫療機構檢查合格後，始得聘僱 (2)每年應接受健康檢查乙次 (3)有B型肝炎者不得從事與食品接觸之工作 (4)凡與食品直接接觸的從業人員可蓄留指甲、塗抹指甲油及佩戴飾物等。 12

( )55. 依食品業者良好衛生規範，從業人員應符合下列那些規定？ (1)從業人員手部應經常保持清潔 (2)作業人員工作中不得有吸菸、嚼檳榔、嚼口香糖、飲食及其他可能污染食品之行為 (3)作業人員可以雙手直接調理不經加熱即可食用之食品 (4)作業人員個人衣物可放置於作業場所。 12

( )56. 有關重要危害分析管制點（HACCP）制度的敘述，下列那些正確？ (1)HACCP的觀念是起源於日本 (2)最早應用HACCP觀念於食品的品項為水產品 (3)烹調的中心溫度是重要的管制點 (4)強調事前的監控勝於事後的檢驗。 234

( )57. 依食品業者良好衛生規範，下列那些為食品製造業者製程及品質管制？ (1)使用之原材料應符合相關之食品衛生標準或規定，並可追溯來源 (2)原材料驗收不合格者，應明確標示 (3)原材料之暫存應避免使製造過程中之半成品或成品產生污染 (4)原材料使用應依買入即用之原則，並在保存期限內使用。 123

( )58. 依食品業者良好衛生規範，下列那些為食品製造業者製程及品質管制？ (1)原料有農藥、重金屬或其他毒素等污染之虞時，應確認其安全性後方可使用 (2)食品添加物可與一般食材放置管理，並以專冊登錄使用 (3)食品製造流程規劃應符合安全衛生原則 (4)設備、器具及容器應避免遭受污染。 134

( )59. 依食品業者良好衛生規範，下列那些為食品製造業者製程及品質管制？ (1)食品在製造作業過程中可直接與地面接觸 (2)應採取有效措施以防止金屬或其他外來雜物混入食品中 (3)非使用自來水者，應指定專人每日作有效餘氯量及酸鹼值之測定，並作成紀錄 (4)製造過程中需溫溼度、酸鹼值、水活性、壓力、流速、時間等管制者，應建立相關管制方法與基準，並確實記錄。 234

( )60. 依食品業者良好衛生規範，下列那些為食品製造業者製程及品質管制？ (1)食品添加物之使用應符合「食品添加物使用範圍及用量標準」之規定 (2)食品之包裝應確保於正常貯運與銷售過程中不致於使產品產生變質或遭受外界污染 (3)回收使用之容器應以適當方式清潔，必要時應經有效殺菌處理 (4)成品為包裝食品者，其成分不需標示。 123

( )61. 依食品業者良好衛生規範，下列那些為食品製造業者倉儲管制？ (1)原材料、半成品及成品倉庫應分別設置或予適當區隔，並有足夠之空間，以供物品之搬運 (2)倉庫內物品可隨處貯放於棧板、貨架上 (3)倉儲作業應遵行先進先出之原則 (4)倉儲過程中需溫溼度管制者，應建立管制方法與基準。 134

( )62. 依食品業者良好衛生規範，下列那些為食品製造業者運輸管制？ (1)運輸車輛應保持清潔衛生 (2)低溫食品堆疊時應保持穩固及緊密 (3)裝載低溫食品前，運輸車輛之廂體應維持有效保溫狀態 (4)運輸過程中應避免日光直射。 134

( )63. 依食品業者良好衛生規範，下列那些為食品工廠製程及品質管制？ (1)製造過程之原材料、半成品及成品等之檢驗狀況，應予以適當標識及處理 (2)成品不必留樣保存 (3)有效日期之訂定，應有合理之依據 (4)製程及品質管制應作紀錄及統計。 134

( )64. 依食品業者良好衛生規範，當油炸油出現下列那些指標時，即不可使用？ (1)發煙點溫度低於200℃ (2)油炸油色深且黏漬，泡沫多，具油耗味 (3)酸價超過2.0mg KOH/g (4)總極性化合物含量達25%以上。 234

( )65. 依食品業者良好衛生規範，下列那些為食品物流業者物流管制標準作業程式？ (1)貯存過程中應定期檢查，並確實記錄 (2)如有異狀應立即處理，以確保食品或原料之品質及衛生 (3)有造成污染原料、半成品或成品之虞的物品或包裝材料，應有防止交叉污染之措施 (4)低溫食品理貨及裝卸貨作業均應在20℃以下之場所進行。 123

( )66. 依食品業者良好衛生規範，下列那些為食品工廠客訴與成品回收管制？ (1)食品工廠應制定消費者申訴案件之標準作業程式，並確實執行 (2)食品工廠應建立成品回收及處理標準作業程式，並確實執行 (3)無理客訴不必處理 (4)客訴與成品回收之處理應作成紀錄並立即銷毀。 12

( )67. 依食品業者良好衛生規範，下列那些為食品物流業者物流管制標準作業程式？ (1)不同食品作業場所不必做適當區隔 (2)物品應分類貯放直接放置地面 (3)作業應遵行先進先出之原則 (4)作業中需溫溼度管制者，應建立管制方法與基準。 34

( )68. 依食品業者良好衛生規範，食品販賣業者應符合下列那些規定？ (1)販賣、貯存食品或食品添加物之設施及場所應設置有效防止病媒侵入之設施 (2)食品或食品添加物應分別妥善保存、整齊堆放，以防止污染及腐敗 (3)食品之熱藏（高溫貯存），溫度應保持在50℃以上 (4)倉庫內物品應分類貯放於棧板、貨架上，並且保持良好通風。 124

( )69. 依食品業者良好衛生規範，食品販賣業者應符合下列那些規定？ (1)應有衛生管理專責人員於現場負責食品衛生管理工作 (2)販賣貯存作業應遵行先進先出之原則 (3)販賣貯存作業中須溫溼度管制者，應建立管制方法與基準，並據以執行 (4)販賣場所之光線應達到100米燭光以上，使用之光源應不至改變食品之顏色。 123

( )70. 依食品業者良好衛生規範，販賣、貯存冷凍、冷藏食品之業者應符合下列那些規定？ (1)販賣業者不得任意改變製造業者原來設定之產品保存溫度條件 (2)冷凍食品之中心溫度應保持在－27℃以下；冷藏食品之中心溫度應保持在10℃以下凍結點以上 (3)冷凍（庫）櫃、冷藏（庫）櫃應定期除霜，並保持清潔 (4)冷凍冷藏食品可使用金屬材料釘封或橡皮圈等物固定，包裝袋破裂時處理後再出售。 13

( )71. 依食品業者良好衛生規範，販賣、貯存烘焙食品之業者，應符合下列那些規定？ (1)未包裝之烘焙食品販賣時應使用清潔之器具裝貯，分類陳列，並應有防止污染之措施及設備 (2)以奶油、布丁、果凍、餡料等裝飾或充餡之蛋糕、派等，應貯放於10℃以下冷藏櫃內 (3)有造成污染原料、半成品或成品之虞的物品或包裝材料可一起貯存 (4)烘焙食品之冷卻作業應有防止交叉污染之措施與設備。 124

( )72. 若廠區空間不足，下列那些管制可使用時間做為區隔？ (1)物流動向：低清潔度區→高清潔度區 (2)人員動向：高清潔度區→低清潔度區 (3)氣流動向：低清潔度區→高清潔度區 (4)水流動向：低清潔度區→高清潔度區。 12

國家圖書館出版品預行編目資料

餅乾、伴手禮!烘焙乙級技能檢定學術科試題精析 : 含餅乾職類、伴手禮職類/吳青華編著. -- 初版. -- 新北市 : 新文京開發出版股份有限公司, 2024.08
面； 公分

ISBN 978-626-392-038-5（平裝）

1. CST : 點心食譜 2. CST : 烹飪

427.16 113010533

餅乾、伴手禮！
烘焙乙級技能檢定學術科試題精析～
含餅乾職類、伴手禮職類 （書號：**HT58**）

編著者 吳青華
出版者 新文京開發出版股份有限公司
地 址 新北市中和區中山路二段 362 號 9 樓
電 話 (02) 2244-8188（代表號）
F A X (02) 2244-8189
郵 撥 1958730-2
初 版 西元 2024 年 09 月 10 日

建議售價：500 元
法律顧問：蕭雄淋律師
ISBN 978-626-392-038-5

New Wun Ching Developmental Publishing Co., Ltd.
New Age · New Choice · The Best Selected Educational Publications — NEW WCDP

NEW
WCDP